金窗绣户

——清代皇宫内檐装修研究

张淑娴◎著

故宫出版社

图书在版编目（CIP）数据

金窗绣户：清代皇宫内檐装修研究 / 张淑娴著 . --
北京：故宫出版社，2019.9
（紫禁书系）
ISBN 978-7-5134-1252-0

Ⅰ.①金… Ⅱ.①张… Ⅲ.①宫殿—屋檐—研究—中
国—清代 Ⅳ.① TU746.3

中国版本图书馆 CIP 数据核字 (2019) 第 196396 号

金窗绣户：清代皇宫内檐装修研究

张淑娴　著

出 版 人：王亚民
责任编辑：徐　海　程　鹃
装帧设计：王　梓　杨青青
责任印制：常晓辉　顾从辉
出版发行：故宫出版社
　　　　　地址：北京市东城区景山前街4号　邮编：100009
　　　　　电话：010-85007808　010-85007817　传真：010-85007800
　　　　　邮箱：ggcb@culturefc.cn

制　　版：北京印艺启航文化发展有限公司
印　　刷：北京启航东方印刷有限公司
开　　本：787毫米×1092毫米　1/16
印　　张：28.5
版　　次：2019年9月第1版
　　　　　2019年9月第1次印刷
印　　数：1-2000册
书　　号：ISBN 978-7-5134-1252-0
定　　价：156.00元

目录

前　言

老子曰："埏埴以为器，当其无，有器之用。凿户牖以为室，当其无，有室之用。固有之以为利，无之以为用。"正是建造房屋开凿门窗四壁内"空"的部分，才有了房屋的作用。作为都市人群，我们一生大部分的时间是在室内度过的，无论是工作、学习，还是吃饭、睡觉都是在室内进行，因此非常在意室内环境的营造。装修设计是室内使用、陈设的基础，直接关系到人们的生活品质。居住环境不仅能够体现居住者的经济实力，也能体现出居住者的爱好和审美品位。

皇家宫殿作为古代帝王理朝执政、生活起居的处所，承担了"礼乐"和居住的双重作用。宫殿建筑的室内空间一方面要体现帝王至尊、君权神授、江山永固的皇权理念，另一方面也是帝后们的身心归宿、精神依托的家园，表现出帝后们精神和审美的需求。

然而长久以来，皇宫建筑内檐装修一直没有受到人们的重视，没有成为研究的重点对象。在建筑学研究领域，内檐装修由于在建筑中不起结构性作用，随意性强，在建筑学中的地位很低。室内陈设方面，仅将它作为空间分隔的构件，没有把它作为组成室内空间环境的要素。再者，装修最容易受到破坏，每更换一位居住者，都会对室内空间重新装修、布置，皇宫建筑也是如此，建筑功能的改变首先破坏的就是室内的装修。皇宫变更为故宫博物院后，由于办公、展览的需要，原有室内空间的分隔、装修不能适应现代使用而被重装的不在少数，给研究带来了一定的困难。同时，建筑内檐装修也没有得到观众的重视，人们走进紫禁城，被价值连城、精致美丽、琳琅满目的陈设品所震惊，被居住者传奇的人生故事所吸引，而忽视了室内间隔的构件。多方面的因素造成了以往内檐装修研究的缺失。自从 2000 年开始，故宫博物院与美国世界建筑文物基金会合作修缮乾隆花园，当修缮后的倦勤斋以其活泼的装修手段、绚丽的装修色彩、丰富的装修材料、奇特的装修效果展现在世人眼前的时候，人们才认识到皇宫室内装修本身就是一件精美的艺术品，蕴含了丰富的文化和艺术价值。内檐装修逐渐引起人们的重视。

一、内檐装修的定义

中国传统木构架建筑，四根柱子支起一间房，我们常说的三间、五间、七间、九间等都是用柱子的多少来计算的，无论房间多少，建筑物内部没有隔断墙，里面完全是连通的，根据使用需要用间隔物进行分隔。分隔室内空间的建筑构件，清代称之为"内檐装修"。

关于内檐装修的外延和内涵，曾有学者做过界定：

梁思成先生在《清式营造则例》中定义道："这些门窗格扇，在中国建筑中一概叫做装修……按地位大概可以分为外檐装修和内檐装修两大类。外檐装修为建筑物内部与外部之间隔物，其功用与檐墙山墙相称。内檐装修则完全是建筑物内部分为若干部分之间的间隔物。"[1]

傅熹年先生在《中国古代建筑概说》中解释说："木构架房屋不需要承重墙，内部可全部打通，也可按需要用木装修灵活分隔。木装修在室内纵向或横向柱列之间。分隔方式可实可虚。"[2]

郭黛姮先生在《华堂溢采》中将内檐装修描述为："传统建筑装修以檐柱为界，可分为外檐装修和内檐装修两大部分……内檐装修多施于宫殿坛庙之类的皇家建筑及达官们的住宅、园林当中……曾创造出多样的室内空间形式。"[3]

故宫博物院古建部编《紫禁城宫殿建筑装饰：内檐装修图典》一书将内檐装修的范畴定为："包括各种门窗隔断、隔扇、花罩、天花、藻井以及匾联等，是室内装饰的主要形式之一。由于用料考究，工艺精湛，富有艺术价

1　梁思成：《清式营造则例》，清华大学出版社，2006 年，第 55 页。

2　傅熹年：《中国古代建筑概说》，《傅熹年建筑史论文集》，文物出版社，1998 年，第 12-13 页。

3　郭黛姮：《华堂溢采》，上海科学技术出版社，2001 年，第 4 页。

值和生活情趣，对于烘托建筑主体和空间效果都有着重要影响。"[1]

刘畅先生在他的博士论文《清代宫廷内檐装修设计问题研究》中指出："内檐装修应当主要包括室内罩槅、门窗、壁子、床张（尤指室内固定的床炕）、屏门、天花、藻井等内容，并涵盖地平（包括宝座地平及被称作'矮炕'的地平）、宝座、屏风等重要陈设辅助手段，涉及以硬木为主的多种工艺门类。"[2]

在故宫博物院，研究分工很细，就建筑而言，天花归于彩画研究的范畴，藻井则属于大木的研究领域，宝座和屏风这些可移动的装修归属于家具门类之中。一般而言，内檐装修研究的是室内罩槅、门窗、壁子、床张、屏门等作为室内间隔的不可移动建筑构件。

内檐装修就是用于划分室内空间的建筑构件。正是由于中国传统的梁架结构建筑，有着"墙倒屋不塌"的说法，负重部分全赖木架，墙体不起承重作用，所有门窗装修部分不受限制，因此给予室内分隔以巨大的灵活性，发展出丰富的内檐装修构件，形成了中国古代建筑独有的室内空间的艺术。

二、内檐装修的历史演变

早在中国文明之初，人们就已经开始注意室内环境的设计。殷墟的宫殿遗址中就发现了红、黑相间组成的墙皮图案，以及画幔和大量的石雕，人们很早就将审美意识融入了建筑之中。据《说苑·反质》记载，商代宫殿"宫墙文画，雕琢刻镂，锦绣被堂，金玉珍玮"，就是用彩绘、雕刻、锦绣、珍玩等装饰宫殿。尽管如此，中国古代的室内空间分隔很不发达，据《史记·秦始皇本纪》记载，秦代"咸阳之旁二百里内，宫观二百七十，复道甬道相连，帷帐钟鼓美人充之"只用帷帐作为室内的间隔物。《史记·高祖本纪》中有名句"夫运筹策帷帐之中，决胜于千里之外"，形象生动地说出当时的室内用帷帐作为间隔，以致"运筹帷幄"一词使用至今。

两晋以后，随着起坐方式的改变，家具的高度相应地增加，人们除了用帐幔外，家具中的屏风、床、桌椅、几案等也用来作为室内空间的分隔物。（图1）

1　故宫博物院古建部编：《紫禁城宫殿建筑装饰：内檐装修图典》，紫禁城出版社，1995年，第13页。

2　刘畅：《清代宫廷内檐装修设计问题研究》，清华大学2002年博士论文，第3页。

［图 1］五代顾闳中《韩熙载夜宴图》卷局部，故宫博物院藏

最早的室内装修记载见于宋代《营造法式》，其中有"殿内截间格子""堂阁内截间格子""殿阁照壁版"等几种，装修构件虽然简单，不过已具备了室内间隔的基本功能。

明代以后室内装修发展迅速，种类和式样不断丰富。尤其是江南地区注重室内装修和布置，明代计成在《园冶》中所谓："曲折有条，端方非额，如端方中须寻曲折，到曲折处还定端方，相间得宜，错综为妙。"[1] 将大房间分隔成形状大小不等的小空间已成为江南地区流行的做法。他还在"装折""栏杆"章节中列出屏门、仰尘、户槅、风窗、栏杆等常用装修语汇，并绘制出各种装折的图式。[2] 文震亨的《长物志》在"室庐"一节中也记载了门、窗、栏杆、照壁的样式，可见江南地区在明代室内装修已非常盛行。这些装修手法很可能运用到明代的皇宫中，明代紫禁城"彤庭玉砌，璧槛华廊。飞檐下啄，丛英高骧。辟闾阖其荡荡，俨帝居于将将。玉户灿华星之炯晃，璇题纳明月而辉煌。宝珠焜耀于天阙，金龙夭矫于虹梁。藻井焕发，绮窗玲珑。建瓴联络，

[图 2] 明代黑漆款彩百鸟朝凤图八扇围屏，故宫博物院藏

1　张家骥：《园冶全释》，山西古籍出版社，2002 年，第 246 页。

2　同上，第 206-274 页。

复道回冲。轶霄汉以上出，俯日月而荡胸。五采炫映，金碧晶荧。浮辉扬耀，霞彩云红"[1]。室内装饰尽意奢华。（图2）

清代内檐装修发展得十分完善，装修的种类增加，工艺也更加复杂，营造出丰富的空间效果。

曹雪芹的文学作品《红楼梦》第七十九回贾宝玉为晴雯所写的祭文里有这样一段话："红绡帐里，公子多情；黄土陇中，女儿薄命。"林黛玉看罢则评道："这一联意思却好，只是'红绡帐里'未免熟滥些，放着现成真事，为什么不用？"宝玉忙问："什么现成的真事？"黛玉笑道："咱们如今都系霞影纱糊的窗槅，何不说'茜纱窗下，公子多情'呢？"[2]中国古代最早用帐幔作为室内空间隔断形式，到清代室内使用夹纱窗槅等建筑构件作为室内空间的分隔物，它把中国传统建筑室内隔断的演变用精妙的对话点化了出来。

清代的室内装修类别在《红楼梦》里也有一段描述，第十七回"大观园试才题对额"一章中，贾政等人巡视大观园，走进一座建筑内，几间房间"竟分不出间隔来。原来四面皆是雕空玲珑木板，或'流云百蝠'，或'岁寒三友'，或山水人物，或翎毛花卉，或集锦，或博古，或万福万寿。各种花样，皆是名手雕镂，五彩销金嵌宝的。一槅一槅，或有贮书处，或有设鼎处，或安置笔砚处，或供花设瓶、安放盆景处。其槅各式各样，或天圆地方，或葵花蕉叶，或连环半璧。真是花团锦簇，剔透玲珑。倏尔五色纱糊，竟系小窗。倏尔彩绫轻覆，竟系幽户。且满墙满壁皆系随依古董玩器之形抠成的槽子，诸如琴、剑、悬瓶、桌屏之类，虽悬于壁，却都是与壁相平的"。"贾政等走了进来，未进两层，便都迷了旧路，左瞧也有门可通，右瞧又有窗暂隔，及到了跟前，又被一架书挡住。回头再走，又有窗纱明透，门径可行，及至门前，忽见迎面也进来了一群人，都与自己形象一样——却是一架玻璃大镜相照。及转过镜去，益发见门子多了"，"又转了两层纱橱锦槅，果得一门出去"[3]。这里就是用了各种隔断物，如碧纱橱、多宝格、门、窗、屏风、插屏镜等作为房间的间隔，把室内装修得如迷宫一般，进去竟迷失了方向。（图3）

1　[清]于敏中等编纂：《日下旧闻考》，北京古籍出版社，2001年，第92页。

2　[清]曹雪芹著，高鹗续：《红楼梦》，人民文学出版社，2015年，第1117-1118页。

3　同上，第231页。

[图 3] 清陈枚《月曼清游图》册之一，故宫博物院藏

三、清代皇宫建筑内檐装修发展脉络

清代皇宫建筑内檐装修艺术在有清一代经历了几次风格的演变,大致可分为三个时期:清代早期的顺治、康熙时期,清代中期的雍正、乾隆、嘉庆时期,清代晚期的道光、咸丰、同治、光绪时期。

清朝满族入关,完整地保存了明代紫禁城并加以修改利用,"殿庙宫阙制度,皆丕振鸿谟,因胜国之旧而斟酌损益之"[1]。清朝入住紫禁城,一方面沿用了部分明代紫禁城室内空间形式;另一方面,又带来了满族人的居住方式和室内布置手法,按照盛京清宁宫形制改建坤宁宫,灶台、长炕、寝宫等构成祭祀与居住合一的空间组合。(图4)

直至康熙时期,复杂的内檐装修形式在皇宫内并没有流行开来。康熙皇帝在《庭训格言》中说:"朕从前曾往王大臣等花园游幸,观其盖造房屋,率皆效法汉人各样曲折槅断,谓之套房。彼时亦以为巧,曾于一两处效法为之,久居即不如意,厥后不为矣。尔等俱各自有花园,断不可作套房,但以宽广弘敞居之适意为宜。"[2]康熙皇帝提倡满族人"宽广弘敞"的空间布局。后来被分隔得曲折繁杂的养心殿,在康熙时期是造办处作坊和康熙皇帝的便殿,"它包括当中的正殿和两翼的配殿。正殿朝南,有一大厅和两大间耳房,一边一间……大厅不算豪华,正中安置高约一呎的坛,覆以脚毯……一把很大的木质涂金扶手椅,放置在坛上靠里面的地方。大厅的两个耳房都是大间,约十三呎见方。我们进入左手一间,看见里面满是画匠、雕刻匠、油漆匠。此处也有许多大柜,放着许多书籍。另一间耳房是皇帝临幸此殿时的晏息之处。虽然如此,这里却很朴素,既无彩绘金描,也无帷幔。墙上仅有白纸糊壁而已。这间房内的南边,从一端到另一端,有一呎到一呎半高的炕。上铺白色普通毛毡,中央有黑缎垫褥,那就是御座"[3]。用来制作纸扎玩器的东暖阁为方便使用室内毫无间隔是可以理解的,而作为康熙皇帝临时晏息之处的西暖阁室内亦无任何隔断,装修又极简,由此可看出康熙皇帝是不

---

1 [清]于敏中等编纂:《日下旧闻考》,第127页。

2 [清]康熙:《圣祖仁皇帝庭训格言》,《四库全书》电子版。

3 [法]张诚著,陈霞飞译:《张诚日记》,商务印书馆,1973年,第63页。

喜欢使用各种曲折隔断的。康熙时期清宫的室内装修和装饰并不复杂，更多地保留了满族简洁的空间布局特色。

雍正皇帝登基之后，皇宫内檐装修发生了很大的变化。雍正皇帝登基前曾居住在圆明园，从康熙皇帝《庭训格言》中反映出当时宫外的王公大臣的花园，已经吸收了汉人的室内装潢，各样曲折隔断盛行开来，室内装修的复杂和华丽程度已经远远超出了皇宫，《胤禛妃行乐图》（图5-1、5-2）中室内的装修装饰使用的都是各种新鲜时样，十分新颖华丽。他登基之后，将汉人居室的罩槅组成内檐空间的做法运用在了宫廷中，开启了清宫室内装饰的新时代。从档案记载来看，雍正时期皇宫内出现了"开关围屏""仙楼""暗楼""格扇""夹纱隔扇""壁纱橱""落地明""高炕""落地罩""地炕""顺山墙床""方窗""横楣窗"等丰富的装修语汇，使用的材质也有楠木、柏木、花梨木、紫檀等，另外还有彩漆、斑竹等工艺。清代内檐装修的做法、造型、装饰在雍正时已经大备，为乾隆时期内檐装修的繁荣奠定了基础。

乾隆时期是皇宫内檐装修的成熟期。乾隆时期内檐装修设计、制作、管理体系逐渐走向规范化、定型化，装修种类、款式、规格基本定型，成为后来各朝装修制作的标准规范。乾隆时期的皇宫建筑内檐装修不惜血本，百工技巧汇聚一堂，工艺精益求精。乾隆时期的内檐装修不仅种类最为齐全，而且将各种工艺引入到装修上，装修材料有漆、竹、金银、铜铁、宝玉、象牙、螺钿、珐琅、瓷器、织绣、书画等，内檐装修是历朝历代中最为丰富的时期，达到历史上最高水平。

嘉庆时期延续了乾隆时期的装修风格和技艺。

清代晚期的咸丰、同治、光绪时期，皇家建筑工程又达到另一个高峰，内檐装修的形式、材质、工艺、纹饰与清中期都有很大的差别。

由于时代的变迁、技术的更新、工艺的演变、新材料的出现以及审美取向的变化等，清代晚期的内檐装修无论是装修类别、形式、材质、工艺还是纹饰都表现出非常鲜明的时代特点。内檐装修使用楠柏木以及少量的花梨木制作，出现了新的装修形式，清代中期各种镶嵌材料退出了舞台，木质透雕工艺为装修主流工艺，吉祥花鸟和西洋花卉成为主要的装饰题材。同光时期的内檐装修趋于自然、活泼、开放，特别是大型的透雕落地花罩和栏杆罩的大量使用，使得居室空间更加通透、开敞，空间的连贯性和流动性增强。

［图 4］坤宁宫内景

［图 5-1］清人画《胤禛妃行乐图》之一，故宫博物院藏

［图 5-2］清人画《胤禛妃行乐图》之一，故宫博物院藏

皇宫建筑的内檐装修是建筑空间分割和使用的基础，形式多样、材料丰富、工艺复杂的装修构成紫禁城宫殿居室之美。

四、清代皇宫建筑内檐装修研究综述

在古建筑研究领域，内檐装修的问题近年来逐渐受到专家学者的重视，相关著作和论文得以出版和发表。

陈同滨、吴东、越乡主编的《中国古典建筑室内装饰图集》（今日中国出版社，1996年），从古代的壁画、画像砖、绘画和图书中收集有关室内装饰的图画。中国建筑中心建筑历史研究所编写的《中国江南古建筑装修装饰图典》（中国工人出版社，1994年），编录了大量江南古建筑的装修种类和纹样。故宫博物院古建部编著的《紫禁城宫殿建筑装饰：内檐装修图典》（紫禁城出版社，1995年），首次将皇宫建筑装修结集成册出版，弥补了皇家建筑中内檐装修专著的不足，为室内装饰研究提供了珍贵的参考资料。

清华大学郭黛姮教授编写的《华堂溢采：中国古典建筑装修艺术》（上海科学技术出版社，2001年），介绍古代建筑装修的演变，提供大量图片资料。过汉泉、陈家俊编著《古建筑装折》（中国建筑工业出版社，2006年），图解江南古建筑装折的历史和现状以及装折的制作技术。马炳坚著《中国古建筑木作营造技术》（科学出版社，1991年），其中涉及部分官式建筑的内檐装修制作技术。

王世襄先生收集整理的《清代匠作则例》（大象出版社，2000年），其中《圆明园内工装修作则例》《圆明园内工硬木装修作现行则例》《三处汇同硬木装修则例》等则例与内檐装修有关。王世襄先生还整理了《清代装修作则例选录》，载于故宫博物院古建部编《紫禁城宫殿建筑装饰：内檐装修图典》"附录一"，作为内檐装修的定例，为我们的研究工作提供了方便。

清华大学刘畅的博士论文《清代宫廷内檐装修设计问题研究》在收集大量的内檐装修资料和实物的基础上，对皇家的工官制度、内檐装修和空间设计作了较为深入的剖析，在此基础上整理出版的《慎修思永——从圆明园内檐装修研究到北京公馆室内设计》（清华大学出版社，2004年），在皇宫内檐装修研究的基础上把古典皇家室内装修的研究运用到现代建筑的设计上，为现代建筑室内设计开辟了新领域。东南大学石红超的硕士论文《苏南浙南传统建筑小木作匠艺研究》（2005年），探讨江南小木作的历史和风格演变，调研江南小木作工匠及其传承。天津大学王茹的博士论文《半座生来虚室白，一帘含得万山情：中国传统建筑室内环境艺术研究》对建筑装修的历史进行梳理，并以样式雷设计图纸为例，探讨圆明园殿座内檐装修的特点。北京林业大学梁月花的硕士论文《样式雷营造建筑中室内装修与家具陈设研究》，研究了样式雷与内檐装修的关系。

清华大学郭黛姮、刘畅、贾珺等，天津大学王其亨、何蓓洁、王茹等撰写了一些关于皇家内檐装修研究的文章。故宫博物院朱家溍、傅连仲、朱庆征、苑洪琪、梅雪、王淙、庄立新等人也从不同的角度对皇宫内檐装修进行过研究。

国外的研究则以家具或室内的装饰为主，南茜和彭盈真等人的内檐装修研究开创了国外对中国皇家建筑内檐装修研究的先河。

迄今为止，国内外学者所进行的研究，收集的实物图样和设计图纸特别是样式雷图纸，以及清代的装修匠作则例，为后人的研究提供了大量可靠的基础材料。学者们还对一些现存或已毁的建筑内檐装修实例加以研究和探讨，为内檐装修的研究做出了一定的贡献。

但是，现有的研究非常有限，大量内檐装修问题尚无人问津。清代皇家建筑装修及家具陈设研究虽然拥有极为丰富的实物遗存，以及与之对应的大量清宫档案文献和样式雷世家遗留的原始设计图纸，却未引起学术界的充分重视。由于缺乏系统的基础工作，资料汇集往往图纸、档案文献、实物三者分离，并未形成互相印证的有机整体。现有的内檐装修研究专著多以样式雷图档为研究对象，讨论内檐装修的设计问题，且大多以圆明园的图档遗存为研究主题，没有现存实物作为印证。故宫博物院古建部所编《紫禁城宫殿建筑装饰：内檐装修图典》收录了大量内檐装修文物遗存，却没有进行更加深入的研究。研究文章又基本是对个体建筑的内檐装修或从装修的某一领域出发加以研究讨论。至今尚无一部有关清代皇家建筑内檐装修的系统性专著。

本书采用以实物遗存为研究对象，参阅档案记载，对清代皇宫内檐装修进行较为系统、细致的研究，从装修的历史、设计、制作到工艺和艺术特点等，结合帝王的审美、外来影响、地方技术等，将皇宫室内装饰置于艺术史的范畴下进行探讨，构建起内檐装修研究的基本框架。

第一章　装修概况

清代皇宫建筑内檐装修作为分隔居室空间的构件，是建筑的重要组成部分，也是建筑空间使用的基础。清代紫禁城宫殿的内檐装修用精湛的工艺、丰富的材料、典雅的纹饰、缤纷的色彩把室内空间装点得富丽堂皇，使间隔的本意演绎成绚丽的空间。

清代紫禁城集天下之能工巧匠，造就了辉煌的宫殿建筑。在设计、制作、用材等方面，"多以倾国物力，殚精竭虑而为之，宫殿建筑遂成为古代营造之荦荦大端，其规制也逐渐格式化、制度化，形成独特的体系和艺术风格"[1]。它不但在外部的形制、空间和环境的设计方面取得卓越成就，在室内环境的营造上也倾注了设计者们的心血，表现出很高的造诣。

清宫建筑内檐装修是分割室内空间的建筑构件，包括各种门窗隔断、隔扇、花罩等，装修工艺涉及彩绘、雕刻、油饰、镶嵌、刺绣、镏金等诸多方面，材料涵盖木材、锦缎、象牙、金玉、宝石、瓷器等珍贵材料。室内装饰更加丰富，包括地面、墙壁、顶棚的装饰以及家具、陈设等。装修与装饰共同构成了室内环境艺术。

第一节 清代宫殿建筑内檐装修基本概况

清代宫殿建筑内檐装修内容丰富，装修种类、装修材质、装修工艺和装修纹样是构成内檐装修构件的主要元素。

（一）内檐装修种类

清宫内檐装修样式繁多，作为室内空间分隔的装修构件主要分为三种形式。

一是隔断墙，用板墙或砖墙将大跨度空间隔成若干小空间，墙上开门窗以便进出和空气流通，门窗上雕花或彩绘镶嵌，墙面雕凿刻镂。也有用群墙和隔扇构成的隔断墙，下部为群墙，上安隔扇。（图1）

一种是用隔扇间隔（即碧纱橱）。（图2）碧纱橱是由一扇扇的隔扇组成连排的间隔物，根据室内空间大小安装四扇、六扇以至十扇、十二扇不等的隔扇，隔扇上下安转轴，可开可合，开可使两侧贯通，合可从中隔断。隔扇上部为隔心，拼接或雕刻各种纹样中间夹纱，糊纱是碧纱橱隔心最常

---

1 故宫博物院古建部编：《紫禁城宫殿建筑装饰：内檐装修图典》，第12页。

[图1] 景祺阁槛墙

用的材料，宫廷里使用的夹纱材料还有刺绣、书画或玻璃等。

另一种就是用各种罩间隔空间，罩有几腿罩、落地罩、落地花罩、栏杆罩、炕罩等之别。（图3）几腿罩与落地罩相似，横披和抱框组成几腿罩，抱框下不安隔扇，在横披与抱框间安花牙，或于横披下安花罩。落地花罩由槛框、横披和花罩组成，横披与抱框间的落空处安花罩。落地罩由槛框、横披、隔扇、花牙组成，两抱框内侧安隔扇，隔扇落地，隔扇内侧安花牙。落地

[图2] 颐和轩碧纱橱

［图 3］同道堂明间落地罩线图

花罩依据形式的不同又分为落地花罩、圆光罩、八方罩、瓶式罩等。栏杆罩由槛框、大小花罩、栏杆及横披组成。（图 4）横披与抱框组成几腿罩，横披下又安两竖立的边框，将开间一分为三。中间上安大花罩，其下落空以便往来交通。两边上安小花罩，下安栏杆。罩是通透的隔断物，既可象征性地分隔空间，又不将空间完全隔断，构成空间的过渡和转换，形成相互连贯的空间，并可以透视和相互借景，使其成为一个有机的整体，以增强空间的层次感和韵律感。

［图 4］漱芳斋栏杆罩

[图 5] 永和宫多宝格插屏镜门隔断墙

此外，书格、屏风和高低错落、形状各异的多宝格亦可作为空间分隔的载体。（图 5）

（二）内檐装修材质

清宫的内檐装修为建筑木作中"小木作"工种，采用的木材有楠木、柏木，还有珍贵的紫檀、花梨木、鸡翅木、红木等。

楠木、柏木是制作装修最基础的材质。楠木纹理细致，材质坚实，气息芬芳，色泽沉着。皇宫内大多数的装修是用楠木制作的，因此制作装修的作坊也叫"楠木作"。柏木则多与楠木结合使用，因此称为"楠柏木"。

紫檀是世界上最珍贵的木材之一，《博物要览》记"檀香皮实而色黄者为黄檀，皮洁而色白者为白檀，皮腐而色紫者为紫檀木，并坚重清香，而白檀尤良"。紫檀木鬃眼细密，木质甚坚，颜色深沉，纹理纤细浮动，变化无穷。紫檀木装修具有稳重大方、肃静古朴的气质。

花梨木木色红紫而肌理细腻，材质坚细，其木纹有若鬼脸者，亦类狸斑，又名"花狸"。花梨木色泽明快，花纹美丽，文静柔和。

鸡翅木白质黑章，色分黄紫，木纹呈细花状，子为红豆。由于剖面纹理纤细浮动，酷似鸡的翅膀，故名称由此而来。用鸡翅木做隔罩，优美的造型加上婉转流动的木纹，平添了无穷的韵味。

选择优质木材，在雕刻时利用其本身的色泽、纹理，使图案与木材的纹理融为一体，不用过多的装饰，使隔罩显得古朴典雅。

（三）内檐装修工艺

紫禁城建筑内檐装修极尽奢华，不仅使用优质木料，同时还将其他材料和工艺种类引入装修上，特别是清代乾隆时期是历朝历代的内檐装修中工艺最复杂、材料最丰富的时期。

木质工艺是内檐装修制作中最基本的工艺，采用拼攒和雕刻工艺。拼攒工艺也称为"斗尖"，是小木作中最基本的工艺，将木材制作成棂条，再将棂条拼接成各种纹饰，用在隔扇心、横披心、花罩上。雕刻工艺也是内檐装修中最常使用的工艺，木雕工艺中有浮雕、贴雕、嵌雕、透雕等。

漆器工艺也是皇宫装修中常用的工艺种类之一。木胎上髹漆原本是为了保护木质以便能够耐久，延长使用寿命。各种漆器工艺与建筑硬木装修相结合，既起到保护木装修的作用，又施以各种图案美化了装修。

竹木结合是清宫内檐装修的装饰工艺品类。清宫竹质的内檐装修包含了几乎所有竹质工艺种类，如斑竹包镶、竹丝镶嵌、竹黄贴雕、竹编等。

清宫内檐装修用材广泛，装饰种类丰富，除上述的木雕、漆器、竹质工艺之外，还有将玉石、珐琅、瓷片、铜鎏金、螺钿、各种宝石、象牙等各种材料镶嵌在装修上，加上臣工书画、织绣、玻璃等夹纱材料，丰富了装修的质感，增添了装修的色彩。

（四）内檐装修纹饰

图案纹样是构成装饰的重要部分，人们或创造出超自然的事物，或利用某一事物的自然属性附会人事，或利用谐音来表达人们对美好事物的追求，祈求风调雨顺、国泰民安。纹饰与人们美好的理想结合在一起，赋予装饰以更深刻的含义。长寿、多子、喜庆、平安、富贵等吉祥图案反映出使用者的精神追求和文化修养，表现出祈福求吉和趋利避害的心理。皇宫建筑室内的装修图案题材包括祥禽、瑞兽、植物、文字、山水、人物、博古、几何纹、锦纹等，经写生写意、夸张变形等艺术加工用于装饰。

龙、凤图案是人们创造的超自然的富有浪漫色彩的形象代表，特别是龙自古以来就被人们视为神灵，后来逐渐发展成为最高权力——皇权的象征，被大量使用在宫殿建筑装饰上。夔龙纹是装修中常用的纹饰，硬角折弯，苍劲有力，俗称"拐子龙"。凤，是传说中的百鸟之王。"其状如鸡，五彩而文。"它是一种"仁鸟"，是祥瑞的象征，它的出现预兆天下太平，人们能生活得更加美满幸福。龙凤纹相结合的"龙凤呈祥"的形式较常出现。

动物图案中赋予吉祥寓意的祥禽瑞兽最为常见，蝠与"福"谐音，与"寿"字组成"五福捧寿"图，与磬、玉组合成"福庆有余"，与桃合成"多福多寿"，与铜钱一起组成"福在眼前"。喜鹊是喜鸟，梅梢上的喜鹊意味"喜上眉梢"，与古钱合用就是"喜在眼前"，两只喜鹊构成"双喜图"。龟与鹤均为长寿的象征，"龟鹤延年""松鹤长春"都表达了延年益寿的理想。

植物、锦纹、博古、山水等纹样大量用于装修上。石榴寓意多子多孙，榴开百子。松、竹、梅组成"三友图"。还有灵芝、水仙、菊花、玉兰等都是有吉祥寓意的图案，大量用于室内的装饰中。古代钟鼎彝器构成的博古图，古意盎然，是对远古文明的追溯。山水风景，不仅提供了美丽的山水画境，也是人们寄情山水的精神依托。

这些装修纹饰不仅对室内环境起到装饰作用，而且反映出社会的、历史的、一代代积累传承下来的审美理想和趣味，具有中国特色和深刻的文化内涵，为室内环境增加了文化品位。

装修的式样、图案、工艺以及色彩等构成内檐装修的主要因素，而这些因素不是独立存在的，它的使用是与建筑的功能相匹配的。任何建筑的设施、装饰都要服从于功能的需要。《论语》云："质胜文则野，文胜质则史。文质彬彬，然后君子。"质指实质，偏重于内容；文指文采、纹饰，偏重于形式；彬彬，为配合得体，相得而益彰。若重质轻文，则易流入苍白粗野；若重文轻质，也易流入虚矫和匠气。在建筑中，质是指建筑的功能，文则是指其装饰。只有建筑的装饰与功能相配合，其艺术效果才能达到顶峰，建筑艺术才能得到充分的体现。

明清宫殿建筑的设计者们，把握住建筑的形式与内容的这种相辅相成的关系，使建筑艺术得以充分体现。

第二节　清宫建筑功能与装修装饰

明清紫禁城依其功能而分，有朝仪建筑、勤政建筑、居室建筑、花园建筑、宗教建筑及其他。由于建筑功能的不同，它们在建筑的空间分隔及装饰上存在着极大的区别。

（一）朝仪建筑

太和殿是紫禁城内等级最高的建筑，是国家举行盛大典礼的地方，在室内的装饰上处处体现了皇权的威仪。

太和殿面阔十一间，进深五间，室内空间高大开阔，七十二根巨柱擎立其间，地面用制作精良的金砖墁地，顶棚覆以片金正面龙天花，梁架装饰云龙和玺彩画。顶棚正中向上隆起如伞如盖的浑金蟠龙藻井，神龙俯首下视，口衔巨珠，构成一幅"游龙戏珠"的美妙图景。藻井下方室内正中稍偏后部位，在高起的须弥座木基上放置皇帝的雕龙髹漆龙椅御座，后立雕龙髹金屏风，座前及两侧有香几、香炉、宝象、仙鹤等陈设，象征江山社稷安定稳固、永世长存。王仲杰曾描述道："御座周围的东西两侧各三棵大柱做成蟠龙金柱，共六根，各绘一条巨龙，龙身缠绕金柱，下绘海水江崖纹，汹涌的海浪拍打礁石，激起层层浪花，烘托出巨龙腾空的磅礴气势，龙头昂首张口，与藻井上向下俯视的龙纹遥相呼应。所有龙首都朝向宝座，加上屏风上雕刻的或升或降、或行或卧的众龙，使得金銮宝座呈现了万龙竞舞的壮丽场面。"[1]（图6）太和殿是皇帝御殿受贺的场所，是国家举行大典的地方，是社稷、皇权的象征，龙纹的使用正体现了这种象征意义。传说龙为鳞虫之长，能幽能明，能巨能细，能短能长，春分而登天，秋分而入渊。它能在水中游、云中飞、陆上行，呼风唤雨，行云播雾，为万物之灵，有着无穷的威力。龙这个神灵幻化的理想性的动物，最初是作为超自然力量的象征，逐渐成为皇权的象征。龙纹贴金于雍容华贵之中更有一种威严雄伟的感觉，金光闪闪的龙纹上下呼应，左右对称，为太和殿营造了至高无上的气氛。太和殿的室内装饰，总体说来是以少胜多，大面积的空间用藻井控制，庄严肃穆。

1　王仲杰：《太和殿内的蟠龙金柱》，《紫禁城》总第19期，第17页。

［图 6］太和殿内景

（二）勤政建筑

　　皇帝日常工作和处理政务都在宫殿内进行，这些建筑在装修上有自己独特之处。紫禁城内的乾清宫是明至清初皇帝日常处理政务和生活起居的重要场所，雍正帝移至养心殿以后，养心殿就成了皇帝的勤政晏寝之处。乾清宫和养心殿在室内的布置和装饰上有着共同之处。正间的两侧用隔断墙将空间分割开，门口用毗卢帽装饰，房间的正中安放宝座，宝座后置屏门，上安走马板，绘金云龙，其上悬匾额。装饰少而精，突出了室内空间的整体性，使人们的注意力集中而不易分散。

乾清宫面阔九间，进深五间，被分为三部分，正间是皇帝召见大臣处理日常政务的地方。（图7）顶棚天花为金琢墨正面龙井口天花，梁架饰双龙和玺彩画，顶棚的色彩为青绿色，隔断墙髹红漆，形成冷暖色调的搭配。东西门口罩毗卢帽，地面铺墁金砖。房间的中央设地平，上安放象征皇权的金漆雕龙宝座和金漆雕龙屏风，宝座前设有甪端、仙鹤和香筒，地平上另有四个铜掐丝珐琅香炉。东西架几案上陈设着天文仪器、彝器等。地平前后置有四个高大紫檀雕龙插屏镜，殿内还有放玉牒、实录的大龙柜。殿内正中高悬着顺治皇帝书写的"正大光明"匾，以示公允。

养心殿与乾清宫相似，根据使用的需要，做了极为灵活的分隔。明殿天花正中是浑金蟠龙藻井，东西两侧的隔断墙髹红漆，门口上罩有毗卢帽。室内正中设方台之地平，台上设御座，座前置御案，座后设屏风，上悬雍正御笔"中正仁和"匾，地平两边后檐放置书架存放实录。布置、装饰及环境气氛略同于乾清宫正间，只是不及乾清宫那样隆重堂皇，却另具一种平易中的庄严气派。（图8）养心殿西次间是皇帝与军机大臣商谈机要之处，面南设坐

[图7] 乾清宫内景

［图 8］养心殿明间

榻，坐榻上方悬有"勤政亲贤"横额。室内装饰简单，顶棚及墙壁均用白色印锦字纹的壁纸裱糊，房间内也没有任何装修，仅在墙上挂匾联，简洁朴实。

勤政建筑室内不使用过分华丽的装饰，装修朴素、庄严，以适应功能的需要。

（三）居室建筑

生活区域的室内装饰，呈现的是另一番景象。人们生活、居住的建筑，要求更多的是温馨和便利。室内的装饰也较其他宫殿大为增加，形式也较为复杂。紫禁城的东西六宫是后妃们居住的地方，在室内的装饰上既要体现皇家宫殿的华丽，又要满足居住的需要。其装饰的式样、色彩的运用，显得素雅安静，近于生活，没有恢宏的气势，毫不压抑，好像寻常百姓家，但在用材之讲究、制作工艺之精良方面，是一般人家所不能比拟的，充分表现出皇家宫殿的气派。

储秀宫为西六宫之一，原为后妃们居住的地方，慈禧太后为咸丰妃时曾住储秀宫后殿，光绪十年（1884），慈禧太后为了庆祝五十寿辰，耗资白银六十三万两修葺储秀宫，于十月寿庆时移居储秀宫。

储秀宫面阔五间，进深三间。它既是慈禧太后的寝室，也是慈禧太后接受皇帝、后妃们请安的场所。明间是慈禧太后升座受礼的地方，在正中设地平、宝座，后置五扇紫檀嵌寿字镜心屏风，香几、宫扇、香筒等分立宝座两边。（图9）明间两边的花梨木隔扇古朴高雅。东次间南窗下设有炕，炕上置几，上摆文房四宝，慈禧太后在此舞文弄墨、休息、喝茶、聊天，接见皇帝和皇后、妃子。东次间、梢间之间安落地花罩，中间落空以便往来，形成通透的空间，使东次间、梢间相连。花罩两侧又开洞窗，相互借景，活跃室内气氛，减少了沉重压抑之感。东次间后檐柱间透雕竹纹落地花罩。两个花罩连用形成大小空间的对比。东梢间后檐柱间安花梨木八方罩，内挂幔帐，形

[图9] 储秀宫明间

成隐秘空间，室内案上供放白衣大士像。（图10）西次间是寝室的外间，西梢间为寝室，北边设炕，炕前安楠木炕罩，上施毗卢帽，浮雕缠枝葫芦团寿字，意为子孙万代。内悬双重五彩苏绣幔帐，床铺各式绸绣龙、凤、花卉锦被。储秀宫所用隔扇、几腿罩、落地花罩、八方罩、炕罩、隔断墙等不同的装修构件，不仅起到分割空间的作用，而且由于种类不同，有大有小，有的封闭有的通透，形成室内空间的变化多样，又因其构图生动、制作精细、玲珑剔透，成为室内的精美装饰，为储秀宫增添了艺术魅力。储秀宫房间内的陈设品也极为精致，有紫檀木家具和嵌螺钿的漆木家具，象牙、景泰蓝工艺品，福禄寿等图案的挂屏等。

室内隔罩多为花梨木、楠木等，取其本色，再加以雕、琢、刻、镂、镶嵌等各种工艺装饰。装饰纹样采用寓意长寿、多子、平安、富贵的吉祥图案。因慈禧太后当年被封为"兰贵人"，室内的装饰图案大量采用兰花纹饰，另有一番寓意。

[图 10] 储秀宫东次间、梢间

生活区域建筑的室内装修，色彩素雅大方，造型优美，纹饰丰富，制作精湛，于朴实中显华美。

（四）花园建筑

宫殿内的花园是供皇帝后妃们闲暇时游乐玩耍的地方，花园布景深受文人审美画的影响，以"一卷（拳）代山，一勺代水"，力求在不大的空间内表现更为隽永的意境，仿效自然，与自然调和。建筑布局、式样不拘一格，形制丰富，内檐装修精致活泼。

紫禁城宁寿宫花园的倦勤斋内西里间头顶画上一片高大的藤萝架，在蓝天之下藤花下垂，绿叶覆盖，架下竹篱环绕，竹篱中置一方形攒尖顶竹亭，亭由髹漆仿竹纹的木质材料搭成，亭南与亭后亦有仿竹纹木质夹层篱笆。透过竹篱，深远的花圃中一片姹紫嫣红。北面斑竹纹篱笆后一座丹柱黄瓦高阁隔篱相望，院内山石高耸，白鹤迎竹起舞，喜鹊或空中翱翔，或憩于

[图 11] 倦勤斋戏台

篱上。（图 11）人们置身其中，宛若处于天然花园中。乾隆年间的宫廷画师通过这种布满整座墙壁的通景画手法一扫建筑室内的森严肃穆的气氛，将大自然移入室内，室内豁然开朗，春光明媚，一派生机勃勃的景象。这个房间是一处观戏之所，房间中间的小亭就是戏台。戏台与对面的观戏台以及周围的围栏都是竹纹装饰，画中的竹篱、天花的竹架与室内的装修融为一体。戏台仿佛移至庭院中，人们坐在室内就能感到大自然的气息。

宁寿宫花园内的另一座建筑三友轩，坐落于深山幽谷之中。"三友"之

名取自于《论语》"益者三友，损者三友"。古人以"松、竹、梅"合绘为岁寒三友。松常青不老，以静延年，岁寒知松柏之后凋。竹称君子，因虚受益，有君子之道。梅为冰肌玉骨，物外佳人，群芳领袖。因此，人们把"松、竹、梅"当作吉祥颂祝之物。更因松、竹、梅能在万木凋落时坚守其节，仍自挺拔，人们就用它们这种年年岁岁不变的节操来喻君子节操之高洁、友情之永恒。三友轩的室内西次间的西壁中间设一紫檀木雕漏窗，镂雕图案为苍松、修竹、梅树，花叶以玉石为之。西梢间一座双面竹丝紫檀丝嵌万字锦地松、竹、梅紫檀圆光罩，紫檀、玉石镶嵌成松、竹、梅纹样。西窗亦雕刻松、竹、梅图案，透过叶枝花朵可视窗外山石环抱中种植的松、竹、梅，真假三友相互掩映，景色协调美丽。家具亦以松、竹、梅饰之，紫檀镂雕松、竹、梅夹玻璃宝座，及镶嵌松、竹、梅的大插屏，图案纹饰为苍松、修竹、梅树相夹。炕几、茶几、桌凳等家具以及陈设品均以松、竹、梅图案为之。室内遍施"岁寒三友"图案，烘托出"三友轩"的主题和含义，也反映出使用者的情趣所在。（图12）

花园建筑灵巧、活泼，室内的装饰手法更为丰富。因受封建礼制约束较少，设计者们可以充分发挥他们的艺术才智，装饰错落有致，虚实相间，自然美与艺术美巧妙结合，将室内装点得典雅精致。

其他如藏书楼、宗教建筑等具有特殊用途的建筑，内檐装修与建筑功能相契合，各具特色。

明清紫禁城以恢宏磅礴的气势展现在人们眼前。建筑形式严格按照礼制

［图12］三友轩明间

规定，等级森严。室内的装修装饰也充分地体现了封建的等级制，大型的朝仪建筑室内装饰使用的是最高等级的藻井、片金龙纹天花、金色蟠龙柱，室内宏伟壮丽、金碧辉煌，突出表现皇权至高无上的象征意义。勤政建筑装修简单大方、庄严肃穆。生活区域的建筑适应生活需要，室内装饰趋向生活化，舒适典雅，装饰纹样多采用生活中常见的吉祥图案。花园建筑挣脱了封建等级和规制的束缚，建筑形式生动活泼，装饰手法异彩纷呈，为宫殿建筑室内装修的璀璨明珠。

第二章 装修设计

装修设计是装修制作的关键所在，它决定了室内空间的格局、风格及品位，要求设计者具有较高的专业技术水平和艺术欣赏能力。

清代皇宫内檐装修设计，先由皇帝下达谕旨给内务府大臣，内务府大臣转达给建筑设计部门，设计人员针对具体建筑室内空间的布局和尺寸绘制室内空间图纸呈览，根据皇帝的装修旨意，设计款式、描绘纹样、制订尺寸，再绘制具体的室内装修图纸、制作烫样、雕制木样，呈递皇上御览，获准后编制做法说明，然后交给制作部门制作、安装。

第一节　装修图样：清代皇宫建筑内檐装修设计媒介

清代皇家宫殿内檐装修作为皇家建筑的一部分，其设计方式反映皇家营造体系设计的一般特点。清代的皇宫建筑内檐装修具体的设计是以绘制图纸、制作烫样、编写做法说明等为媒介，呈现其设计方案。

现存图样中紫禁城内建筑的图档数量较少，笔者所见种类不全，而同治时期重修万春园天地一家春现存图档资料较为齐备，完整地展示了天地一家春的内檐装修设计过程。有关天地一家春内檐装修的图文档案有：《大清穆宗毅皇帝实录》中记载"谕修葺圆明园以备两宫太后颐养事"[1]；中国第一历史档案馆藏《内务府档》中存有修建的相关事宜[2]；雷氏档案则记录了装修从皇帝下谕到建筑格局、内檐装修的设计、画样、烫样、呈览、修改、定稿、承办等具体实施的详细过程[3]；故宫博物院图书馆藏天地一家春装修地盘样、图

1　《大清穆宗毅皇帝实录》卷三百五十八。

2　"为绮春园等处改名谕"，中国第一历史档案馆编：《圆明园》，上海古籍出版社，1991 年，第 628 页。（以下均用此版本）"总管内务府奏传办清夏堂等殿装修折"，《圆明园》，第 681-682 页。"总管内务府奏遵旨酌拟天地一家春等殿内桌张尺寸折"，《圆明园》，第 682-691 页。"恭修天地一家春等工程暂领银两呈"，《圆明园》，第 706 页。

3　《圆明园》，第 1070-1143 页。

样[1]，古建部藏烫样[2]；国家图书馆藏样式雷天地一家春平面图、改建旨意单、内檐装修尺寸总平面[3]和做法单[4]。故以天地一家春为例阐述清代皇宫建筑内檐装修的设计媒介。

天地一家春原在圆明园九州清晏景区内，"九州清晏殿七楹，东为天地一家春，西为乐安和，又西为清晖阁"[5]。九州清晏是皇帝寝宫，天地一家春为后妃寝宫。清同治十二年（1873）九月二十八日，同治皇帝下谕"择要兴修"圆明园[6]，"以备圣慈燕憩、用资颐养"[7]，也为了让两宫皇太后远离权力中心，遂将原天地一家春改为承恩堂，绮春园更名为万春园，在原绮春园敷春堂、清夏斋旧址重建天地一家春、清夏堂[8]，作为慈禧、慈安两宫皇太后的园居之所。最终天地一家春重建工程未能实施[9]，而现存留的天地一家春图文档案详细清晰地反映了清代内檐装修的设计过程以及设计媒介。

一、图样

设计图纸是内檐装修最基础的使用最广泛的设计媒介。

（一）内檐装修地盘样

进行内檐装修设计首先是根据建筑的室内空间布局绘制内檐装修平面图，也就是档案中所说的地盘样，地盘图有环境的地盘图也有室内地盘图，这里所讨论的内檐装修地盘图是建筑的室内平面图和装修的位置图。确定内

1　故宫博物院图书馆藏："万春园天地一家春等殿宇房间地盘尺寸画样图"，书00004589；"天地一家春房间尺寸画样图"，书00004592；"天地一家春前后殿内檐硬木装修做法地盘图"，书00005139-书00005144；"圆明园天地一家春等处工程奏底略节并随记签条"，书00005556，等等。

2　故宫博物院藏"圆明园天地一家春烫样"，资古建00000709，资古建00000710，资古建00000721，资古建00000725等。

3　国家图书馆藏："天地一家春平面图"，北图善本目录015-007，015-009-013；"天地一家春后殿改建旨意单"，北图善本目录015-025；"天地一家春内檐装修细尺寸总平面"，北图善本目录015-031。

4　国家图书馆藏："天地一家春内檐装修做法单"，北图善本目录029-018；"天地一家春留京办内檐装修糙单"，北图善本目录062-021，等等。

5　[清]于敏中等编纂：《日下旧闻考》，第1331页。

6　《晚清宫廷实纪》，《圆明园》，第626-627页。

7　《圆明园》，第626页。

8　《内务府档》同治十二年十一月初一日"为绮春园等处改名谕"，《圆明园》，第628页。

9　《上谕档》同治十三年七月二十九日"谕圆明园工程即行停止并查勘酌度修葺三海"，《圆明园》，第743页。

檐装修的位置和种类先要了解室内空间布局，先绘制室内平面图，简单地画出建筑的平面，柱网、柱子、外墙，绘出室内空间布局。图纸有糙图、底图、准底等，屡经修改才有定案。天地一家春面阔五间，室内空间三卷，最后一卷为后抱厦，前后共计四卷。有些图纸只绘制建筑室内的柱网或模数，有些图纸则明确绘制了室内的平面，柱子、外墙、面阔、进深等。清华大学所藏"天地一家春平面图"（图1）为墨线糙底图，简单绘制了建筑室内平面，柱

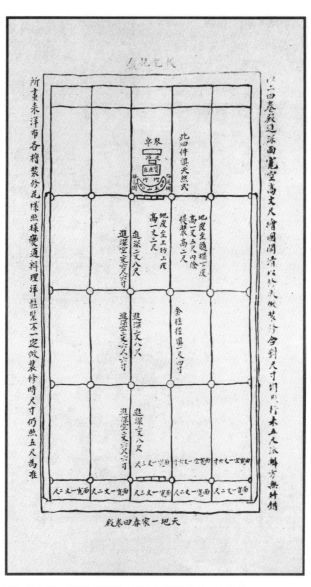

［图1］天地一家春平面图，原中国营造学社黑白胶片 PpXXXI11-6 号，清华大学建筑学院资料室藏。图纸来源郭黛姮、贺艳著《圆明园的"记忆遗产"：样式房图档》

网、柱子、外墙，并标注面宽进深尺寸和空间高度以及柱径，建筑明间"面宽一丈三尺"，东西次间、进间均为"面宽一丈二尺"，室内明间"面宽一丈三尺"，次间进间为"面宽空[1]一丈六寸"，三卷建筑均"进深二丈八尺"，室内"进深空二丈六尺六寸"，"金柱径俱一尺四寸"，"地皮至上枋上皮高一丈三尺"，"地皮至随梁下皮高一丈五尺内除提装高二尺"，北抱厦有四件装修，即木山式围屏，其中有梅、竹等雕饰，前设宝座床、足踏、琴桌。并在图纸两边标明："以上四卷殿，进深面宽空高丈尺，绘图开清以备成做装修，合对尺寸，均照行来五尺派办，方无舛错。""所画来洋布各槽装修花样照样变通办理，洋松紧不一，定做装修时尺寸仍照五尺为准。"这张平面图仅标注了建筑的空间尺寸，并无装修款式。

室内空间格局确定后，再用清代较为固定的内檐装修图形表现形式[2]画出内檐装修的位置，并标注出内檐装修名称。有些直接在图纸上或用红签、黄签标出装修的尺寸。"天地一家春内檐装修平面图"现存有多份，据研究者统计室内的装修经过五次[3]修改才得以确定下来，同治十二年"冬月初八日"的旨意档中记载"皇上御制天地一家春内檐装修样一分"非常详细地规定了室内装修的形式[4]，十一月二十日的档案中装修形式有了很大的变化[5]，之后又经过了一些细小的改动。其中国家图书馆藏"天地一家春内檐装修平面图"[6]，与"十一月二十日的《旨意档》和"总管内务府奏遵旨酌拟天地一家春等殿内桌张尺寸折"[7]相符。内檐装修是室内陈设的基础，一般而言，确定了装修之后，才能配置家具、陈设，且这份桌张尺寸折记载十分详尽，标注了室内家具的式样和尺寸，应为最后的定稿，与之相符的图纸应为最终定案。此图为朱、墨线图纸，绘制建筑平面布局，室内用墨线简单的图形绘出柱网、装

1　"面宽空一丈六寸"即为净面宽，除去柱径尺寸的室内空间净宽度。

2　内檐装修构件图纸表现形式，参见刘畅《清代宫廷内檐装修设计问题研究》（博士论文），"4.2 清代皇家内檐装修设计媒介的基本特征及其解读"。

3　Ying-chen Peng: "A Palace of Her Own: Empress Dowager CiXi(1835-1908) and the Reconstruction of the Wanchun Yuan", *Nan Nü 14 (2012)*, p.61.

4　《旨意档》同治十二年冬月初八日，《圆明园》，第 1118-1119 页。

5　《旨意档》同治十二年十一月二十日，《圆明园》，第 1123-1124 页。

6　国家图书馆藏样式雷 093-002，"天地一家春内檐装修平面图"。

7　《圆明园》，第 681-691 页。

修的位置，并标注内檐装修的名称，在前卷明间东缝绘出栏杆罩的图形，下简单地标明"葡萄式"，西缝碧纱橱装修图下标明"梅花式"，西次间后檐画飞罩，上写"鸣凤在梧"，西二缝画飞罩图标，并注明"飞罩"，等等。装修构件非常详尽，每一缝均设置装修，在室内所有安装装修的位置都画出装修图，并简单地标明装修的名称或大概形式，图纸中还用朱线描绘室内家具的位置。这张图详细地标明了家具尺寸，却没有装修的尺寸，很可能是张家具摆放图，仍可以从平面图中清楚地了解天地一家春内檐装修的基本状况。

（二）装修纸样

地盘图可以清晰地了解室内的空间布局、装修的具体位置和类别，但并不能看到内檐装修构件的具体形式，还需要绘制内檐装修单体隔罩的立面图，也就是档案中的"装修纸样"，装修立面图按照实物一定的比例缩小，有彩色图也有黑白图，均细致地描绘装修的形制、纹饰，也就是装修的设计图样。

天地一家春在接到皇帝的旨意后，夸兰达来谕："着雷思起找好手艺雕匠一二名、画匠四名，速画大时样装修，俱要紫檀天然式，嵌象牙、檀香，带喜鹊、喜报三元，预备呈览。"[1] 还将具体的纹饰图案单独描绘，以便观览："将天地一家春装修样，并画各样花卉小样、紫檀色各大样一并赶得，定十八日回堂后进呈。"[2] 天地一家春装修经过多次修改，画样也在不断修正："贵大人在宅看松竹梅雕画作花样，画作太密，不用，雕作尚好。并问现在木料办妥否。回明：已买妥花梨、铁梨，木匠已开工。着暂缓，雕作不必做。俟将上交改画花样进呈后，再按照交下松竹梅花样另画实在尺寸大样。各做一段，约在三尺余长，此事听回奏后再做。"图案纹饰以及繁简稠密经过多次修改后才得以确定。[3]

故宫博物院藏天地一家春松竹梅兰花等天然罩图样，与故宫博物院古建部藏烫样中室内中卷的"玉兰式天然罩"和"梅花式天然罩"相同，虽不是最后的定稿，也肯以看出落地花罩的大致图案纹饰。（图2）

1 《堂谕司谕档》同治十二年十一月十一日，《圆明园》，第 1072 页。

2 《堂谕司谕档》同治十二年十一月十五日，《圆明园》，第 1073 页。

3 《堂谕司谕档》同治十二年，十一月二十六日，《圆明园》，第 1075-1076 页。

国家图书馆藏有天地一家春的装修纸样,位于明间西缝的四季花卉碧纱橱纸样。(图3)图纸为墨线图,绘制碧纱橱隔扇六扇,每扇都详细描绘隔心、绦环、群板的纹饰,隔心的花卉从右至左依次为牡丹、荷花、竹子、菊花、佛手、梅花,绦环群板的纹饰与隔心的纹饰相对应。纹饰描绘写实、精细。慈禧太后还亲自为这槽碧纱橱画样:"天地一家春明间西缝碧纱橱单扇大样,皇太后亲画瓶式如意上,梅花要叠落散枝,下绦环人物另画呈览。御笔应恭缴。"[1]位于中卷西进间的四季花瓶式罩(图4),形式为中间开瓶式门,门上安横披一块,两边各一边扇,隔心、群板、横披上描绘四季花卉。

一些详细的立样图会在装修样上贴签注明装修的建筑、名称、数量等情况,有些还会标注具体尺寸、做法说明,如"安装料宽四寸五分",在花纹处用红签标注"中高二尺六寸""次高二尺""边高三尺""牙子厚八寸"等。

(三)装修布样

在内檐装修设计的设计媒介中,还有一种"布装修样",在有关天地一家春的档案中有"传画天地一家春洋布装修大样""进呈布装修""天地一家春布装修八款""装修布画样三十七分""洋布装修样二箱""天地一家春洋布大画样鸣凤在梧罩一槽"等记载。

布装修样出现较晚,清代晚期才见有布样记载,在清中期以前则未见于记载,应该与清晚期洋布的大量进口有关,其作用与大型的装修纸样功能相同,布较纸更结实,比木样更轻便,便于运输。天地一家春原定交粤海关制作的装修:"交坐京孙义转发交广东,并将木花牙样三分、装修布画样三十七分、桌张画样十九张、五尺一杆,照尺办理。"[2]"初一日巳刻,将木牙样三箱、洋布装修样二箱,并五尺桌张画样,开写一总件数单交堂以备行文。面付给坐京孙义手领去行粤海关,限一年内陆续交京。"[3]"天地一家春平面图"中说"所画来洋布各槽装修花样照样变通办理,洋松紧不一,定做装修时尺寸仍照五尺为准"。布样应该是以实物1:1比例绘制在布上,表现出装修实物的大小、形式和纹饰等实际情况,制作时可以直接按照布样的大小制作。然而,

1 《旨意档》同治十二年十二月二十二日,《圆明园》,第1140页。
2 《堂谕司谕档》同治十三年四月二十二日,《圆明园》,第1092页。
3 《堂谕司谕档》同治十三年四月二十七日,《圆明园》,第1093页。

［图 2］天地一家春前后殿内檐硬木装修做法地盘图，故宫博物院藏

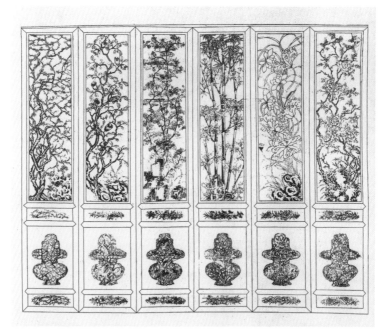

［图3］天地一家春四季花卉碧纱橱，样式雷排架011-18号，国家图书馆善本部藏。
图纸来源郭黛姮、贺艳著《圆明园的"记忆遗产"：样式房图档》

［图4］天地一家春四季花瓶式罩，样式雷排架011-14号，国家图书馆善本部藏。
图纸来源郭黛姮、贺艳著《圆明园的"记忆遗产"：样式房图档》

由于布有收缩性即"松紧不一"，无法精确地表现装修尺寸，因而还需要有标准尺作为精准的衡量工具。

二、烫样

图纸绘制完成后，为了更形象地表现建筑、装修的形制，以便呈览，还要根据图纸制作装修立体图样，即烫样。

（一）建筑烫样

烫样是用草纸、秫秸、油蜡和木料等材料加工制作的器物模型，按照实物比例缩小[1]，也称"烫胎合牌样""合牌样"等。建筑烫样的种类有全分样，即组群建筑烫样，用来直观表达建筑组群布局和空间形象，也就是整个建筑群的模型；也有个样，即单体建筑烫样，全面地反映单体建筑的自外到内的形制及其主要构造层次、色彩、材料和各类尺寸数据，包括屋顶、梁架、彩画、间架、装修、基础等情况。一般烫样在屋顶贴有黄签，注明建筑的尺寸大小及其做法。

天地一家春烫样有组群建筑烫样和单体建筑烫样。故宫博物院古建部藏天地一家春全样即群体建筑烫样，长 83 厘米，宽 76 厘米，高 15 厘米，展现的是建筑群的整体形象。天地一家春建筑群分三路，中路寝宫区，东路戏楼，西路花园，宫殿、楼台、亭榭、花木、山石一应俱全，烫样四周用围墙围合，建筑群的环境、格局，建筑分布、形制、体量、色彩清晰可辨，建筑屋顶均贴黄签说明建筑名称、尺寸。其中天地一家春位于中路中央，屋顶为三卷棚顶连后抱厦卷棚共四卷，屋顶贴黄签"天地一家春"，并详细地说明建筑的规格："天地一家春前殿一座五间，明间面宽一丈三尺，四次间各面宽一丈二尺，进深二丈八尺五寸，前后廊各深六尺，柱高一丈二尺五寸，台明高二尺，下出三尺四寸。"（图 5）从建筑的形制和标注的尺寸来看，这座烫样制作的时间较早，后来"雷思起随同明大人、堂夸兰达前往万春园查勘。更改戏台，添游廊，看戏殿添抱厦；天地一家春前殿、中后殿进深俱改二丈八尺，后抱厦改二丈六尺五寸；结峰轩撤去南转角房；含远挪对垂花门，两边添游廊，东南各座值房、东西房均撤去，前院改每座五间，四座；东院改每

---

1 有关烫样制作的详细情况参见黄希明、田贵生：《谈谈样式雷烫样》，《故宫博物院院刊》1984 年第 4 期。

[图 5] 圆明园中路天地一家春烫样，故宫博物院古建部藏

座三间，三座。前尺寸详细算明，赶紧烫样进呈"[1]。最终又将天地一家春屋顶改"用一卷一抱厦"[2]。根据修改后的设计再次制作烫样："堂上来信孟总管传出：所有天地一家春放大烫样，着自影壁辖哈，起满烫全分。此交堂上。"[3]最后，天地一家春全样终于制作完成，于同治十三年（1874）"六月二十四日面交堂上交"[4]。修改后的天地一家春区域的整体烫样应该已经上交，留在宫里，故未能见到，现存的这座烫样还是能够明确地反映天地一家春群体建筑布局的大概情况。

为了更加清楚地了解每一座建筑的详细情况，还需有单体建筑烫样，同治十二年"冬月初八日，召见崇、桂、明、贵，皇上御制天地一家春内檐装

1 《堂谕司谕档》同治十二年十一月十一日，《圆明园》，第 1071-1072 页。

2 《堂谕司谕档》同治十二年十二月十五日、十七日，《圆明园》，第 1080 页。

3 《堂谕司谕档》同治十三年四月二十七日，《圆明园》，第 1093 页。

4 《堂谕司谕档》同治十三年四月二十七日，《圆明园》，第 1095 页。

修样一分。贵传旨：着将此烫样交样式房雷思起，按照御制烫样详细拟对丈尺，有无窒碍变通，赶紧再烫细样一分，俱要紫檀色"[1]。十三日下谕："御制天地一家春装修样恭缴，并烫装修细样，于十七日交进，十八日呈览。"[2] 这里的内檐装修烫样指的是详细的室内装修烫样。故宫博物院古建部收藏一座编号为资古建00000709的天地一家春烫样（图6），长80厘米，宽52厘米，高24厘米，面阔五间，进深三间，前带廊，后接抱厦的建筑，屋顶形式与组群建筑烫样中的四卷不同，已经改为一大卷棚歇山顶，后抱厦再接出一卷棚顶，即"一卷一抱厦"形式，说明此座烫样是修改之后的，立柱、彩画、隔扇门、横披、支摘窗、倒挂楣子、坐凳、栏杆都详细地表现出来。建筑外墙画百"寿"字，东西山墙各开一扇窗，贴"添安松树式天然窗罩""竹式天然窗罩"等黄签。（图7）这座烫样与档案中记载的"东山墙上要一百个大寿

1 《旨意档》同治十二年冬月初八日，《圆明园》，第1118页。

2 《堂谕司谕档》同治十二年十一月十三日，《圆明园》，第1072页。

[图6] 天地一家春烫样，故宫博物院古建部藏

[图7] 天地一家春烫样局部

字，俱一样，要金底墨字，不要边，斜方角对角安，再画一个呈进。东山墙
上方窗，梅花式、竹式天然窗罩二分……西山墙连三玻璃窗上，外面添天然
梅花树式窗罩，下脚白石钵形花盆"[1]形式基本相符。烫样顶部可逐层开揭观
览，室内空间分布和装修的位置、种类便一目了然。（图8）室内每一缝用碧

---

1 《旨意档》同治十二年十二月十四日，《圆明园》，第1137页。

[图 8] 天地一家春烫样内部

纱橱、落地罩、花罩、栏杆罩、门窗、家具等各种装修形式将室内划分为若干使用空间,装修式样各异,纹饰图案逼真,并在地面和装修、家具上贴黄签,说明建筑的尺寸和装修类型。前卷明间地面黄签写着"前卷进深二丈八尺",后檐宝座上写"宝座床",东缝隔罩上写"葡萄式天然栏杆罩",罩下地面写"前层明间东缝",西缝碧纱橱上写"梅花式碧纱橱"。每一间的位置和装修均用黄签注明。

故宫古建部还收藏了另一座编号为资古建00000710的天地一家春的烫样(图9),与上面的烫样相比,710不仅有装修还附有家具。两座烫样基本结构相同,空间布局也相同,装修的类型基本相同,但仔细观察发现其中有一些差别:天地一家春前卷东次间后檐面宽,709使用几腿床罩,710为落地床罩;中卷明间东缝,709用万福流云栏杆罩,710为落地花罩,等等。室内装修存在多出不同之处。室内的装修也经过多次的修改才能确定下来,709烫样与"十一月二十日"的档案和"总管内务府奏遵旨酌拟天地一家春等殿内桌张尺寸折"中的装修式样相符,应该是最后的装修设计定案。

(二)装修烫样

烫样不仅有个体建筑、群体建筑烫样,还有单体装修烫样。

[图 9] 天地一家春烫样内部，故宫博物院古建部藏

　　制作内檐装修烫样的同时，还有一些更为详细的单片装修样："进呈天地一家春更改烫样并装修，照御制一体一分，单片装修样三十三块，画紫檀色，镶象牙、檀香、花卉人物天然罩十分，进深各样罩花样十四分，床罩等五分，床四分。"[1] "单片装修样"指的就是单体的内檐装修烫样。

　　内檐装修烫样是用纸张层层托裱而成板片，表面用各色笔墨描绘内檐装修隔断形式，再用刀刻画出留出的洞口，甚至有些还刻制纸壁厚度之半，做成可开启的门窗，按照实际装修按比例缩小，在纸板上绘出装修上的图案，制作雕镂非常精细，透雕图案将纹饰的空白处作镂空处理，形象生动地表现出装修的实际效果。清华大学藏万蝠流云栏杆罩烫样与档案中描述和故宫古建部的烫样中卷万福流云栏杆罩相同，应为天地一家春的装修烫样。（图 10）装修烫样的规格也有不同：一种是用来插在建筑烫样的内部，作为烫样内部装修模型，这种装修烫样的规格都比较小，据建筑烫样的大小而定，纹饰绘制较为简单，天地一家春室内均用这种烫样板片插在建筑内；还有一种规格较大，一般常在一尺左右，纹饰绘制细致、逼真，这种烫样是作为观赏用的。

1　《旨意档》同治十二年十一月十八日，《圆明园》，第 1122 页。

有些板片或贴有红黄签字，注明细部做法和尺寸。

建筑烫样作为立体的、形象的建筑模型，在装修的制作过程中起到辅助作用。制作烫样是各项建筑设计的关键步骤，按例要恭呈御览钦准，才能据以实施。

（三）装修木样

内檐装修形式多样，有些装修制作工艺复杂，纹饰丰富，图纸和烫样展示的都是装修的平面效果，

[图 10] 万蝠流云栏杆罩烫样，清华大学建筑学院藏

不能表现装修的立体形态，为了更好地展现装修的整体效果、制作工艺，给皇帝以直观的感受，有些纹饰较为复杂、立体的装修构件还要制作木样作为摹本。

装修木样就是用木材制作按比例缩小的具体的装修样。

设计天地一家春的装修获得批准后，也制作了一些木样："堂夸兰达传：东头、禹门公商天地一家春大殿大小样仍按原奏做木样一分。"[1]

尽管档案中所记载的装修木样不乏其数，但未见现存实物，根据宫内现存的其他器物的木样，应该是用质地较差的木材制作的装修小样，照实际装修式样、纹饰按一定比例缩小雕刻而成，多用于透雕工艺的装修中。它便于清晰地掌握透雕工艺和纹饰效果，更为形象地展示装修的具体形态，可以直接作为范本。

木样便于清晰地掌握装修的成品效果，更为形象地展示装修的具体形态，也更容易看出不尽如人意之处。天地一家春装修木样制作好之后，给夸兰达看，他指出了修改意见："改大龙毗卢帽龙下唇，再另画福字，鸣凤在梧改山石，接树木叶，瓜蝶改蝴蝶，石榴改染，碧纱橱改掏环（二槽），横皮梅叶加染，落地罩腿换，一扇改梅花，方窗破荷叶改正花叶，莲花骨朵改尖

1 《堂谕司谕档》同治十三年二月二十八日，《圆明园》，第1085页。

形，天竺加中肚儿，佛手上加叶。"[1]

清代晚期，木质透雕工艺的装修大量使用，能够表现立体形态的木样就显得尤为重要。

三、做法单

绘制图纸、制作烫样恭呈御览钦准后，便进入施工阶段。图纸和烫样、木样、布样，虽然形象地表现出装修的式样并标注部分尺寸、材质，但是具体的、详细的内容则无法体现，还需要撰写施工的"做法单"，详细说明装修的式样、位置和具体尺寸、做法。

天地一家春的图纸、烫样均已完成，定稿后为了明确做法和尺寸，撰写做法单："又递天地一家春、清夏堂装修槽数、做法单一件。"[2] 从图纸、烫样中了解到，天地一家春前卷明间西缝为"梅花式碧纱橱"、中卷明间东缝为"万福流云栏杆罩"等装修形式、纹饰都体现在图纸和烫样中，但具体的款式、做法、尺寸并不清楚，就需要撰写做法单给予详细的补充："明间西一缝进深碧纱橱一槽中计八扇，上横披中安三堂，两次堂共二堂，俱券口大心子玉兰花盆式群板绦环，夹玻璃两次堂用外传办换用。"[3] 说明碧纱橱的数量为八扇，绦环群板为玉兰花盆纹，隔扇心用玻璃。中卷为："栏杆罩一槽，两进堂中安扇面心子窗二扇，宽四尺三寸，高七尺；下鼓儿群墙高三尺，宽四尺三寸，镶嵌檀香人物。进堂横披二堂，各宽四尺三寸，中一堂面宽七尺四寸，俱高一尺八寸六分；栏杆二扇，各宽三尺七寸，高二尺八寸；上单边牙子三块，中一块面宽七尺四寸，高二尺。次堂牙子二块，各面宽三尺七寸，高二尺，万福流云式。两进堂横披窗心云鹤式，厚二寸四分，俱二面雕活，群墙山树本身雕做……"[4]（图 11）从中可以了解到，天地一家春做法说明的款式、纹饰、尺寸清楚明了，与烫样中的栏杆罩一一对上，再对照图纸、烫样，便可制作。

1　《堂谕司谕档》同治十三年三月十九日，《圆明园》，第 1087 页。

2　《堂谕司谕档》同治十三年四月初七日，《圆明园》，第 1090 页。

3　国家图书馆藏"天地一家春内檐装修做法单"，北图善本目录 062-021。

4　国家图书馆藏"天地一家春内檐装修做法单"，北图善本目录 029-018。

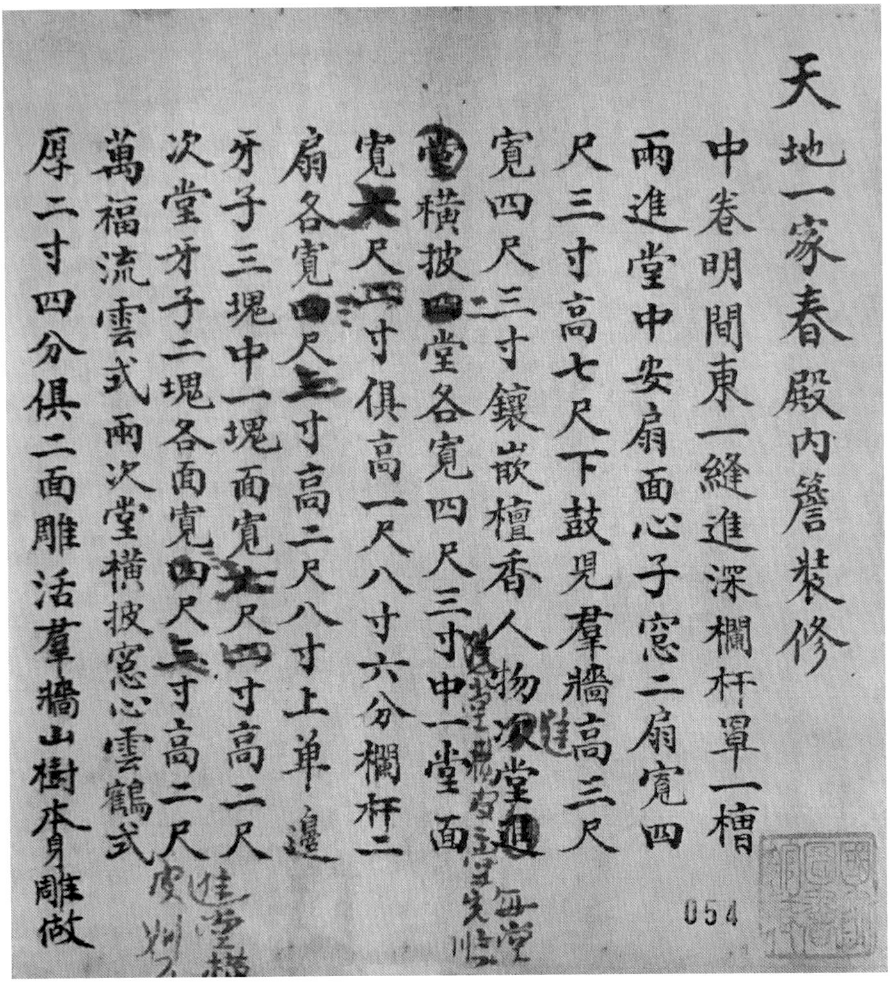
天地一家春殿内簷装修
中卷明間東一縫進深欄杆罩一槽
兩進堂中安扇面心子窓二扇寬四
尺三寸高七尺下鼓兒羣牆高三尺
寬四尺二三寸鑲嵌檀香人物
横披四堂各寬四尺三寸中一堂面
寬大尺四寸俱高一尺八寸六分欄杆二
扇各寬四尺上寸高二尺八寸上單邊
牙子三塊中一塊面寬大尺四寸高二尺
次堂牙子二塊各面寬四尺上寸高二尺
萬福流雲式兩次堂横披窓心雲鶴式
厚二寸四分俱二面雕活羣牆山樹本身雕做
054

[图 11] 天地一家春内檐做法单

设计结束后，进行仔细核对："总司帮办总司谕：前者所发司谕，系由该路并烫画样销算房三处会同查明，现在烫样与本路地势有无窒碍，与做法是否相符，详细斟核妥协，如有窒碍，早为设法更正，以免舛错，至今多日尚未报堂。着再将此谕传至三处照办，地势有无窒碍，做法是否相符，会同悉心详细核妥，呈报堂档房，以便酌办。特谕。为此知会。"[1] 仔细核对无误后，才将图纸、烫样、木样、布样、做法单准备齐全，交给装修制作部门按照图样进行实际的加工制作。

从所存天地一家春的一系列图纸、烫样和做法说明中，我们可以了解清

1 《堂谕司谕档》同治十三年四月十八日。《圆明园》，第 1091 页。

代皇宫建筑的内檐装修设计所使用的手段以及设计方法、程序和模式。

四、内檐装修设计的图文表现

（一）内檐装修设计的图文形式

从清代样式房设计的图纸、烫样以及说明中，很难找到现代的、科学的制图方法，清代建筑装修图纸使用的仍为传统的设计和图学方式。

内檐装修图纸所使用的绘制方法极为简单，建筑墙体用直线表示，室内空间划分亦用直线分割，建筑所开的窗有时仅仅只在柱网上画一点或两点，也有时画出窗的平面，而门的画法多为简化了的几扇隔扇的平面。内檐装修的画法，有的仍然画的是简化了的平面，有的则加入简化了的立面形象，完全是以符号化的面貌呈现在图纸之上。内檐装修中通常使用的碧纱橱、嵌扇、落地罩、栏杆罩、门、窗、床等都有自己的表征图形[1]。建筑室内平面图只是确定了装修中的方位，要了解装修的具体式样、纹饰则要依靠装修立面图、烫样或木样，它们详细、形象地表现出装修的具体细节。

装修图纸中使用的文字注解，除使用规范的汉字如"进深二丈八尺"之外，亦往往采用简化的办法，如"柱高"简化为"柱"等，数字标注采用了传统的俗称为"苏州码子"绘图记数方法，分别用〇、一（｜）、〓（‖）、〓（‖｜）、乂、ゟ、亠、亠、三、文代表从 0 到 9 的数字[2]。

这些符号、数字的表现形式在行内基本是通用的，由于大多数工匠并没有接受过良好的教育，简单易识的符号一目了然，很容易使工匠们接受。

（二）图纸、烫样的比例

清代皇宫内檐装修设计图纸与现代的设计图纸不同，现代图纸根据比例尺计算建筑装修的精确数据，现代更可以用绘图软件计算，完全可以根据图纸复原装修。清代装修图纸按一定的比例缩小，一般按 1/100、1/200 或 1/300 的比例绘制，分别称为一分样、二分样、三分样。内檐装修图纸虽有按照装

1　内檐装修构件图纸表现形式，参见刘畅：《清代宫廷内檐装修设计问题研究》（博士论文），"4.2 清代皇家内檐装修设计媒介的基本特征及其解读"。郭黛姮、贺艳著：《圆明园的"记忆遗产"：样式房图档》"凡例"，浙江古籍出版社，2010 年。

2　刘畅：《清代宫廷内檐装修设计问题研究》（博士论文）。

修实际尺寸绘制的，如"洋布装修样"，即使洋布装修样的尺寸也不能非常精确，以致"做装修时尺寸仍照五尺为准。"何况一般的样都不具备精确的比例关系，达不到按倍数放大即与装修实体相符的程度，它表现的是大概的尺寸和比例关系，图纸本身的精准度并不高，要求的尺寸数据则需要依靠详细的做法说明。

同样，烫样根据实际尺寸按比例缩小，但是并没有精确的比例关系，烫样中所谓分为5分样、寸样、2寸样、4寸样以至5寸样等。5分样是指烫样的实际尺寸每5分（营造尺）相当于建筑实物的一丈，即烫样与实物之比是1:200，其他依次为1:100、1:50、1:25、1:20。故宫博物院藏天地一家春单体建筑烫样即为5分样，也就是按照实际建筑的1/200的比例制作的。它们并不十分精确，同样只是一个大概的比例关系，烫样偏差值未见规定，不能以此作为制作的标准尺寸，其准确性靠上面贴的黄签标示而不是靠其度量性。

天地一家春的图纸按照清代常规的比例绘制："奉堂夸兰达谕，着传知：样式房、算房各工头，将五尺校对尺寸相符，交堂档房成做二十根，发交样式房、销算房各工头承领，预备丈量地势等项活计使用，以免舛错。特谕。为此知会。"[1] 交给粤海关制作的装修除图纸、布样、木样外，同时发"五尺一杆，照尺办理"，都是为了更加准确地计算、制作建筑及装修的尺度。

与现代的建筑测量设计图纸相比，清代的设计图过于简单，而清代的建筑构造及工艺趋于标准化、定型化，工匠经过几年的学习，基本掌握了建筑装修的基本结构、尺寸比例，所以根据图纸了解基本结构、式样，再根据做法说明了解详细的尺寸说明，就能够精确地掌握内檐装修的尺寸。

结　语

清代皇家建筑内檐装修以画样、烫样、木样、做法说明等作为表达设计意图的基本手段，这四种手段即图、模型（包括烫样和木样）和文字说明，虽各有侧重，却相辅为用。在设计事务中，画样功用最大，既用于御览更重施工实用；作为工程语言，凡文字无以申说或难以明了的，无不诉诸画样，确保营建时严密贯彻设计意图。而在设计创作全过程中，凡建筑及装修陈设

1 《堂谕司谕档》同治十三年二月二十五日，《圆明园》，第 1084 页。

等设计、方案构思比较等，也均以画样为主要手段。烫样、木样形象地表现出装修的式样、形制，以便直观地了解装修的具体形态。做法单则以文字申说一切建设项目的性质、规模、式样、尺寸、构材、做法等，均依项目、工种和材料类别分析罗列，条理分明，详备细致。只不过这些装修设计媒介不如现代建筑设计图纸严谨、科学，在现在看来犹如设计草图，而在当时完善的工官制度、高度的建筑模数和精湛的装修技术下，足以达到设计目的。

第二节　清代皇宫建筑内檐装修尺度研究
——以《内檐装修做法》为中心

皇宫建筑内檐装修构件体量大小适宜，与建筑衔接得如此完美、和谐、统一，设计部门按照什么样的尺度去设计内檐装修构件呢？在当时是否存在着一定的装修尺度标准？这一直是悬而未决的问题。在浩繁的清代档案中，找到了两份《内檐装修做法》的小薄册，一份藏于故宫博物院[1]，一份藏于首都图书馆[2]，记录了内檐装修的一般规格和单体隔罩的尺寸。它是否具有规范内檐装修尺度的作用，又对清代皇宫建筑内檐装修的设计起到怎样的作用呢？

一、《内檐装修做法》

清代官式建筑的工程做法日臻程式化、定型化，建筑构造充分发展为高度模数化的体系。清代为规范建筑制度，方便管理，于雍正十二年（1734）工部颁刊《工程做法》，确定建筑物各部位尺度、比例关系，统一房屋营造标准，作为清代官工建筑设计通用的规范。《工程做法》中规定了官式建筑装修中的外檐尺寸，如隔扇、槛窗、支窗、帘架等都有一定的尺度规范，且规定得非常详细[3]。但后宫室内各种隔扇、落地罩、鸡腿罩、栏杆罩、床罩等细木装修，属于"内工"做法，原编都没有记载。[4]

1　故宫博物院藏《内檐装修做法》（清抄本），样 02549。

2　首都图书馆藏《内檐装修做法》（清抄本），丁 15571。

3　王璞子：《工程做法注释》，中国建筑工业出版社，1995年，第 253 页。

4　同上，第 26 页。

除官方颁布的《工程做法》外，内务府为细化建筑各作规章制度，制定各种匠作则例作为《工程做法》的补充，则例中《圆明园内工装修作则例》《圆明园内工硬木装修现行则例》《三处汇同硬木装修则例》等[1]是记录皇宫建筑内檐装修的做法事例。从则例中所录"楠柏木隔扇壁纱槅大框，高壹丈至玖尺陆寸宽贰尺叁寸至壹尺陆寸，每扇用长壹丈零伍寸宽陆寸厚贰寸楠柏木贰块……以上每扇用（如伍抹群板绦环贰面采做素胎外加木匠半工、如一面采做工折半）木匠贰工，水磨烫蜡匠贰工"[2]，能够了解到清代宫廷内檐装修的种类和形式概貌以及制作内檐装修的用工用料情况。但则例是针对工程的管理部门而制定的，以行政的制度化和严格的财政管理为目的，以此作为清代宫殿建筑营造的核算细则标准，而非以设计为目的，并无有关装修构件的尺度规范，不能作为建筑装修的规格标准。

在清代流传下来大量的图文档案中，故宫博物院图书馆和首都图书馆藏品中的两份《内檐装修做法》（见附录），抄录的是相同的做法册，由于传抄的原因，其中有一些极小的出入。做法中对内檐装修构件的尺度作了较为详细的规定，包括内檐装修的一般尺寸标准，落地罩、飞罩、栏杆罩、碧纱槅、嵌扇的具体尺寸规格以及它们之间的权衡关系。[3]（图1）这是目前为止发现的唯一一种有关内檐装修尺寸的档案，具有非常高的档案价值，为研究内檐装修的尺度提供了重要材料，正由于其唯一性，所规定的尺度是否具

[图1]《内檐装修做法》，首都图书馆藏

1　有关内檐装修的则例收集在王世襄主编《清代匠作则例》中，共六卷，大象出版社，2009年。王世襄先生还经过多年的收集、整理，还将有关装修作的则例汇编成册《清代装修作则例选录》，载于故宫博物院古建部编《紫禁城宫殿建筑装饰：内檐装修图典》"附录一"，第321页。

2　《圆明园内工装修作则例》，载《清代匠作则例》，第53页。

3　详见附录《内檐装修做法》，以下简称"做法"。

有实用性和普遍性尚有待研究。清代皇宫紫禁城部分室内装修得到了妥善的保存，为我们提供了大量有据可查、保存完好的内檐装修实物资料，可以将《内檐装修做法》与实例进行比照，从而研究它的实用性以及内檐装修的尺度标准。

二、《内檐装修做法》尺度规格与紫禁城装修实测所见异同

清宫现存较为完整的清代建筑内檐装修，笔者通过各种方式测量了大量的装修构件，选择一些基本构件试与《内檐装修做法》进行比较，清代使用工部营造尺，现代测量使用公尺，以毫米为单位，公尺1000毫米约合清代工部

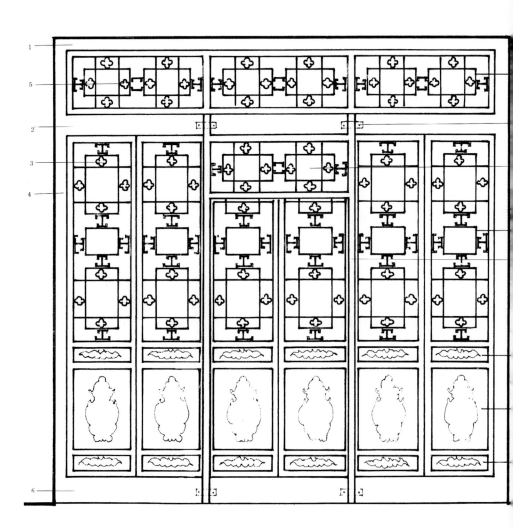

[图 2] 碧纱橱构造示意图

营造尺三尺二寸。《内檐装修做法》中所列举的内檐装修，是按照装修门类分别记录具体尺寸，其中有部分内容是相同的，做法中常出现"算法同前""俱同前""俱同落地罩"等描述，有鉴于此，在对故宫现存装修进行实测研究时，并不是按照做法中的顺序一一比对，而是将相同的构件并为一类，分为装修框架、装修高宽、隔扇、栏杆罩等类别加以对照、分析，并归纳出尺寸规律。

（一）装修框架（图2）

内檐装修由抱框与隔罩等构件组成，抱框起到将内檐装修与建筑主体衔接、固定的作用。抱框的尺寸在"做法"中有一般规定，"凡算内檐，上枋宽以三寸至四寸为率，中枋宽以四寸至六寸为率，抱柱宽以三寸至四寸为率，厚俱按二寸五分为率，短抱柱宽同上枋，下枋宽以四寸为率"；在落地罩一节中还作了详细的尺寸规定："柏木三厢上枋一根，长按面活[1]，宽按抱柱八扣；中枋一根，长按面活除抱柱宽二分，宽按抱柱宽一分半；通天抱柱二根，高按通高除上枋宽一分，宽按罩腿宽四分之一；柏木四厢短间柱或二、四根，高按横披高，宽按抱柱宽九扣；厚如面活一丈四尺以外厚二寸八分，一丈四尺以内厚二寸五分，一丈二尺以内厚二寸四分"；下枋，碧纱橱"宽按中枋九扣"，嵌扇"宽约四寸不等"。

故宫内檐装修框架实测尺寸见表1。

实例中上枋的宽度相差很大，在一寸七分至四寸七分之间不等，以四寸左右数量最多。中枋的宽度一般大于上枋，绝大多数在四寸至六寸九分之间，个别在四寸以下。抱柱的宽度在二寸至五寸之间。间柱的宽度在二寸五分至四寸之间。下枋的宽度做法中"以四寸为率"，碧纱橱在四寸七分至七寸不等，与做法不符，嵌扇在四寸左右，则与做法相同。进深基本在二寸三分至二寸八分之间，最厚达到四寸，但以二

碧纱橱构造示意图：

1 上槛（上枋）	8 帘架掯子
2 挂空槛（中枋）	9 帘架横披
3 卡子花	10 隔心
4 抱框（抱柱）	11 帘架大框
5 卡子花	12 绦环板
6 下槛（下枋）	13 裙板
7 横披心	14 绦环板

1　做法中的面活应该是指内墙间的距离，而非建筑柱中至柱中的距离。

表1: 故宫内檐装修框架实测尺寸

装修名称	位置	装修通宽（包括抱柱）		通高（包括上下枋）		上枋	
落地罩	建福宫西次间后檐金步	3400	一丈六寸	4290	一丈三尺四寸	150	四寸七分
	长春宫东次间后檐金步	4720	一丈四尺八寸	4710	一丈四尺七寸	125	四寸
	同道堂明间前檐金步	4635	一丈四尺五寸	3500	一丈九寸	90	二寸八分
	同道堂西次间西缝	3600	一丈一尺三寸	3500	一丈九寸	90	二寸八分
	翠云馆明间前檐金步	4230	一丈三尺二寸	3320	一丈四寸	130	四寸
	玉粹轩明间前檐金步	3740	一丈一尺七寸	3180	一丈	75	二寸三分
	太极殿东配殿明间北缝	4190	一丈三尺	2820	八尺八寸	60	一寸九分
	乐寿堂东二次间西缝	5784	一丈八尺	3180	一丈	90	二寸八分
	乐寿堂东二次间面阔	3888	一丈二尺二寸	3180	一丈	90	二寸八分
	符望阁西面明间	3440	一丈七寸五分	4670	一丈四尺六寸	130	四寸
	符望阁西面南次间	3120	九尺七寸	4670	一丈四尺六寸	130	四寸
	符望阁南面东梢间	2800	八尺七寸五分	4670	一丈四尺六寸	130	四寸
碧纱橱	太极殿西次间西缝	5125	一丈六尺	4150	一丈三尺	上上枋 95 上枋 120	三寸八分
	储秀宫明间东缝	5160	一丈六尺一寸	4225	一丈三尺二寸	上上枋 65 上枋 145	四寸五分
	翊坤宫西次间西缝	5160	一丈六尺一寸	4175	一丈三尺	上上枋 70 上枋 150	四寸七分
	同道堂明间东西缝	3540	一丈一尺	3500	一丈九寸	85	二寸七分
	建福宫明间后檐金步	3795	一丈一尺九寸	4295	一丈三尺四寸	150	四寸七分

	中枋	抱柱	间柱	下枋	进深	隔扇宽
	220 六寸九分	115 三寸六分		110 三寸四分	90 二寸八分	610
	175 五寸五分	140 四寸四分	100 三寸		85 二寸七分	620
		75 二寸三分			85 二寸七分	575
		100 三寸			85 二寸七分	575
		127 四寸			90 二寸八分	525
	160 五寸	90 二寸八分	90 二寸八分		90 二寸八分	450
	155 四寸八分	155 四寸八分	90 二寸八分		82 二寸六分	470
	120 三寸八分	125 三寸九分	120 三寸八分		90 二寸八分	480
	120 三寸八分	125 三寸九分	120 三寸八分		90 二寸八分	455
	170 五寸三分	90 二寸八分			85 二寸七分	640
	170 五寸三分	80 二寸五分			85 二寸七分	580
	175 五寸五分	105 三寸三分			85 二寸七分	515
	145 四寸五分	120 三寸八分	105 三寸三分	180 五寸六分	90 二寸八分	495
	220 六寸九分	210 六寸六分	145 四寸五分	230 七寸	85 二寸七分	480
	220 六寸九分	200 六寸三分	150 四寸七分	225 七寸	90 二寸八分	480
	220 六寸九分	75 二寸三分	75 二寸三分	185 五寸八分	85 二寸七分	565
	220 六寸九分	165 五寸	130 四寸	235 七寸三分	90 二寸八分	565

装修名称	位置	装修通宽（包括抱柱）	通高（包括上下枋）	上枋
碧纱橱	建福宫明间东西缝	4720　一丈四尺八寸	4290　一丈三尺四寸	150　四寸七分
	寿安宫东西次间	3360　一丈五寸	3260　一丈二寸	130　四寸
	太极殿东配殿明间	4190　一丈三尺一寸	2820　八尺八寸	60　一寸九分
几腿罩	体和殿西次间西缝	5015　一丈五尺七寸	4200　一丈三尺一寸	上上枋　60　上枋 120　三寸八分
落地花罩	储秀宫东次间后檐金步	4840　一丈五尺一寸	4560　一丈四尺三寸	上上枋　100　上枋 120　三寸八分
	漱芳斋西配殿明间南缝	4750　一丈四尺八寸	2970　九尺三寸	55　一寸七分
	漱芳斋明间北缝	4250　一丈三尺三寸	3450　一丈八寸	32　一寸
栏杆罩	寿安宫东梢间	3467　一丈八寸	3410　一丈七寸	100　三寸
	漱芳斋明间东缝	5200　一丈六尺三寸	3200　一丈	60　一寸九分
	漱芳斋西配殿明间北缝	4760　一丈四尺九寸	2960　九尺三寸	55　一寸七分
嵌扇	翠云馆明间嵌扇	门桶宽 1982　六尺二寸	门桶高 2314　七尺二寸	90　二寸八分
	庆寿堂后照房明间	门桶宽 2020　六尺三寸	门桶高 2019　六尺三寸	125　三寸九分

寸八分为主，比规定的厚。（图3）

　　落地罩规定，框架的宽度均以抱柱为测算标准，在实例中均不能与做法中规定的数据相符。落地罩中按照面阔定抱框厚度，虽然实例中大小不同厚度均有所变化，但并不能完全符合，例如寿安宫东次间面阔约合营造尺一丈，厚度为二寸四分，与做法中正好吻合；但是建福宫东次间面阔一丈二尺，厚度则为二寸八分，与做法中面阔一丈四尺以外的厚度相同，而与一丈二尺的不相符。

　　内檐装修的大框架与做法中的规定的尺寸出入较大，总体而言，与一般规定较为接近，与"落地罩"中的规定差距较大。

中枋	抱柱	间柱	下枋	进深	隔扇宽
220　六寸九分	165　五寸	130　四寸	235　七寸三分	90　二寸八分	540
150　四寸七分	95　三寸	130　四寸	150　四寸七分	75　二寸三分	520
155　四寸八分	200　六寸	90　二寸八分	150　四寸七分	82　二寸六分	470
175　五寸五分	230　七寸一分	120　三寸八分		132　四寸	
180　五寸六分	210　六寸六分	120　三寸八分		90　二寸八分	
120　三寸八分	88　二寸八分	120　三寸八分		79　二尺五寸	
150　四寸七分	145　四寸五分	115　三寸六分		79　二尺五寸	
150　四寸七分	90　二寸八分	110　三寸四分		72　二寸三分	
140　四寸四分	115　三寸六分	两边60、中间45		79　二尺五寸	
110　三寸四分	105　三寸三分	390，两边70、中间120		79　二尺五寸	
	90　二寸八分		120　三寸七分	70　二寸二分	445
	100　三寸		145　四寸五分	75　二寸三分	447

（二）装修的高度和宽度

装修的高度和宽度，是建筑内檐装修构件中比较难以确定的尺度关系。做法中规定落地罩横披在整体落地罩中所占高度的比例："（横披大框）宽按通高十分之二分半，上中枋尺寸在内。"落地罩罩腿的宽度"按净空当[1]十分之一分得宽"，在落地罩一节根据落地罩所处位置又作了具体规定："楠木五抹罩腿大框二扇……宽如随进深，按净进深十分之一分；如随面活，按净面

1　"净空当"是指内檐装修抱柱里皮间的距离。

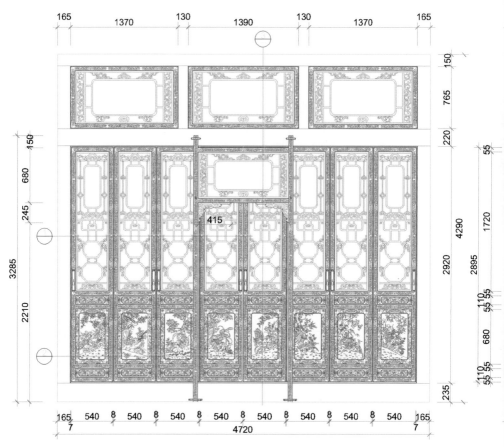

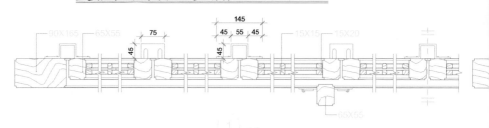

建福宫明间西缝隔扇正立面图 1:20

［图 3］建福宫碧纱橱实测图，赵丛山绘制

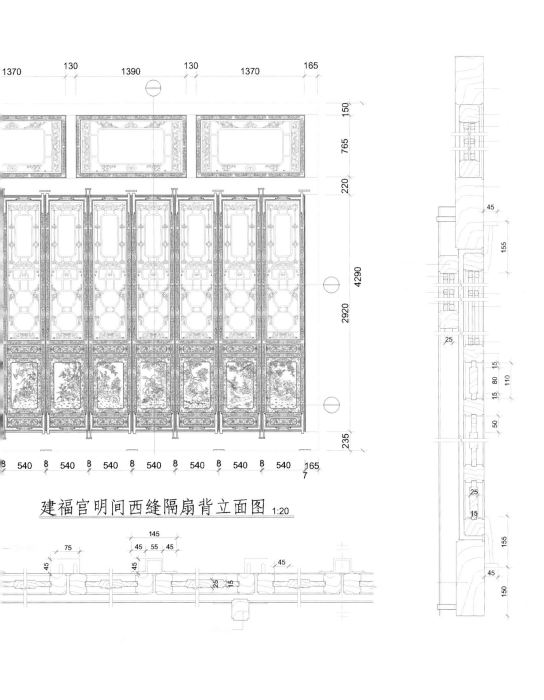

建福宫明间西缝隔扇背立面图 1:20

活[1]十分之一分三厘。"那么，清宫实际情况又是如何呢？（图4）

故宫内檐装修高度、宽度实测尺见表2。

一般而言，装修是根据室内空间的净高而定，而有些建筑由于空间太高，装修并不是从天花到地面，通常在隔罩上方再安装一块提装以便高度适宜。根据紫禁城建筑内檐装修的实测数据表明，除个别建筑如建福宫等之外一般都在一丈二尺以内，如果房间的高度超过一丈二尺，就在装修之上加安提装。

装修的上下之比，横披包括上中枋的高度（不包括横披上扇）绝大多数在装修高度的十分之二至十分之二点三之间，窄的只占装修通高的十分之一点七，宽的占十分之二点七，做法中规定为"通高十分之二分半"，与实际情况并不相符。

落地罩罩腿的宽度，根据表2显示的数据，从一尺四寸至二寸。情况非常复杂，落地罩有位于房间进深方的，也有位于面阔方的，按照做法要求，面阔方的落地罩罩腿宽度为净空当的"十分之一点三厘"。从实测的情况看，同道堂明间、玉粹轩明间、翠云馆明间的罩腿宽度与做法基本相符，长春宫东次间落地罩罩腿与做法规定的相差仅一寸，亦应在相符的范围内。进深方的落地罩罩腿应为净空当的"十分之一分"，实例中乐寿堂和漱芳斋后殿罩腿均占净进深的十二分之一，与做法不相符。体量较大或室内空间分割复杂或非常规的建筑如建福宫、乐寿堂、符望阁等，落地罩罩腿宽度均不能与做法的尺寸相符合。

（三）隔扇尺寸

内檐装修的落地罩、碧纱橱、嵌扇都是由隔扇组成的，隔扇是这些装修中最基本的组成单位，隔扇中隔心、绦环、群板、看面、进深等各个部位的尺度以及它们之间的对应关系，做法中规定"凡内檐罩腿、嵌扇等项看面，俱按本身宽十分之一，俱进深一寸八分"。"凡嵌扇、罩腿俱四六分之，以六成除二抹约花心，绦环按看面二分，余即群板，绦环群板四面各加入槽三分，群板绦环俱厚六分"。"群板、绦环厢嵌板上下边约各宽二寸，绦环上下边各约五六分，两边约一寸，俱临期约定，绦环宽约二、四寸，不过四寸"。

落地罩中还规定："绦环长按群板宽，高按看面二分，如罩腿看面小者，

1　净进深、净面活均指抱柱里皮间的距离。

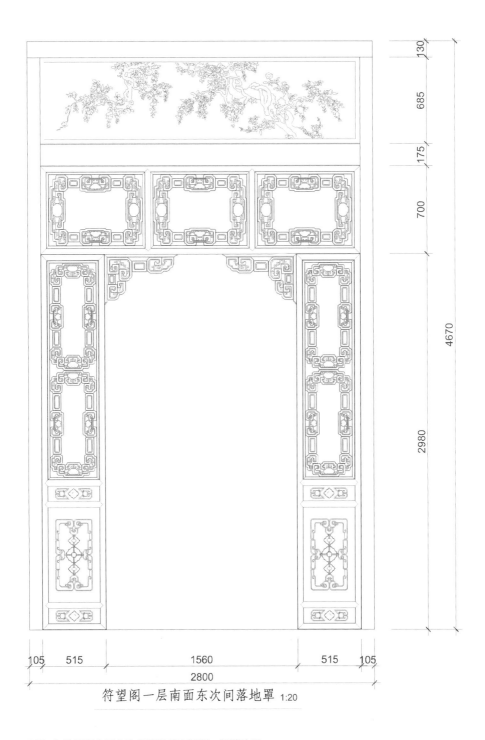

130

685

175

700

4670

2980

105 515 1560 515 105

2800

符望阁一层南面东次间落地罩 1:20

[图 4] 符望阁南面东次间落地罩实测图，赵鹏绘制

表2: 故宫内檐装修高度、宽度实测尺寸

装修名称	位置	装修通宽 （包括抱柱）	通高 （包括上下枋）	隔罩通高 （不包括横披上扇）
落地罩	建福宫西次间后檐金步	3400 一丈六寸	4290 一丈三尺四寸	4290 一丈三尺四寸
	玉粹轩明间前檐金步	3740 一丈一尺七寸	3180 一丈	3180 一丈
	翠云馆明间前檐金步	4230 一丈三尺二寸	3320 一丈四寸	3320 一丈四寸
	长春宫东次间后檐金步	4720 一丈四尺八寸	4710 一丈四尺七寸	3800 一丈二尺
	乐寿堂东二次间西缝	5784 一丈八尺	3180 一丈	3180 一丈
	乐寿堂东二次间面阔	3888 一丈二尺二寸	3180 一丈	3180 一丈
	同道堂明间前檐金步	4635 一丈四尺五寸	3500 一丈九寸	3500 一丈九寸
	同道堂西次间西缝	3600 一丈一尺三寸	3500 一丈九寸	3500 一丈九寸
	漱芳斋后殿明间西缝	5310 一丈六尺六寸	3200 一丈	3200 一丈
	太极殿东配殿明间北缝	4190 一丈三尺	2820 八尺八寸	2820 八尺八寸
	符望阁西面明间	3440 一丈七寸五分	4670 一丈四尺六寸	3870 一丈二尺一寸
	符望阁西面南次间	3120 九尺七寸五分	4670 一丈四尺六寸	3870 一丈二尺一寸
	符望阁南面东梢间	2800 八尺七寸五分	4670 一丈四尺六寸	3855 一丈二尺
碧纱橱	太极殿西次间西缝	5125 一丈六尺	4150 一丈三尺	3750 一丈一尺七寸
	储秀宫明间东缝	5160 一丈六尺一寸	4225 一丈三尺二寸	3845 一丈二尺
	翊坤宫西次间西缝	5160 一丈六尺一寸	4175 一丈三尺	3730 一丈一尺七寸
	同道堂明间东西缝	3540 一丈一尺	3500 一丈九寸	3500 一丈九寸

上中枋横披高 （不包括横披上扇）	隔扇高 （中枋下皮至地面）	横披、隔扇比值	抱柱	净宽 （净面阔、净进深）	隔扇宽
1135 三尺五寸	3045+110 九尺八寸五分	2.7/10　7.3/10	115	3170 九尺九寸	610 一尺九寸
715 二尺三寸	2460 七尺七寸	2.3/10　7.7/10	90	3560 一丈一尺一寸	450 一尺四寸
730 二尺	2590 八尺一寸	2.2/10　7.8/10	125	3980 一丈二尺	525 一尺六寸
800 二尺五寸	2800+200 九尺五寸	2.1/10　7.9/10	140	4440 一丈三尺九寸	620 一尺九寸 须弥座宽 650
630 二尺	2430+130 八尺	2/10　8/10	125	5534 一丈七尺三寸	480 一尺五寸 须弥座宽 500
630 二尺	2430+130 八尺	2/10　8/10	125	3638 一丈一尺四寸	455 一尺四寸 须弥座宽 475
720 二尺二寸五分	2770 八尺六寸五分	2.1/10　7.9/10	75	4485 一丈四尺	575 一尺八寸
720 二尺二寸五分	2300+ 须弥座高 470	2.1/10　7.9/10	100	3400 一丈五寸	575 一尺八寸
550 一尺七寸	2650 八尺三寸	1.7/10　8.3/10	60	5190 一丈六尺二寸	罩腿 430 包括内框 480 须弥座 495
500 一尺五寸	2170+150 七尺二寸五分	1.8/10　8.2/10	200	3790 一丈一尺八寸	470 一尺五寸 须弥座宽 490
870 二尺七寸	3000 九尺四寸	2.25/10　7.75/10	90	3260 一丈二寸	640 二尺
870 二尺七寸	3000 九尺四寸	2.25/10　7.75/10	80	2960 九尺二寸五分	575 一尺八寸
875 二尺七寸	2980 九尺三寸	2.3/10　7.7/10	105	2590 八尺一寸	510 一尺六寸
845 二尺六寸	2720+185 九尺一寸	2.25/10　7.75/10	120		495 一尺五寸四分
845 二尺六寸	2770+230 九尺四寸	2.2/10　7.8/10	210		480 一尺五寸
850 二尺七寸	2750+130 九尺	2.3/10　7.7/10	200		480 一尺五寸
720 二尺二寸五分	2560+185 八尺六寸五分	2.1/10　7.9/10	75		565 一尺八寸

续表

装修名称	位置	装修通宽 （包括抱柱）	通高 （包括上下枋）	隔罩通高 （不包括横披上扇）
碧纱橱	建福宫明间后檐金步	3795 一丈一尺九寸	4295 一丈三尺四寸	4290 一丈三尺四寸
	建福宫明间东西缝	4720 一丈四尺七寸五分	4295 一丈三尺四寸	4290 一丈三尺四寸
	寿安宫东西次间	3360 一丈五寸	3260 一丈一寸	3260 一丈一寸
	太极殿东配殿明间南面	4190 一丈三尺一寸	2820 八尺八寸	2820 八尺八寸
几腿罩	体和殿西次间西缝	5015 一丈五尺七寸	4200 一丈三尺一寸	3800 一丈一尺九寸
落地花罩	储秀宫东次间后檐金步	4840 一丈五尺一寸	4560 一丈四尺三寸	3800 一丈一尺九寸
	漱芳斋西配殿明间南缝	4750 一丈四尺八寸	2970 九尺三寸	2970 九尺三寸
	漱芳斋明间北缝	4250 一丈三尺三寸	3450 一丈八寸	3450 一丈八寸
其他	钟粹宫	5156 一丈六尺一寸	4182 一丈三尺一寸	3460 一丈八寸
	钟粹宫后殿	6060 一丈八尺九寸	3632 一丈一尺三寸五分	3220 一丈一寸

宽按看面二分半，厚六分，外四面入槽各三分，如二面厢嵌者，各长按群板厢嵌宽，宽按绦环净宽除看面一分，厚三分。"每扇或用楠木或紫檀木花头，如灯笼框，每扇掐子花八个，各宽按棂子空当，长按宽二分；奎龙团三个，各径同掐子花宽；卧蚕十六个，长按掐子花宽，宽按棂子看面二分；俱厚四分五厘"。碧纱橱、嵌扇的"花心花头群板绦环俱同落地罩腿"。

故宫隔扇实测尺寸一（表3）、故宫隔扇实测尺寸二（表4）见下表。

从表3看出，隔扇的高与宽的比例或尺寸，以1:5左右为多，但比值的跨度从1:4至1:7的都有，其中落地罩的隔扇宽高比例多为1:5，碧纱橱、嵌扇的隔扇宽度较为灵活，甚至达到1:7。

隔扇各构件之间的比例关系，从表3的实测中看，按照做法中的隔心

上中枋横披高（不包括横披上扇）	隔扇高（中枋下皮至地面）	横披、隔扇比值	抱柱	净宽（净面阔、净进深）	隔扇宽
1130 三尺五寸	2920+235 九尺八寸五分	2.7/10　7.3/10	165		565 一尺八寸
1130 三尺五寸	2920+235 九尺五寸五分	2.7/10　7.3/10	165		540 一尺七寸
740 二尺三寸	2350+150 七尺八寸	2.3/10　7.7/10	95		520 一尺六寸
500 一尺五寸	2170+150 七尺二寸五分	1.8/10　8.2/10	200		470 一尺五寸
800 二尺五寸	3000 九尺四寸	2.1/10　7.9/10	230		无
820 二尺五寸五分	2980 九尺四寸	2.15/10　7.85/10	210		无
570 一尺八寸 一尺八寸	2400 七尺五寸	2/10　8/10	88		无
670 一尺九寸	2780 八尺七寸	1.9/10　8.1/10	145		无
806 二尺五寸	2654 八尺三寸	2.3/10　7.7/10	160		无
747 二尺三寸	2475 七尺七寸	2.3/10　7.7/10	165		无

（包括上下抹头）与绦环群板部分的比例，隔心的比例比六分稍微多一点，若将中间的抹头计算在下部，基本上都符合做法中 6:4 的比例关系。宫内隔罩的隔扇绝大多数都是按照这种比例制作，只有极少数隔扇比例关系有些差距。

隔扇的其他尺寸如看面一般都为罩腿的十分之一，进深一寸八分，虽然不能完全符合标准，但出入不大，基本都与"做法"基本相符。绦环、群板的宽度、高度、厚度以及花板的尺寸基本上都与做法中规定尺寸相符，相差不大。隔心中梓边和棂条的宽度随着隔扇宽窄的不同会有一定的变化，一般为 20 毫米（约合六寸四分）、15 毫米（约合四寸八分）和 16 毫米（约合五寸）、12 毫米（约合三寸八分）两种尺寸，做法中规定梓边与棂条的尺寸分

表 3：故宫隔扇实测尺寸一

装修名称	位置	隔扇高	隔扇宽	隔扇宽高比值	隔心高（包括中抹）
落地罩	建福宫西次间后檐金步	3030	610	1/4.97	1885
	玉粹轩明间前檐金步	2460	450	1/5.46	1495
	翠云馆明间前檐金步	2590	525	1/4.93	1630
	长春宫东次间后檐金步	2800	620　须弥座宽 650	1/4.5	1745
	乐寿堂东二次间西缝	2430	480　须弥座宽 500	1/5	1500
	乐寿堂东二次间面阔	2430	455　须弥座宽 475	1/5.34	1500
	同道堂明间前檐金步	2770	575	1/4.83	1740
	同道堂西次间西缝	2290	575	1/4	1406
	同道堂西梢间床罩	2290	575	1/4	1406
	太极殿东配殿明间北缝	2170	470	1/4.6	1352
	符望阁西面明间	2925	640	1/4.6	1805
	符望阁西面南次间	2925	580	1/5	1805
	符望阁南面东梢间	2980	510	1/5.8	1840
碧纱橱	太极殿西次间西缝	2720	495	1/5.49	1665
	储秀宫	2770	480	1/5.77	1695
	翊坤宫西次间	2750	480	1/5.729	1620
	同道堂明间东西缝	2560	565	1/4.5	1596
	建福宫明间后檐金步	2895	565	1/5.168	1830
	建福宫明间东西缝	2895	540	1/5.4	1830
	寿安宫东西次间	2350	520	1/4.5	1440
	太极殿东配殿明间	2170	470	1/4.6	1352
嵌扇	储秀宫寿字嵌扇	2485	350	1/7.1	1415
	庆寿堂后照房明间	1915	447	1/4.3	1178

绦环群板高	隔心与绦环群板比值	隔心高（不包括中抹头）	绦环群板高（包括中抹头）	隔心与绦环群板比值
1145	6.2/3.8	1830	1200	6.04/3.96
965	6/4	1450	1010	5.9/4.1
960	6.29/3.7	1580	1010	6.1/3.899
1055	6.2/3.8	1695	1105	6.05/3.946
930	6.17/3.8	1450	980	6/4
930	6.17/3.8	1450	980	6/4
1030	6.28/3.72	1685	1085	6.1/3.9
884	6.14/3.86	1351	939	5.9/4.1
884	6.14/3.86	1351	939	5.9/4.1
816	6.2/3.8	1309	859	6/4
1120	6.2/3.8	1750	1175	6/4
1120	6.2/3.8	1750	1175	6/4
1140	6.2/3.8	1790	1190	6/4
1055	6.1/3.9	1620	1100	6/4
1075	6.1/3.9	1650	1120	6/4
1130	5.9/4.1	1575	1175	5.7/4.3
964	6.2/3.8	1540	1020	6.02/3.98
1065	6.3/3.7	1775	1120	6.13/3.87
1065	6.3/3.7	1775	1120	6.13/3.87
910	6.1/3.9	1395	955	6/4
816	6.2/3.8	1309	859	6/4
1070	5.7/4.3	1370	1115	5.5/4.5
737	6.2/3.8	1133	782	5.92/4.08

表 4: 故宫隔扇实测尺寸二

装修名称	落地罩		
位置	建福宫西次间后檐金步	太极殿东配殿明间北缝	玉粹轩明间前檐金步
隔扇高	3030	2170	2460
宽	610	470	450
看面、进深	55，65	43.5 60	45，70
绦环高、厚	110，15	88,10	100，10
群板高、厚	760，15	510,10	630，10
绦环花板厚	5	8	5
上下、左右空	25，55	20,50	20，50
群板花板厚	5	8	5
上下、左右空	60，55	45,50	70，50
隔心高	1775	1265	1405
梓边	20	20	20
棂条	15	14	15
卡子花	6个	6个	8个
奎龙团	宽75，长200	宽55，长80	宽65，长130、150
	6个	4个	3个
	径75–70	径35	径65
卧蚕	4个	——	4个
	长70，宽30	——	长65，宽26

别是六寸和四寸，基本符合规定。

隔心中的卡子花、夔龙团、卧蚕等花头的数量，在宫内现存的实物中，严格地按照做法规定的情况很少见。不过其尺寸一般均与做法相符。

（四）栏杆罩

栏杆罩是清宫内常见的内檐装修种类，做法中所说的"三边二抹一折柱栏杆""圈口牙子"式样，笔者仅见紫禁城乐寿堂栏杆罩（图5）和承德须弥福寿寺室内存有这种形式的栏杆罩。清宫现存大量的栏杆罩体量较大，多用于房间的进深方，纵跨进深，栏杆多由群板、绦环和荷叶净瓶组成的栏杆罩，还有一种天然式栏杆罩，即罩口欢门牙子和栏杆部位满雕花纹，无圈口和绦

	碧纱橱		嵌扇
	建福宫明间后檐金步	同道堂明间东西缝	庆寿堂后照房明间东西缝
	2895	2550	1915
	565	562	447
	55，65	48，55	44，65
	110，15	106，15	95，15
	680，15	615，15	426，15
	5	5	3
	15，45	20，70	15，45
	5	5	3
	50，45	80，80	45，45
	1720	1500	1090
	20	16	20
	15	12	14
	不规则	6个	无
	——	宽65，长124	——
	——	8个	8个
	——	宽65，长75	径55
	——		6个
			长55，宽22

环。做法中栏杆大框"长如三堂做按面活三分之一分，五堂做按面活五分之一"，"高当通高一丈以外核高二尺三寸，一丈以内核高二尺约至一尺八寸"。"下截绦环高按栏杆高六成除看面宽二分、托泥牙子宽一分……托泥牙子长按绦环长，宽按看面一分半……上截圈口牙子四块，内二块各长按绦环二块各长，按栏杆通高四成除看面一分，宽按看面二分，厚九分。""罩口欢门牙子三块，各长按净当尺寸，边宽按抱柱宽二分，中宽按抱柱宽一（三）分[1]，厚一寸。"由于做法中所述的栏杆罩少见且难得到具体数据，下面以荷叶净

---

1 故宫博物院藏本中为"一分"，首都图书馆藏本中为"三分"。

瓶栏杆罩为例，加以比较。（图 6）见故宫栏杆罩实测尺寸（表 5）。

五堂栏杆罩栏杆大框的宽度，根据钟粹宫、寿安宫、漱芳斋等处的实测推断栏杆的宽度应为建筑面阔或进深而非室内的净空当的五分之一。

[图 5] 乐寿堂栏杆罩

表 5: 故宫栏杆罩实测尺寸

位置	寿安宫东西梢间	漱芳斋前殿明间东缝
面阔或进深	面阔 4000　一丈二尺五寸	进深 5700　一丈七尺八寸
通宽	3467　一丈八寸	5200　一丈六尺三寸
通高	3430　一丈七寸	3200　一丈
横披宽（每扇）	3 扇，1022	5 扇，980
栏杆宽	805　二尺五寸	1160　三尺六寸
栏杆高	790　二尺五寸	910　二尺八寸五分
下载总高（包括两看面）	494	610
看面，　进深	38 48　一寸五分	50 60　一寸九分
托泥牙子高	55	90
圈口牙子高、长	荷叶净瓶高 298	荷叶净瓶高 300

栏杆的高度在二尺五寸至二尺八寸左右，比做法的规定高；栏杆框看面，基本上为栏杆罩通宽的 1/100，与做法要求相同。栏杆下部绦环的高度与上部荷叶净瓶的高度之比，也基本上符合 4:6。栏杆罩中的其他尺寸关系，由于

[图 6] 栏杆罩线图

漱芳斋西配殿明间北缝	钟粹宫西次间西缝	钟粹宫后殿西次间西缝
进深 5150　一丈六尺	进深 5511　一丈七尺二寸	进深 6420　二丈
4760　一丈四尺九寸	5156　一丈六尺一寸	5908　一丈八尺五寸
2960　九尺二寸五分		
5 扇，815		
1000　三尺一寸	1116　三尺五寸	1216　三尺八寸
890　二尺八寸		
570		
45 60　一寸九分		
60		
荷叶净瓶高 320		

续表

位置	寿安宫东西梢间	漱芳斋前殿明间东缝
圈口宽、厚	厚30，约九分	
罩口欢门牙子长	中间1420	2350
	两边805	1160
宽	边宽270	370
	中宽280	420
厚	35　一寸	72　二寸二分五厘

圈口部位是荷叶净瓶而不是圈口牙子，圈口的宽度无法计算，绦环和托泥牙子都符合做法的要求。

（三）罩口牙子的尺寸与做法中所说的"边宽按抱柱宽二分，中宽按抱柱宽一分"不同，而是中宽与边宽基本等同。罩口牙子的厚度差别很大，寿安宫罩口牙子厚35毫米，约一寸，与例相符。规定中还说如果是西洋花活，厚二寸五分，漱芳斋栏杆罩罩口牙子，厚72毫米，约为二寸二分五厘，与一寸的厚度差别很大。漱芳斋的栏杆罩为西洋卷草纹，属于档案中所说的"西洋花活"，做法中没有制定栏杆罩西洋花活的厚度，而在"嵌扇帘架"中指出"如刁西洋花活，厚二寸五分"，漱芳斋栏杆罩罩口的厚度与二寸五分相差不大。

栏杆罩形式与做法不同，栏杆大框的长度和高度也不相符，圈口牙子、罩口牙子尺寸不符。栏杆细部尺寸如看面、绦环、嵌板以及托泥牙子的尺寸则基本与做法一致。

（五）其他尺寸

内檐装修的构件种类、做法很多，还有飞罩、床、门等，在此列举一些较为常见的装修和做法加以对比研究。

清代由于优质木材的减少而发展出包镶技术，用楠木、柏木或松木等杂木做芯，外面包裹一层紫檀木、楠木等，装修的大框架基本上都使用包镶工艺，做法中规定"凡包厢俱厚三分"，实测中，同道堂明间下槛柏木包镶厚10毫米，体和殿东次间碧纱橱下槛包镶厚10毫米，建福宫明间东西缝碧纱

漱芳斋西配殿明间北缝	钟粹宫西次间西缝	钟粹宫后殿西次间西缝
中间 2900		
1000		
腿宽 730		
中宽 380		
72　二寸二分五厘		

橱下槛柏木包镶厚 10 毫米，乐寿堂碧纱橱、落地罩的大框架包镶厚度为 10 毫米，相当于营造尺三分左右，均与做法的尺寸相同。

做法规定床"俱高一尺四寸五分"，故宫现存的床中同道堂内共有炕床七座，高 460 毫米，建福宫东次间炕罩炕高亦为 460 毫米，均约合一尺四寸四分，符望阁内共有炕若干，均高 465 毫米，约一尺四寸五分，与做法基本相符。（图 7）

清代建筑室内空间除了使用各种罩橱分割空间外，较为隐蔽的空间中一般用板墙，中间安置小门，"凡真门口，高以六尺为率，宽二尺四寸"。同道堂东次间东缝门口高 2030 毫米，约合六尺五寸，宽 890 毫米，约二尺八寸。寿安宫东、西梢间前檐门口高 2000 毫米，高相当于营造尺六尺四寸，宽 767 毫米，约二尺四寸五分。符望阁紫檀雕夔龙门，高 1800 毫米，约合五尺六寸，宽 880 毫米，约二尺七寸，稍微宽一点。符望阁北面西次间小门，高 1805 毫米，合五尺六寸，宽 720 毫米，合二尺二寸五分。（图 8）重华宫西次间西缝小门高 2023 毫米，约六尺三寸，宽 880 毫米，约二尺七寸，稍为大一点。清宫室内的小门一般都与做法的尺寸要求相差不大。

"嵌扇桶俱宽六尺六寸、高六尺八寸，如面活进深小者宽六尺、高六尺六寸"。还规定"凡嵌扇以一尺三寸至一尺六寸为率"，嵌扇是在镶嵌在墙中的隔扇，均为四扇，中间按帘架，是进出房间的门。庆寿堂后殿明间东西缝嵌扇，嵌扇桶宽 2020 毫米，约六尺三寸，高 2190 毫米，约六尺八寸，各扇宽 447 毫米，约合一尺四寸。（图 9）翠云馆明间嵌扇，嵌扇桶宽 1982 毫米，

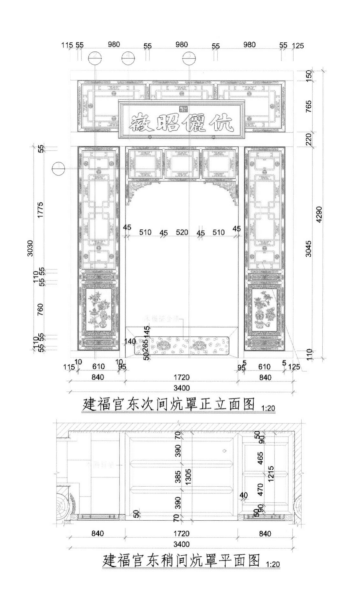

建福宫东次间炕罩正立面图 1:20

建福宫东稍间炕罩平面图 1:20

[图 7] 建福宫东次间炕罩详图，赵丛山绘制

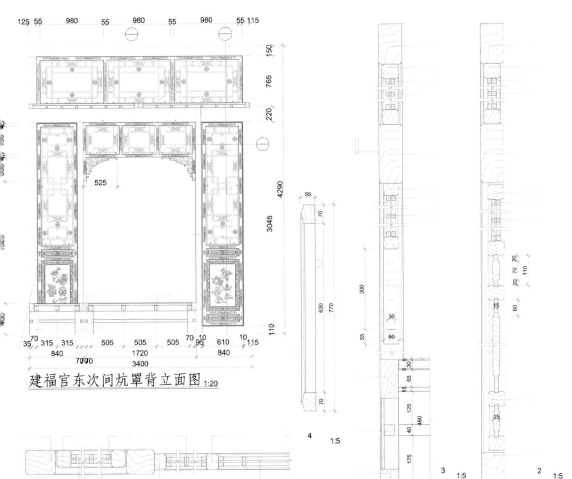

建福宫东次间炕罩背立面图 1:20

4　　1:5

3　　1:5

2　　1:5

1　　1:5

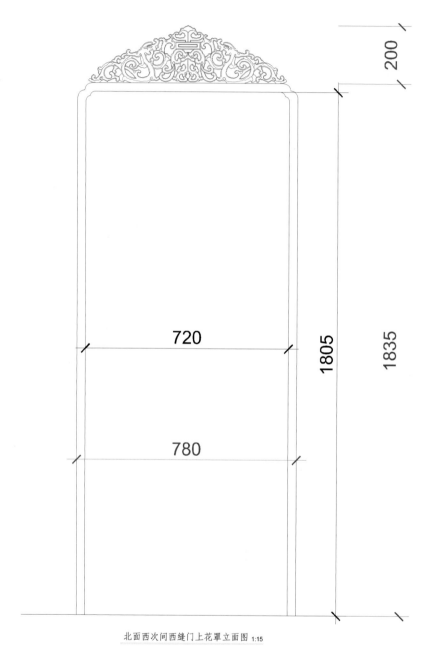

北面西次间西缝门上花罩立面图 1:15

［图8］符望阁夔龙门

[图 9] 庆寿堂后殿嵌扇

相当于六尺二寸，高 2314 毫米，相当于七尺二寸，每扇宽 445 毫米，约一尺
四寸，均在做法的规定范围之内。

三、《内檐装修做法》与实测数据差异的思考

实例与做法进行对照比较后发现内檐装修实例的部分尺度能够与做法的
规格相符合，部分落地罩罩腿的宽度，单体隔扇的尺寸，栏杆罩中的部分尺
寸，还有一些装修构件的基本尺寸，如包镶厚度、嵌扇尺寸、床高、门口高
宽等都与内檐装修做法基本相同。但有一些尺寸却与做法所规定的不同，内
檐装修的大框架的尺寸，落地罩横披高度，部分落地罩的宽度，隔扇中卡子
花、夔龙团、卧蚕的数量，栏杆罩的形式和尺寸，与做法都有一定的差别。

现试对《内檐装修做法》与实测所见差异进行分析、思考。

内檐装修实测与做法中差异最大的是大框架结构的尺寸，所见中竟无一例能够与做法完全相符。

装修的大框架的尺寸虽然在做法中给予一定的数值，但在实际操作过程中，受到隔罩尺度的限制，在相对固定的隔罩与建筑墙体之间留有余隙，利用框架等宽度填补，以确保装修的严丝合缝，装修的大框架尺寸较为灵活，根据装修的尺寸变化而相应地调整大框架的尺度。

有些装修是后来添改的或从其他建筑中拆下来再次利用，尺寸的大小不一定与建筑完全吻合，也需要用大框架来弥补，漱芳斋后殿、浴德殿的落地罩都有双抱柱，很明显是利用旧装修，装修尺度与建筑不能完全契合，利用框架弥补，因此很难确定框架的绝对尺寸。

一般情况下，上枋的宽度较窄，中枋、下枋的宽度较宽，抱柱宽于间柱。根据空间大小的变化调整抱框的尺寸，清宫建筑用材厚实，框架尺寸较为宽厚，建福宫、翊坤宫、储秀宫等处的中枋达到六寸九分，下枋在七寸以上，并且绝大多数框架厚度一般都按照最大开间的标准使用，即二寸八分。

装修的高度之比即横披的高度在装修中所占的比例，都比做法中规定的窄，如果严格按照"通高十分之二分半"这种比例，横披的高度加大，会产生上大下小、不稳定的视觉效果。在长期的实践中，形成了现在所见到的比例，在视觉感受上更加稳定。

落地罩的罩腿宽度情况最为复杂，面阔方的在通常情况下是根据建筑的面阔的"十分之一分三厘"计算，但照此计算出来的不一定是整数，在制作时都要落到整数上，所以会产生一些误差。进深方落地罩的罩腿并没有按照"十分之一"的尺寸，由于进深方的实例很少，两个例子并不具备典型性。漱芳斋明显是后来改建的，使用了旧的构件，尺寸会有一定的差别，并且使用功能有别于其他建筑，落地罩后面是戏台，功能需要空间开阔，缩小罩腿的宽度以便视野开阔也在合理的要求之中。乐寿堂空间分隔复杂，用仙楼、碧纱橱、落地罩等将空间分隔成多处，计算方法也会相应变化。

罩腿的宽度还受到多种因素的制约，在同一空间中还要考虑其他装修，为了整体的效果，使用一些特殊的处理方式，例如太极殿东配殿明间南面是碧纱橱，北面是落地罩，落地罩罩腿的宽度并没有按照空当来酌定，而是与碧纱橱隔扇的宽度相同，均为一尺五寸。同道堂明间、次间、梢间所有的落地罩罩腿宽度均相同，整体效果更统一。

在一些建筑中，室内空间多次分隔，如符望阁、养心殿、乐寿堂、倦勤斋等室内空间复杂，罩腿的宽度无法根据空当确定，罩腿在空间中占的比例从六分之一至十二分之一都有。在这种非常规的空间中，罩腿的宽度如何确定，尚有待探讨。

清宫单体隔扇的尺寸基本上都与做法中一致。隔心、横披心的形式变化多样，花头的种类也很多，夔龙团的形式也很多，掐子花、卧蚕、夔龙团的数量根据隔心式样的变化而变化，没有统一的定式。在宫内现存的实物中，严格地按照此项规定的情况很少见。

栏杆罩无论是形式还是尺寸与做法都有很大的差别。由于所采用的栏杆罩均为荷叶净瓶栏杆罩，栏杆部分增加了群板，高度应该相应地增加，栏杆的高度都比做法中规定的高。再由于栏杆罩的空间分割功能发生一定的变化，后期的栏杆罩多用于进深方，栏杆的跨度相应加大。栏杆罩中的细部比例关系与做法的要求基本一致。

内檐装修类型丰富，尺寸变化很大，希望在今后的工作中通过不断的实践、分析，寻找出更多的规律。

四、《内檐装修做法》是清代皇宫建筑装修的基本尺度模式

经过分析、比照可以看出，内檐装修做法在装修种类、装修形式、装修工艺等方面都是装修中常规的模式。

清代皇宫建筑内檐装修种类繁多，做法中所列举的落地罩、碧纱橱、栏杆罩、飞罩、嵌扇等，均为最基本的装修类别，各种形式的落地花罩、八方罩、圆光罩、花窗以及仙楼等装修种类没有列入。

就装修的形制而言，也是列举了最基本、最规范的装修结构。例如装修框架齐备、规范，只有飞罩中有"连三"形式。清宫落地罩等装修中也存在这种直接与横披相连的形式，如同道堂落地罩、翠云馆落地罩等，做法册中没有列入。隔扇隔心灯笼框，卧蚕、花头、卡子花是最基本的装饰纹样和尺寸定数，各种变形的隔心式样，雕花隔心、蝙蝠岔角式隔心等纹样也未列入做法册中。

装修工艺为简单的木作工艺，隔扇绦环板、群板在毫无装饰的木板上面镶嵌花板，清宫中装修工艺种类繁多，有剔地雕、贴雕、髹漆、镶嵌各种材料等工艺，均未纳入做法的范围，工艺不同由此而产生的尺度也会相应地发生变化。

做法中的装修构件尺寸一般适用于常规的建筑，而建筑室内空间过大、空间形式复杂的建筑都不符合做法中的尺寸要求。

从以上的比较分析中可以得出：做法只是作为清宫内檐装修设计最基础的尺寸规格。

然而，规定性的文本固然有影响，但不一定完全控制实际的活动，这在建筑史上是常见的。清代工部《工程做法》作为官方颁布的建筑做法条例，在实际的运用中也很少遇到完全符合的例子。清代皇宫建筑内檐装修实测中有很多的数据与做法不相符，但并不能因此而怀疑做法的基本的规范文本性质，它反映了正统做法的基本结构。

再者，法式是选以式样精致、制作详密者，修订为法式[1]，颁行制作历代造作，依此法式，若有创新修正或改料改攻，则修改法式，重新颁订，所以并非是一成不变的。清代规定则例修订"各部则例十年一修"，但也不一定非要遵循这个规定，根据具体情况而定。[2] 内檐装修做法作为最基本的尺寸模式，也是一种理想的计算标准，其本身绝非呆板的、僵化的，在内檐装修做法实践多样性的大背景下，至少受到空间、时代、工艺、习惯等因素的影响，做法规则发生变化，根据具体情况"临期约定"，在实际处理中也是灵活多变的。

清宫有些建筑在同一空间内既有落地罩又有碧纱橱，碧纱橱和落地罩的隔扇高度不一致，做法中的处理办法是隔心高度保持不变，"绦环群板抽小"。但在实例中如同道堂明间既有落地罩又有碧纱橱，碧纱橱和落地罩隔扇的高度分别为 2290 毫米、2760 毫米，隔心高度分别是 1310 毫米、1640 毫米，群板高度分别是 520 毫米、655 毫米，并没有按照做法中规定的将隔心高度保持不变，绦环群板抽小，而是将碧纱橱按比例整体缩小。或是在落地罩下加

1 "准朝旨，应将敕所载军器什物，择其精致者修为法式。本所据军器监弩作尹卞见造插稍弓工料，阁守勤所定模则法度最为详密，乞更旧造弓法。"《续资治通鉴长编》卷三二九，神宗元丰五年八月。转引自沈建东《古代工艺的"法"与"式"：以宋代工艺诸造作的法式为例》，《故宫学术季刊》，第 22 卷第 4 期。

2 中国第一历史档案馆藏《奏案》05-0664-049，道光十一年十月十四日"奏为开馆纂入续行则例事"。

一块与碧纱橱下枋等高的须弥座垫板，以保持落地罩与碧纱橱高度一致，乐寿堂、太极殿东配殿采用的就是这种方式。

内檐装修做法不仅规定了内檐装修制作的基本尺寸，而且重要的是它有一定的对应关系，建筑、装修、小构件之间的权衡关系、比例关系，并非一部教条的做法册，而是一部非常实用的做法册，可以举一反三，可以应不同的空间大小而变。内檐装修做法是确定装修各部位尺度、比例所遵循的共同法则。"美的大部分精神所在，却蕴于其权衡中；长与短之比，平面上各大小部分之分配，立体上各体积各部分之轻重均等。"[1] 中国建筑的"权衡之美"也就是和谐，各部位的比例关系达到均衡，这些法则规定了内檐装修各部位之间的大的比例关系和尺度关系，它是使各种不同形式的装修保持统一风格的很关键很重要的原则。

结　语

则例是清代官方建筑遵循的基本标准，也是研究清代建筑必须熟知的内容。[2] 做法又是制定则例的基础。通过对《内檐装修做法》与实体建筑所见变化规律的对比研究，基本认定《内檐装修做法》约制订于乾隆时期，关于这一点将另文深入探讨。《内檐装修做法》虽非官方正式颁布的则例，仍然是宫廷内檐装修营造的基本范本，具有实际的指导作用。作为目前所见唯一的一份内檐装修的"规定性"尺度，从中我们不仅可以了解清代宫廷内檐装修的一般规则，而且可以了解这些规则随着时代的演变逐渐发生了哪些变化。对比发现建筑实体与建筑理论所定尺度并不能完全统一，揆其原由多和建筑空间、使用功能以及时代变迁、习惯等因素相关。作为明清宫殿的紫禁城经历了多次重建、改建与扩建，建筑的原创虽然受各时期法度的影响，但在使用过程中的各宫室则往往更多地考虑室内陈设需要和决策者的感受，所以原创与原状的不统一是研究清代皇宫建筑和文化时必然不可忽视的问题。

1　梁思成：《清式营造则例》，中国建筑工业出版社，1981年，第14页。

2　同上，第13页。

附录[1]：

内檐装修做法

凡算内檐水上尺上中枋抱柱按两宽一厚间柱按两宽两厚罩腿牙子按宽二面折一面加底面挂面按高一分上折面一分宽二寸

五抹碧纱橱长边二根按两看面一个半进深上下抹头二根按两看面半个进深中抹头三根按两看面一个进深群绦按净尺寸折（厢嵌在内）花心按七扣（花头在内）单横披边抹按两看面半个进深花心按七扣（花头在内）

飞罩牙子按中宽边宽均宽二面加迎面

凡算错缝板每丈用两尖丁四个榆木银定四个长以二寸五分宽一寸五分厚五分为率

包厢尺每尺用鱼胶三钱包厢加居每三工折一工按例加给

凡内檐罩腿嵌扇等项看面俱按本身宽十分之一分进深一寸八分

凡嵌扇罩腿俱四六分之以六成除二抹得花心绦环按看面二分余即群板绦环群板四面各加入槽三分厚俱六分

罩腿楠柏木用料按例群板绦环用料按实折双八归加荒

凡厢嵌并花头及包厢床张等项无安装

凡算内檐上宽以三寸至四寸为率中枋宽以四寸至六寸为率抱柱宽以三寸至四寸为率厚俱按二寸五分为率短抱柱宽同上枋下枕宽以四寸为率

凡罩腿宽按净空当十分之一分得宽

凡包厢厢嵌俱厚三分

群板绦环厢嵌群板约宽二寸绦环上下边各约五六分两边约一寸俱临期约定绦环宽约二四寸不过四寸

凡花心梓边宽六分棍条宽四分俱厚四分五厘

凡嵌扇厢板每面比板各加五分

凡嵌扇以一尺三寸至一尺六寸为率

凡掐子花长以三寸至三寸八分为率

凡帘架牙子边宽五寸中宽三寸厚一寸

---

1 故宫博物院和首都图书馆各藏有一本《内檐装修做法》，此附录为首都博物馆藏本。本章中引文参酌两册文字。

凡床俱高一尺四寸五分包厢床边连托泥凑宽八寸腿中宽俱五寸暖板宽九寸厚六分床结长六寸至五寸宽四寸

凡真门口高以六尺为率宽二尺四寸

落地罩一槽内

柏木三厢上枋一根长按面活宽按抱柱八扣

中枋一根长按面活除抱柱宽二分宽按抱柱宽一分半

通天抱柱二根高按通高除上枋宽一分宽按召腿宽四分之一分

柏木四厢短间柱或二四根高按横披高宽按抱柱宽九扣厚如面活一丈四尺以外厚二寸八分一丈四尺以内厚二寸五分一丈二尺以内厚二寸四分

楠木横披大框或三五堂均三尺以内至二尺以外宽按通高十分之二分半（上中枋尺寸在内不可比外檐桁下）看面同罩腿

楠木五抹罩腿大框二扇高按通高除去上中枋横披各宽一分宽如随进深按净进深十分之一分如随面活按净面活十分之一分三厘每扇宽均一尺一寸以外看面按本身宽十分之一分进深俱一寸八分柏木群板高按罩腿净高除去花心高一分绦环高二分抹头看面五分即高宽按罩腿宽除看面二分厚六分四面入槽各三分如二面厢嵌花纹各高按群板净高除看面二分宽按净宽除看面二分厚三分绦环长按群板宽高按看面二分如罩腿看面小者宽按看面二分半厚六分外四面入槽各三分如二面厢嵌者各长按群板厢嵌宽宽按绦环净宽除看面一分厚三分

罩腿柏木夹纱花心二扇高按罩腿高六分内除看面二分宽按罩腿宽除看面二分系边宽六分桯条宽四分

每扇或楠木或檀木花头如灯笼框每扇掐子花八个各宽按桯子空当长按宽二分奎龙团三个各径按掐子花宽卧蚕十六个长按掐子花宽宽按桯子看面二分俱厚四分五厘

横披花心长按净尺寸每扇掐子花四个奎龙团二个卧蚕八个罩口牙子长按净面活进深八分之一分宽按罩腿宽七扣厚一寸

飞罩一槽（如连三做用）

三厢上枋一根抱柱算法同前

连三飞罩大框长按面活除抱柱宽二分如有落地罩以按落地罩横披宽二分（系横披宽一分腿宽一分）看面按通宽一百分之一分进深一寸八分（花心花头同前）

罩口牙子长按大框长除看面二分边宽按腿宽八扣中宽按边宽折半厚一寸二分如西洋叠落刁花厚三寸

如单边飞罩用

三厢上枋一根中枋一根抱柱二根四厢间柱或二四根单横披或三五扇花心花头俱同前

单边飞罩大框一扇长按面活除抱柱宽二分腿宽按横披宽一分厚一寸八分牙子同前

如不用单边飞罩鸡腿做法只安罩口牙子二块者长宽厚俱同落地罩

栏杆罩一槽面活如随房身面活进深通高至随梁下皮内

三厢上枋一根中枋一根抱柱二根四厢通天间柱二根如横披五堂做增四厢短间柱二根单横披花心花头同前

三边二抹一折柱栏杆大框二扇长如三五堂做按面活三分之一分五分之一高当通高一丈以及核高二尺三寸一丈以内核高二尺约至一尺八寸止看面同前

下截绦环高按栏杆高六成除看面宽二分托泥牙子宽一分长按栏杆长除看面二分厚六分外四面入槽各三分厢嵌同罩腿

托泥牙子长按绦环长宽按看面一分半厚六分外三面入槽各三分

二面厢嵌灯草阳混线长按牙子长外加湾宽长各见方三分

上截圈口牙子四块内二块各长按绦环二块各长按栏杆通高四成除看面一分（系合角做）宽按看面二分厚九分

罩口欢门牙子三块各长按净当尺寸（边宽按抱柱宽二分中宽按抱柱宽三分）厚一寸

碧纱橱一槽面活各按房身面活进深内

柏木三厢上枋一根下枋一根长同上枋宽按中枋九扣四厢短间柱横披花头花心以上俱同前

五抹碧纱橱大框或四六八十扇不等高按通高除横披上中下枋即高宽按面活进深净当均分各除掩缝五分花心花头群板绦环俱同落地罩腿花心要合罩腿花心一样其群板绦环抽小

帘架尺寸同外檐一样（如高六尺四寸以内算单边帘架无花添牙子）

拴杆长同帘架宽一寸四分厚一寸二分

嵌扇桶俱宽六尺六寸高六尺八寸如面活进深小者宽六尺高六尺六寸每槽

或楠柏木三面厢嵌扇桶各按外皮尺寸宽按夹塘板尺寸外加本身厚二分厚六分

三厢上枋一根长按嵌扇桶净当尺寸宽按抱柱宽九扣

下枋一根长同上枋宽约四五寸不等

抱柱二根长按嵌扇桶净高尺寸除去上下枋各宽一分俱厚二寸五分

五抹嵌扇四扇各高按抱柱除掩缝五分宽按净当均宽除掩缝五分其花心花头看面进深俱同召腿法

单边帘架按嵌扇桶净高即高宽按嵌扇桶宽二分外加本身看面一分或楠柏木二面凹面刁汗文奎龙牙子长按帘架宽除看面二分边宽按高十一分之一分中宽按边宽折半厚一寸如刁西洋活厚二寸五分进深一寸八分看面按碧纱橱看面

拴杆长同帘架宽一寸二分厚一寸

凡素厢门桶厢板俱厚六分假门口厢条俱宽六分厚四分

第三章　装修制作

清代皇宫内檐装修的制作工艺精湛，工序复杂，材料丰富，集技术性、工艺性和艺术性为一体。内檐装修的制作既与建筑体系密不可分，同时又与皇宫工艺品的制作紧密相连。

清宫内檐装修的制作分为宫廷制作和地方制作两个途径。宫廷制作由营造司、工程处和造办处等处承做。清代地方为皇宫定制内檐装修也是皇宫内檐装修制作的主要途径之一，广州、苏州、杭州、南京以及扬州等地均为宫廷提供了精美的装修制作。

第一节　清代皇宫内檐装修制作机构初探
——以清宫档案为依据

档案记载，乾隆十六年（1751）修建万寿山大报恩延寿寺，装修构件"如是随工成造的即随工成造，如是造办处成做着造办处成做"[1]。同年秀清村新盖房二间，其中"地平与床面板，着造办处成做……线扇花连罩、宝座床随工办做"[2]。光绪十一年（1885），"长春宫西间着改安木板墙一段……木板墙着营造司做，紫檀木雕花插屏式门筒等着造办处成做"[3]。这就说明清宫内檐装修的制作并非由一处工程单位制作，而是由营造司、工程处和造办处等多处机构承做。

一、清代皇宫建筑内檐装修的制作机构

清代内务府是清代宫廷为服事皇室而设立的机构，最高总理机关是总管内务府衙门（在京），最高主管是总管内务府大臣，直属于皇帝，而出任此职务者多为皇帝亲自简任之亲信，抑或为八旗贵族与宗室。衙门设有内务府堂可办理事务，其下辖有七司三院等多处部门，参照光绪朝的《钦定大清会典》，内务府主要的机构有广储司、都虞司、掌仪司、会计司、庆丰司、慎刑

1　中国第一历史档案馆、香港中文大学文物馆合编：《清宫内务府造办处档案总汇》（以下简称《总汇》）第18册，人民出版社，2006年，第374页。

2　《总汇》第18册，第287页。

3　中国第一历史档案馆藏：《活计档》胶片45。

司、营造司等处，分别管理各项事务。此外它还有不少附属机构，如造办处以及三织造处、内三旗参领处等。

（一）内务府建筑工程机构

内务府设有营造司和总理工程处等机构，管理宫殿、苑囿等建筑事务。

1. 营造司

内务府下设营造司，"掌宫禁之缮修，率六库三作以供令"[1]，管理宫殿苑囿等建筑事务。营造司由皇帝每年从总管内务府大臣中钦派一人管理，称值年大臣。司内设郎中二人，员外郎八人，主事一人，委署主事一人，一般从事宫内常规的修缮和岁修业务，其中宫殿内部装修有时也由司匠承造。

例如："乾隆五十八年八月初八日……据本宫首领太监阎进喜等报称，倦勤斋殿内西间画藤萝顶棚板墙油饰脱落，呈报总理档房转行该处修理。等因前来。相应移咨营造司即速修理。等因前来。查倦勤斋殿内西间画藤萝顶棚板墙油饰俱脱落，今本司拟将后檐添做杉木壁子，系本司成做。"[2]

营造司承担的装修主要是拆撤、修补、糊饰的工作。清晚期皇宫内的修建工程部分由营造司承担，咸丰九年的启祥宫、长春宫改造工程，"着营造司于初九日进内踏勘活计"并"着营造司赶紧择吉修理"[3]，光绪九年的储秀宫修改工程也是营造司领衔承修。[4]清代晚期，营造司配合建筑工程的进行，制作部分装修。

2. 工程处

内务府还设有"总理工程处"，掌管工程事务。凡遇到有大型的建筑工程，内务府专门成立的工程处，负责专项建筑工程的设计施工。由于内务府工程处修建的是皇家建筑，关系重大，管理工程事务的都是皇帝信任的、权倾朝野的重要官员。

工程处组织工程承建单位建造建筑、院落、花园，也承建部分的内檐装

1　光绪朝《钦定大清会典》卷94。

2　《总汇》第53册，第652页。

3　中国第一历史档案馆藏：《内务府新整杂件》卷359，《营造司等为勘估修理长春宫启祥宫等处工程用银两事奏稿》，咸丰九年二月二十九日庚午。

4　中国第一历史档案馆藏：《活计档》胶片44，"二月十八日值班库掌广铨催长永惠由档房抄来营造司为移付事"，光绪九年。

修工程。乾隆年间修建宁寿宫工程，档案中所记载的"随工成做"[1]即是跟随整体工程一体由工程处中的相应部门制作内檐装修。

营造司和工程处都是内务府的建筑工程机构，营造司主要的任务是岁修和粘补工作，工程处则是建筑的主要承担部门。清晚期宫廷内的部分建筑修缮工程，并不成立专门的工程处，而是直接由营造司承担建筑工程。在中国传统建筑工程中，制作装修的工种称为小木作，是工程建造的重要种类之一。在清宫建筑工程中，内檐装修作为建筑的重要组成部分，为保证建筑整体统一性，大量的内檐装修由营造司或工程处管理下的小木作根据工程的需要而制定，跟随工程一起制作完成。这是清代内檐装修制作的主要模式。

（二）造办处装修作坊

清代宫廷在内务府成立造办处："初制，养心殿设造办处，管理大臣无定额，设监造四人，笔帖式一人。康熙二十九年增设笔帖式一人。"[2]康熙朝造办处尚属初创阶段，雍正至乾隆时期，造办处逐渐发展并完善，一直延续到清朝灭亡。据光绪朝《钦定大清会典》卷九十八载："造办处设管理大臣二人，于内务府大臣内简充；总管郎中二人，员外郎二人，主事一人，委署主事一人，库掌十八人，委署库掌十四人。"造办处为清代宫内之御用工厂，专门掌管宫中器物的制造、修理和贮存，下设各种作坊。制作内檐装修主要由其下属的木作、油作、装修处和油木作承担，杂活作、广木作等作也辅助承担制作任务。

木作承担装修的大部分工作，从雍正元年（1723）开始直至乾隆二十三年（1758）之前，宫廷内大部分的装修都由木作承担。装修的制作、安装、修改大都由木作承担。木作制作的装修是一些不需要油饰的纯木质如楠木、紫檀木等装修。

雍正五年，木作，闰三月十一日，据总管太监刘进忠传旨：着画坤宁宫东暖殿内装修样。钦此。于本月十四日，郎中海望画得装修样三张，交副总

1　中国第一历史档案馆藏：《内务府奏销档》，胶片 108，《福隆安等奏宁寿宫工程续需钱粮数目事》，乾隆四十二年七月初二日。

2　光绪朝《会典事例》卷 1173。

管苏培盛呈览。奉旨：准用落地罩，将高炕拆去，满打地炕，炕上安床。落地罩做二面，一面糊纸，一面糊纱。横楣窗做宽些，窗下着安石青刷子，或用缎或用官纱。钦此。于四月二十六日，做得杉木柏木边楠木心落地罩一座、杉木桌四张、杉木炉罩二件、杉木杌子一件。员外郎沈喻带木匠卢玉等持赴东暖殿装修完。[1]

乾隆十七年二月，木作，初三日，员外郎白世秀来说，太监胡世杰传旨：敬胜斋楼上门口，着添漆牙子，先画样呈览。敬胜斋楼下着镶做紫檀木门口一座，要改小些，其门上着春宇舒和画画一张。钦此。[2]

装修处是专门制作装修的作坊。雍正年间（1723—1735）的活计档中并没有见到有"装修处"的存在。乾隆初年，修改重华宫、养心殿等工程，装修量急剧增加，木作力量有限，难以承担所有的装修工作，因此在乾隆元年（1736）设立装修处，以分担木作的工作压力。装修处是应工程建设的需要而设立的临时作坊，而非造办处常设作坊。乾隆十年（1745），重华宫、养心殿等内装修的修改工程基本结束，装修的工作量减少，装修处也就没有存在的必要了，因此装修处被裁掉，以后的档案中再也见不到装修处的记载。

乾隆四年八月，装修处，十八日，员外郎常保来说，太监毛团传旨：养心殿后殿五间穿堂柱木、槛框、板墙、护墙，俱用楠木包镶。再，内里装修等俱各收拾添做见新。[3]

乾隆六年六月，装修处，二十日，员外郎常保来说，本年二月初六日，太监胡世杰传旨：重华宫后殿西次间添飞罩一座。钦此。于二月初八日，员外郎常保画得飞罩纸样一张持进，交太监高玉等转呈览。奉旨：照夔龙卧蚕花式做。钦此。[4]

油作、漆作以制作宫内使用的漆器器物为主，漆屏风、漆插屏、漆盒、轿、佛龛等，同时也制作一些需要罩漆彩绘的装修，以匾联为主，还有毗卢

1　朱家溍：《养心殿造办处史料辑览》（第 1 辑），紫禁城出版社，2003 年，第 108 页。

2　《总汇》第 18 册，第 731 页。

3　《总汇》第 8 册，第 809 页。

4　《总汇》第 9 册，第 694 页。

帽、漆隔罩等。

乾隆三年，九月，漆作，初五日，七品首领萨木哈来说，太监胡世杰传旨：重华宫正谊明道西边所安之碧纱橱照东边现安碧纱橱样，另油饰彩画改做，其字画片亦另换有款字画片。钦此。于本月初九日，催总六达子带领匠役，将重华宫所安之碧纱橱，俱另油饰彩画。讫。[1]

出于对广州木器的喜爱，乾隆元年在造办处成立了独立的广木作，由粤海关、广东巡抚遴选优秀木匠组成。广木作制作的木器以小件为主，有器匣、器座、佛龛、箱柜、家具等，也制作部分装修构件。

乾隆十三年，三月，广木作，二十六日，司库白世秀、七品首领萨木哈来说，太监胡世杰传旨：养心殿东耳房东三间改做装修。钦此。[2]

乾隆二十年（1755）成立油木作，兼具油作和木作的功能，同时油作和木作仍然存在，共同承担装修任务。乾隆二十三年（1758），造办处机构发展越来越大，竟达到四十二作，工厂繁杂，人员剧增，开支巨大，为解决宫中经费短缺，将各作裁并，由原来的四十二作改为十四作，以后稍有变动。后来撤销了油作、木作[3]，将装修的任务合并归于油木作。直到清晚期，油木作都是宫廷内檐装修的主要承担部门。

乾隆三十四年，油木作，十一月十一日，库长四德、五德来说，太监胡世杰交旨：养心殿明殿现安前面三分花梨木地平边，着用整木环作，不要分缝。钦此。于本月二十八日，库长四德、五德为做养心殿地平花梨木边查得造办处库贮花梨木并工部户部颜料库花梨木俱不敷尺寸。等因交常宁口奏。奉旨：知道了。钦此。[4]

光绪九年……三月初十日，长春宫总管刘增禄传旨：储秀宫正殿内东次间进深添安花梨木碧纱橱一槽计十扇，面宽一丈六尺三寸、通高一丈三尺零五分；花梨木横楣隔扇帘架，俱厢安洋玻璃，随铁镀金面叶钮头环鹅

1 《总汇》第 8 册，第 125 页。

2 《总汇》第 16 册，第 114 页。

3 关于内务府造办处的论述和研究参见：彭泽益编：《中国近代手工业史资料》，中华书局，1984 年；吴兆清：《清代造办处的机构和匠役》，中国第一历史档案馆编：《明清档案与历史研究论文选》，国际文化出版公司出版，1995 年。木作延续到乾隆二十五年（1760）左右。

4 《总汇》第 32 册，第 462-463 页。

项碰铁栓斗帘架绊铜套筒，紫榆木包厢枕框安装料。油木作、匣裱作、铜錽作呈稿。[1]

内檐装修涉及的工艺种类繁多，装修作坊不可能单独完成，必须结合金玉作、铜作、珐琅作、裱作、如意馆、画作、镶嵌作等，共同完成装修任务。

二、各机构承担的内檐装修工程

（一）工程建筑机构制作的装修工程

1. 新建大型工程的装修

营造司和工程处承担着皇宫建筑工程的重任。内檐装修是建筑室内分隔的重要构件，是建筑整体不可分割的一部分，它的设计和制作体现了建筑整体风格。皇家新建的大型建筑工程主要由营造司和工程处统一设计并制作。

建福宫及其花园是乾隆五年（1740）在皇宫内兴建的大型工程，非常遗憾建福宫的始建档案至今尚未查到，在造办处档案中，建福宫工程中见到制作匾额、横披、对联、挂屏、玻璃镜、绘画及安装玻璃等记载，仅有少量有关硬木装修的制作情况的记录[2]，由此可以推断出建福宫及其花园大量的内檐装修是由建福宫工程处统一制作的。

宁寿宫是乾隆时期皇宫内的另一项重大工程，其建筑整体与装修基本是统一建造制作的。乾隆三十七年（1772），修建后路殿座，"所有各座内里装修除交两淮盐政办造外……其余殿座尚有包厢装修隔断等项"[3]随工承办[4]。乾隆四十年（1775）宁寿宫添建工程，工程处又为宁寿宫后三路的"养性殿、乐寿堂、三友轩、颐和轩、景祺阁、阅是楼、符望阁、延趣楼、抑斋、遂初

1　中国第一历史档案馆藏：《活计档》胶片44，光绪九年四月初九日。

2　见故宫博物院古建部辑录：《紫禁城建福宫花园资料汇编》（内部资料），第317-540页。

3　《内务府奏销档》，乾隆三十七年十一月初六日"福隆安等奏修建宁寿宫后路殿座工程估需工料钱粮数目事"，中国第一历史档案馆藏。

4　《内务府奏销档》，乾隆三十七年六月初八日"三和等奏永安寺、宁寿宫工程估需工料银两数目事"，中国第一历史档案馆藏。

堂东配殿添配硬木装修等项"[1] 以及前路殿座中的"皇极殿内里陈设屏风宝座
一分,宁寿宫并围房东西六所各殿座内里装修"[2] 制作装修。宁寿宫建筑除交
给两淮盐政制作部分装修外，其他装修均由工程处自行办理。

然而，留给我们的疑问是：建福宫精美的描金漆装修是由什么地方制作
的？宁寿宫除交给两淮盐政制作的精美装修外，养性殿、乐寿堂、景祺阁、
三友轩等处大量精美的装修，工程档案中仅见制作框架的记载，造办处档案
中也没有相关的记录，它们又是哪里制作的？工程处是否有能力制作如此精
细的装修？这都有待于今后作进一步研究。

2. 添建改建工程

皇宫根据需要，不时增添、改造各种建筑，在这些工程中涉及的装修部
分，一般也由相应的工程施工部门制作。

乾隆十八年（1753），昭仁殿改建工程，其中"庑座西梢间添安进深连三
飞罩一座，夔龙门口一座，包镶楠木门口二座，配添黑漆桌一张；西耳房东
山添安方窗桶一座"[3]。

乾隆二十七年（1762），永寿宫景阳宫工程，"永寿宫后殿内改安装修，
添安南柏木落地罩一座，碧纱橱一槽，楠木床挂面一块，进深板墙二槽，拆
砌槛墙二堵，拆搭地炕二铺，拆挪偏厦房一间，以及糊裱等项工程。并景阳
宫成做楠木包镶樟木书格十二座"[4]。

大量的添建和改建建筑工程内的装修工程都是由建筑施工部门完成的。

3. 配合其他机构制作装修框架、胎骨等基础构件

内檐装修不仅是分隔室内空间的建筑构件，又作为室内装饰的重要组成
部分构成了室内环境的艺术美。一些制作精美、工艺复杂的装修仅凭工程施
工部门的技术力量难以实现，而是交给造办处或地方制作。不过，装修的框
架结构仍由工程施工部门制作。乾隆十九年（1754），瀛台丰泽园澄观堂仿

1 《内务府奏销档》，乾隆四十年五月二十四日"福隆安等奏修建宁寿宫续添工程估需银两数目事"，中国第
　一历史档案馆藏。

2 同上。

3 《奏案》，乾隆十八年七月二十九日"奏为销算昭仁殿工程事"，05-0129-059 号，中国第一历史档案馆藏。

4 《奏案》，乾隆二十七年十一月二十七日"呈永寿宫景阳宫工程奏销黄册"，05-0203-044 号，中国第一历史
　档案馆藏。

洋漆落地罩、飞罩，"奉旨：着交造办处成做"，而"紫檀木上枋、中枋、见柱、抱框，俱着工程处成做"[1]。工程处制作装修的抱框构架，造办处制作落地罩、飞罩。

一些装修的主体构造工程施工部门制作，装饰性构件交给造办处或地方制作。乾隆十八年（1753），拆改建福宫内地平上宝座床，"除宝床本工自行成做外，所有螭虎床挂面之处，相应知会贵处，希即派员赴工，将前项螭虎床挂面查量造办"[2]。乾隆三十八年（1773），制作宁寿宫景祺阁宝座床，乾隆皇帝下旨："其床随工成做，四明暖板亦交李质颖（注：两淮盐政官员）成做送来。"[3]工程处制造床体本身，造办处或地方则制作床罩、炕沿板装饰。光绪十一年（1885）长春宫修改装修，"木板墙着营造司做；紫檀木雕花插屏式门筒等着造办处成做"[4]。普通的隔断木板墙由营造司制作，而雕花的门筒则由造办处制作。工程处制作装修具有功能性的部分，造办处或地方制作装饰性较强的部分。

另外，制作装修的胎骨再送到造办处进行艺术加工，上面所提到的瀛台丰泽园澄观堂仿洋漆落地罩，仿洋漆的技术是雍正乾隆时期皇宫内较为流行的木器制作工艺，广泛运用于家具以及装修中，这种细腻、精致的仿洋漆工艺属于建筑之外的另一种工艺，工程处"做得杉木洋漆胎骨交造办处"进行描绘精美的洋漆图案。

总之，在皇宫的修建、兴建工程中，工程建筑机构下的小木作承担了主要的装修制作。

（二）造办处装修作坊制作的内檐装修工程

1. 内檐装修的日常维护、维修和拆改

内檐装修需要进行日常的维护，装修构件损坏需要修补，还经常根据需要进行修改，这些日常的工作一般都由造办处相应的作坊承担。

（1）日常维护

---

1 《总汇》第 20 册，第 271 页。

2 《总汇》第 19 册，第 395 页。

3 《总汇》第 36 册，第 712-713 页。

4 《活计档》胶片 45。

建筑内檐装修经过长时间的使用，容易崩裂，需经常粘补收拾。内檐装修的油饰开裂、损伤，以及室内墙面的油画、通景画或贴落出现崩裂、起翘、脱落，都是造办处的工匠进行修补。

太监毛团、胡世杰、高玉传旨：重华宫、养心殿有油崩裂破坏之处，俱着画画人丁观鹏粘补收拾。钦此。于本月十四日，丁观鹏进内将养心殿破裂油崩之处俱收讫。[1]

太监胡世杰传旨：泽兰堂东近间现安文竹隔扇二槽，将不齐全处粘补，着珐琅作补画斑竹色。钦此。[2]

太监鄂鲁里交紫檀木边透雕花纹心板嵌玉竹梅花卉方窗一扇，系宁寿宫乐寿堂透雕花纹心板损坏。传旨：着造办处将损坏处设法收什好呈览。钦此。[3]

太监胡世杰传旨：建福宫德日新殿内线法画崩裂，俟明春着造办处揭下用高丽纸托贴，着王幼学找补颜色。钦此。[4]

修补装修涉及的工种较多，有字画、装裱、雕刻等，参与的作坊也涉及如意馆、匣裱作、木作、漆作等。

（2）拆改装修

内檐装修是分隔室内空间的建筑构件，为了适应空间使用需求，内檐装修的拆改、添加都是经常发生的。小规模的拆改工程由造办处的装修作坊负责。

郎中海望奉上谕：养心殿后殿东二间屋内装修，俟朕往汤泉或往圆明园去后改做冬令装修。北面窗户东面墙上俱安站板，其门头匾或安在何处，尔等酌量安，东间床照西间床式用楠木做。钦此。[5]

圣母皇太后下太监刘得印传旨：永和宫后殿东间添安元光门二面花罩一槽，先做木样呈览。钦此。于三月十八日，将做得木样二件持进，呈览，随交出。传旨：着照木样做杉木胎漆饰粉红地画万字紫檀木雕花天然木样梅花竹式圆光门二面，花罩一槽，通高九尺二寸、面宽一丈五尺一寸，元光门树

1 乾隆三年如意馆九月十一日，《总汇》第 8 册，第 218 页。

2 乾隆二十九年匣裱作三月十七日，《总汇》第 28 册，第 684 页。

3 乾隆四十六年匣裱作十月十一日，《总汇》第 44 册，第 693 页。

4 乾隆三十七年如意馆十一月二十四日，《总汇》第 35 册，第 435 页。

5 雍正五年十二月，朱家溍：《养心殿造办处史料辑览》（第 1 辑），第 113 页。

木进深六寸，径六尺二寸，其花朵竹叶等俱用五色蓝田玉成做，元光门两边一边安石榴式内厢桃花枝叶夹堂屉，一边安桃式内厢石榴枝叶夹堂屉，二面盖托挂檐板高一尺六寸、面宽一丈五尺一寸，其松头竹叶往下垂。钦此。金玉作、匣裱作呈稿。[1]

2. 改造内檐装修的工程

清宫建筑室内空间布局、装修风格根据需要的不同经常进行修改，专项内檐装修的修改工程都是造办处装修作坊承担。其中最为著名的就是乾隆年间的养心殿、重华宫和同光时期东西六宫的内檐装修改造工程。这些装修改造工程在清代造办处的档案中都记载得非常清楚详细，从皇帝下达谕旨修改装修的式样，到制作、安装都由造办处各作坊完成。

同治、光绪年间，根据垂帘听政的需要，改变养心殿东暖阁的空间布局和装修。这些修改工程在清代造办处的档案中都记载得非常清楚。

长春宫、钟粹宫在同治年间作为两宫皇太后的住所，慈禧太后居住在长春宫，慈安太后居住在钟粹宫，为了适应皇太后的生活需要，进行了建筑改造。同治年间的改造工程，样式房和造办处都保存大量的图纸和档案。[2]内檐装修的制作安装则散落记载在造办处档案中，说明内檐装修的制作是由造办处承担。

慈禧皇太后为庆祝五十寿辰，于光绪九年（1883），将做妃子时居住的储秀宫、翊坤宫进行大规模的修改，内檐装修工程巨大，将原有装修包括壁板、隔罩、匾对、贴落全部拆除，更换新装修。造办处的金玉作、铜鋄作、油木作、匣裱作、灯裁作、广木作通力合作，完成了翊坤宫、储秀宫区域的装修改造工程。[3]

3. 配合营造司工程处等制作装修

前面已经谈到涉及制作精细、工艺复杂的装修时，工程处的技术、艺术水准都无法达到要求，这些装修交给内务府下的造办处装修作坊制作。

1 《活计档》同治十一年二月初七日，胶片 38。

2 样式房图档现存于国家图书馆等处，见刘畅：《从长春宫说到钟粹宫》，载《紫禁城》2009 年第 8 期；刘畅：《从现存图样资料看清代晚期长春宫改造工程》，载《中国紫禁城学会论文集》（第 5 辑），第 441-443 页。中国第一历史档案馆藏：《活计档》。

3 《活计档》胶片 44。

除此之外，造办处还配合工程处油饰装修，铜饰镀金、画片玻璃、镶嵌口沿、安装玻璃、糊窗户纸、糊饰壁纸、装饰墙壁、绘制隔眼、制作匾对等工作也都是由造办处承担。

造办处装修作坊在清宫内檐装修的制作中承担了重要任务，负责日常的装修修改、修补工作，特别是在修改装修的工程中充当了制作的主力军，还在大型工程中配合工程处进行一些辅助工作。

三、剖析各机构制作的内檐装修特点

内务府营造司、工程处和造办处都设有制作内檐装修的机构，并且或独立或合作制作了相应的装修构件，下面结合实物遗存分别剖析工程处和造办处制作的装修的特点。

（一）工程建筑机构制作的内檐装修特点

乾隆四十年（1775）宁寿宫续添工程档案中详细记载了工程处制作的内檐装修以及所需银两，其中有"古华轩内里添安楠柏木天花。碧螺梅花亭内里添安柏木嵌紫檀木天花。转角楼拆改装修。养性殿内里装修续添仙楼，上下包镶楠木柱子，槛墙板，紫檀木包镶门口十八座，窗桶十二座，紫檀木供柜一座，栏杆二扇，夹纱方窗一座，楠木包镶柜格一座，门桶门口十三座，窗桶四座，楠木栏杆二扇，宝座后添安杉木壁子一槽，地平暖床十张。乐寿堂续添包镶楠木板墙二槽，紫檀木镶门桶一座，镶门口七座，镶方窗四座，炉座四座，香筒座二个，楠木镶门桶门口十一座，镶方窗四座，书格一座，贴落杉木窗桶一座，壁子门三扇，楠木包镶暖床三张，紫檀包镶地平一座。景祺阁续添紫檀木配添万字方窗二扇，紫檀木镶门口二座，楠木镶门桶三座，楠柏木楼口飞罩二座，方窗一座，随戏台曲尺壁子二槽，楠木刟凳四张，香几一张。阅是楼续添廊门桶二座，花梨木包镶床二张。阅是楼东山正房续添板墙三槽，暖阁后门口一座，飞罩一槽，楠木方窗一槽，紫檀木镶门口一座，楠木镶门口三座，楠木包镶床三张。抄手楼二座，续添板墙六槽，楠柏木飞罩一槽，方窗三座。东四所正殿四座，配殿八座，续添楠木镶门桶门口十九座，柏木方窗九座。景福宫续添紫檀木镶门桶门口三座，方窗口一座，楠柏木包镶床一张。梵华楼续添紫檀木镶门桶一座，推门一扇。佛日楼续添楠木贴落假柱子二根，踏垛十一座，紫檀木供桌一张，花梨木供桌六张。抑斋续添进深板墙一槽，楠木落地罩、床罩三槽。禊赏亭续添楠木条桌二张。遂初堂改添板墙四槽，紫檀木镶门口二座。遂初堂东配殿续添楠柏木落地罩二槽，嵌扇一槽，线法壁子五槽。萃赏楼续添板墙一槽，楠木镶真假门口九座，紫檀木琴桌二张。转角楼续添花梨木阴纹罩二座，落地罩一座。延趣楼续添楠木镶门口三座，后檐方窗二座。玉粹轩续添楠木佛座一道，方窗一座。符望阁续添紫檀木镶门口二十一座，门头花四块，券门楠木门头花八块，花梨木柜几一张。竹香馆续添柏木板墙一槽，门桶罩二座，门桶一座。倦勤斋续添楠木镶门口十三座，圆光窗一座，柏木镶门桶一座。景祺阁后值房二座，内里添板墙二槽，落地罩、床罩六槽，嵌扇四槽，暖床三十八张。东四厢房四座，内里添隔断板四槽，真假门口八座，方窗四座，暖床二十张等项，并板墙油饰"[1]。

从这条档案中可以看出，工程处所承担的内檐装修一般包括与建筑结构结合密切的天花、板墙、门口、楼梯、栏杆、壁子、地平、床张等，以及作为室内隔断的落地罩、嵌扇、飞罩、仙楼等。按照其特点大体可分为三类：

一类是功能性较强的装修构件，制作板墙、门口（图1）、窗户、栏杆（图2）、壁子、地平、床张等，搭建仙楼。养性殿仙楼（图3）装修华丽、工艺复杂，而据工程档案记载，工程处仅制作了"上下包镶楠木柱子，槛墙板"等基础构件，工艺性、装饰性较强的隔罩、挂檐板、栏杆等则不在制作范围之内。

[图1] 符望阁小门

1 《内务府奏销档》乾隆四十年五月二十四日"福隆安等奏修建宁寿宫续添工程估需银两数目事"，胶片105，中国第一历史档案馆藏。

[图2] 符望阁楼梯栏杆

另一类是分割室内空间所使用的隔罩，如落地罩、床罩、嵌扇、飞罩等。从档案记载来看，工程处制作的隔罩基本都是用楠柏木材质，有全部用楠木制作的，也有楠木、柏木结合的装修，很少使用紫檀、花梨等贵重的硬木，也就说明工程处制作的装修大多使用最基础的木质材料。再结合现存的装修分析，符望阁夹层门窗（图4）楠木灯笼框、工字卡子花，造型简单，材料单一。从这些装修来分析，随工制作的隔罩多为隔罩最基础的款式。

[图3] 养性殿仙楼

再一类就是一些构思巧妙、制作精良的装修。位于宁寿宫花园内的古华轩是一座敞轩，为了与环境相契合，天花没有使用彩绘天花，而是楠柏木天花。（图5）以天花支条纵横隔成方井，每井覆以天花板，天花板用柏木制作，再另用楠木雕刻卷草花卉，贴在天花板上，就形成了古华轩独有的楠木贴雕卷草花卉天花。碧螺亭的天花（图6），用柏木做天花板，紫檀木雕刻梅花图

[图 4] 符望阁夹层门窗

[图 5] 古华轩天花

[图 6] 碧螺亭

[图 7] 长春书屋花梨木落地明罩

案，镶嵌在天花板上。图案凸起于天花板上，在光影的变化中产生很强的立体感，虽没有彩绘贴金天花的光灿夺目，但显得典雅高贵，气度不凡。这些装修雕刻精美，造型独特，不过采用的材料单一，工艺仅为木雕工艺，多种工艺相结合的较为罕见。

从以上的分析可以看出，工程处制作的内檐装修多为最基础的构件和一些工艺简单、材料单一的装修。

（二）造办处制作的内檐装修特点

造办处是专门制作宫廷用品的机构，作坊众多，工匠多为南方选送的"好手""巧手"匠人，技艺高超，制作的器物精美绝伦。装修作坊专门为皇宫制作内檐装修，所涉及的装修种类齐全，从普通的室内分隔、使用构件到精美的装修都参与制作。

养心殿长春书屋花梨木落地明罩（图 7），乾隆十三年（1748）五月造办处制作[1]，黄花梨雕梅花夔龙如意横披心、隔心落地明隔扇紫檀夔龙花牙子落地罩。黄花梨落地罩色彩棕红，滑如缎面，玲珑小巧，通体雕刻梅花夔龙如意纹，做工考究。造办处油木作于乾隆三十年（1765）制作的养心

[图 8] 养心殿三希堂楠木螭虎纹床

[图 9] 翠云馆西次间

殿三希堂楠木螭虎纹床[1]（图8），炕沿板上雕刻螭虎纹，虎头螭尾，双头相对，虎目圆睁，螭尾卷曲，威武严肃，苍劲有力。

　据乾隆朝档案记载，重华宫翠云馆殿内仿洋漆落地罩、炕罩是乾隆十九年（1754）由造办处木作制作的[2]，这几组隔罩现都完好地保存在翠云馆内（图9），它们风格一致，纹饰、工艺相同，均为黑漆描金工艺。虽然翠云馆

1　《总汇》第29册，第629-630页。
2　《总汇》第20册，第453-454页。

的仿洋漆隔罩工艺与日本洋漆存在着一定的差别[1]，但仍不失为乾隆年间精美的装修。

储秀宫、翊坤宫区域建筑现存大量的内檐装修是光绪九年（1883）造办处制作的，[2]花梨木蝙蝠岔角镶玻璃臣工书画隔心、横披心松竹寿石绦环板、群板的碧纱橱，透雕花卉的落地花罩、栏杆罩、飞罩、八方罩（图10），用材优良，雕刻精美，代表了清代晚期造办处内檐装修制作的最高工艺水准，也是清晚期皇宫内檐装修艺术的代表作。

从档案及现存的实物分析，造办处与工程处的区别在于，它不仅制作普通的装修，还利用工匠水平高、各作相互联系等优势，制作工艺复杂、装饰性较强的装修。所涉及的工种较多，不仅有硬木制作的木匠、雕銮匠、水磨烫蜡匠，还有镶嵌匠、牙雕匠等；使用材料丰富，所涉及的装饰材料有象牙、螺钿、竹子、漆器等；工艺技术水准较高，装修精致。

[图 10] 益寿斋花梨木碧纱橱

1　见后文：《乾隆朝漆器工艺在清宫内檐装修上的运用》。

2　《活计档》胶片 44。

结　语

内务府建筑工程机构的小木作和造办处的油木作等作坊，是制造清代皇宫建筑内檐装修的主要机构。

建筑工程机构为大型新建建筑工程和修缮工程制作大量的内檐装修，造办处则担负着日常的维护、修改以及一些建筑专项内檐装修的改造工作。工程机构制作的装修以功能性的构件为主，造办处制作的装修细致精美，工艺性、装饰性强。

在清宫建筑的内檐装修制作中，工程机构的小木作和造办处的装修作坊，相互联系、分工协作，共同创造了丰富多彩的清宫内檐装修。

第二节　扬州匠意：宁寿宫花园内檐装修

清代宫廷承担了大部分内檐装修的制作任务。随着生产和经济的发展，全国各地的建筑业迅速走向一个新的阶段，各地的建筑及其装饰特征越来越鲜明、内容越来越丰富，民间的装修式样和工艺日渐增多，表现出旺盛的活力，地方为宫廷定制内檐装修成为装修制作的另一重要途径。乾隆时期修建宁寿宫，其花园建筑的内檐装修交于扬州制作，通过这一制作过程可了解地方制作的流程和艺术特点，兼可探讨内檐装修技术与地方技术的交流情况。

一、清代皇宫与地方建筑内檐装修技术的交流

宫廷技术是全国技术的精华所在，离不开地方而独立存在的，建筑技术是在民间建筑技术的基础上总结发展而来，装修的设计、制作、材料、人力都是直接或间接地取材于民间。清代初年废除明代的"班匠"轮役，改行雇役制，内务府造办处供役的匠人除了一部分八旗的包衣外，大部分的匠役都是从全国各地技艺精熟的工匠中选出送京当差的，有来自北方的匠人，而大多数是广东等督抚及三织造选送的南匠，他们都是地方上的"好手""巧手"

匠人[1],造办处集中了民间优秀的工匠。从事于宫廷装修的设计、制作的小木作工匠主要以南匠为主,来自江浙地区和粤海关。在工程集中的年份,还在民间招募匠役。浙江东阳以木雕著名,《东阳县志》载:"清嘉庆(1796—1820)、道光(1821—1850)年间,四百余名东阳木匠、雕花匠应召参加北京故宫修缮。"[2] 招募匠人进宫制作器物,加强了地方与皇宫的联系,也间接起到了促进宫廷技术与地方技术的交流与融合。无论是长期在宫内服役的匠人或是各地招募来的具有高超技术的工匠,他们带来了地方先进的手工艺技术,促进了宫廷技术的改革和进步,对于宫廷和地方技术工艺的经验交流、技术人才的培育发展,起了一定的促进作用。

清廷所需装修构件由内府承办,制造一组建筑群的装修需要大量的技术力量,在工程集中的年份,所需装修数量巨大,内务府造办处没有储备足够的技术力量,若将地方工匠调入造办处,人力数量之大是造办处难以承受的。而地方聚集了大量高水平的工匠,在地方制作装修从人力物力的角度而言更为切实可行,于是皇帝决定将部分建筑的内檐装修交给地方办理,吸收地方的装修风格和装修技术,为宫廷装修增加地方特色,同时也减轻了内务府造办处的工作压力。

地方为宫廷制作器物由来已久,特别是乾隆二十三年(1758)内务府造办处裁并,"归并后经费的支应,人员的任用都应相对减少,有关工艺的制作也应相对减少。此后,宫中造办处直接承做的活计可能以玉器、珐琅器等为数较多,其余器类虽然仍然制作,然而数量相对地减少,而且不少活计可能是发交地方制作"[3]。宫廷内檐装修就有由广州、杭州、苏州、南京等地制作的记载。根据档案记载,乾隆中期宁寿宫花园建筑大批量的内檐装修交给了扬州制作。

1 彭泽益编:《中国近代手工业史资料》第 1 卷,中华书局,1962 年;吴兆清:《清代造办处的机构和匠役》,中国第一历史档案馆编:《明清档案与历史研究论文选》,国际文化出版公司出版,1995 年;嵇若昕:《乾隆朝内务府造办处南匠薪资及其相关问题研究》,陈捷先等主编:《清史论集》(上),人民出版社,2006 年。

2 王仲奋:《东阳木雕与宫殿装饰》,《中国紫禁城学会论文集》第 5 辑,第 628 页,紫禁城出版社,2007 年。

3 嵇若昕:《试论清前期宫廷与民间工艺的关系:从台北故宫博物院所藏两件嘉定竹人的作品谈起》,《故宫学术季刊》第 14 卷第 1 期,第 105 页。

二、宁寿宫花园建筑内檐装修的制作

宁寿宫位于紫禁城内东北部区域。乾隆三十五年（1770），乾隆皇帝为其归政后做太上皇的颐养之所而改建宁寿宫，"待归政后，备万年尊养之所"[1]。（图1）

宁寿宫花园的符望阁、倦勤斋、延趣楼、萃赏楼、遂初堂的内檐装修是

[图1] 宁寿宫

1　[清] 庆桂等编纂：《国朝宫史续编》，北京古籍出版社，1994年，第478页。

由两淮盐政承办的。档案零星地记载了宁寿宫花园装修从下发图样、烫样到制作以及运送回京安装的整个过程。

乾隆三十八年（1773）十月初六日。李质颖恭请陛见。奏。十月十八日。

奴才李质颖谨奏，为仰恳圣恩事……伏查六七等月接奉内务府大臣寄信，奉旨交办景福宫、符望阁、萃赏楼、延趣楼、倦勤斋等五处装修。奴才已将镶嵌式样雕镂花纹，悉筹酌分别拟准杂料，加工选定，晓事商人，遵照发来尺寸详慎监造。今已办有六七成，约计明岁三四月可以告竣。[1]（图2）

乾隆三十九年（1774）四月初四日。奴才李质颖谨奏，为奏闻事。

窃奴才于上年六七等月接奉内务府大臣英廉等寄信，奉旨交办景福宫、符望阁、萃赏楼、延趣楼、倦勤斋等五处装修并烫样五座、画样一百三张，等因。

到杨，奴才随即遴派熟谙妥商选购料物，挑雇工匠，择吉开工，上紧成造。奴才不时亲身查视详慎督办，今已告成。奴才逐件细看包裹装船，于四月初四日开行，专差家人小心运送进京，除备文并造具清册呈送工程处逐件点收听候奏请安装外，敬将装修五分镶嵌式样雕镂花纹绘图贴说先行恭呈御览。谨缮折具奏。伏乞皇上圣鉴。谨奏。[2]

乾隆三十九年（1774）八月初一日。奴才李质颖谨奏，为奏闻事。

……又于三月二十四日，接奉总管内务府大臣英廉发到遂初堂内檐装修烫样一座、画样五张、营造尺一杆。奴才随即选购料物，挑雇工匠，择吉开工，上紧成造。奴才不时亲身查视详慎督办，今已告成。奴才逐件细看包裹装船，于八月初一日开行，专差家人小心运送进京。除备文造册呈送工程处造办处查收听候奏请安装外，敬将镶嵌式样雕镂花纹分别绘图贴说先行恭呈御览，谨缮折具奏。伏乞皇上圣鉴。谨奏。[3]

乾隆三十九年十一月二十二日，记事录，笔帖式海寿持来宁寿宫汉字知会一件，内开福、英、刘、四谨奏。

1 "[两淮盐政]李质颖奏请陛见并交卸盐政印务事"，中国第一历史档案馆：《乾隆朝汉文录副奏折》，档号0133-091。缩微号 009-1937-1938。

2 "李质颖交办景福宫、符望阁、萃赏楼、延趣楼、倦勤斋等装修事"，《宫中档乾隆朝奏折》第35辑，台北故宫博物院印行，第179-180页。

3 "李质颖为奏闻事"，《宫中档乾隆朝奏折》第36辑，第219页。

［图 2］ "李质颖奏请隆见并交卸盐政印务事" 奏折，中国第一历史档案馆藏

恭查宁寿宫后路各殿宇楼座内里装修，均系遵旨发交两淮盐政李质颖办造送工，现在俱已敬谨安装齐全。惟是京师风土高燥与南方润湿情形不同，各项装修俱系硬木镶嵌成做，现值冬令间有离缝走错并所嵌花结漆地等项俱微有爆裂脱落之处。奴才等详细查看，其硬木漆地活计有离缝走错者即令该工监督檙缝找补收拾完整，其玉铜花结有脱落者亦即交造办处随时修整，务取妥固外，惟花结内有瓷片一项，虽逬裂只有三小块，但在京一时难于置办，奴才等愚见该盐政从前成造时或有余存亦未知，请交与李质颖坐京家人寄信顺便照式寄送数块应用，是否允协，伏候圣明训示遵行，为此谨奏。请旨。

于本年十一月十四日具奏。奉旨：知道了。钦此。[1]

从宁寿宫花园建筑内檐装修的制作过程，可以清晰地推论出建筑装修技术的传输途径。首先，乾隆帝是最初构思的提出者和最终的审定者；宁寿宫工程处负责奏报和审核；样房工作内容包括设计内檐装修格局和绘制图纸、制作烫样、编写做法说明；两淮盐政接到旨意后，立即组织商人备料，挑选、组织技艺精湛的工匠，选择吉日加工制作；扬州工匠承担了装修的具体制作；装修制作完成后，两淮盐政将装修包裹装船，同时把制作的装修数目造具清册，以便点收，还绘制图纸说明以便安装，派人运往京城，交于宁寿宫工程处；运至宫内后，内务府验收、报销，造办处工匠安装。在宁寿宫花园建筑内檐装修的设计、制作的链条中，乾隆皇帝、宁寿宫工程总理大臣与内务府设计师、地方官员和工匠共同完成了这一技术交流的创作过程，在宫廷技术与地方技术的传输中各自起到重要作用。

（一）乾隆皇帝：宁寿宫花园内檐装修的决策者

修建宁寿宫建筑，先由乾隆皇帝下达旨意给内务府大臣，再由内务府大臣转达给设计部门。设计方案先要恭呈御览，得到皇帝的批准后，方可修建。乾隆皇帝对建筑具有决策权。

建筑是等级制度的象征，内檐装修也是建筑等级制度的组成部分，礼制已有规定，对于礼仪性等规格较高的建筑，礼制规定非常严格，例如藻井只有在最尊贵的建筑中才能使用，如佛寺和宫殿建筑，一般建筑不得使用，唐

1 《活计档》胶片128。

代就明确规定："王公之居不施重拱藻井。"[1] 清代继承了汉族对建筑等级的限制，皇帝只能提出自己的意见，但不能随意地改变祖制或礼制。乾隆皇帝的情趣更多地停留在其个人怡情养性方面。在与国家的政治统治、等级观念相抵触时，皇帝的情趣则必须让位于政治的需要。乾隆皇帝具有文人雅好，但是在文人情趣与封建皇权发生冲突时，他则以维护统治的名义对士人文化采取严格限制的态度。当他发现皇子们的文人习气后，勃然大怒，斥责为"非皇子所宜，此师傅辈书生习气，以别号为美称，妄与取字，而不知其鄙俗可憎"。他害怕文人流风所及整个八旗子弟，危机皇权，"设使不知省改，相习成风，其流弊必至今羽林侍卫等官，咸以脱剑学书为风雅，相率而入于无用……所关于国运人心良非浅鲜，不可不知儆惕"，[2] 因此必须扼杀。建筑有重要的政治面向，加强专制主义的气氛、反映帝国形象的皇家建筑必然表现天朝威仪、四海统一、皇权巩固的主旨。

宁寿宫是为乾隆皇帝归政后使用所建，是一组政治意向非常强的建筑群，前朝后寝一如紫禁城中轴规制，分为朝仪、勤政、宗教、居室、园林建筑等类型，内檐装修根据建筑功能的不同分别采用不同的装修形式。宫殿建筑大多受到封建规制的制约，即使是皇帝也没有太大的自主性。而宁寿宫花园是一组游逸赏乐建筑群，供乾隆皇帝闲暇时游乐玩耍，属于乾隆皇帝的私密空间，受封建礼制约束较少，建筑布局、形制灵活多变，无一定式，乾隆皇帝可根据自己的喜好装修建筑，匠人们也可以较为自由地发挥他们的艺术才智。宁寿宫花园的花园布局、建筑题名、内檐装修无不渗透了乾隆皇帝的园林美学和艺术美学。

（二）宁寿宫工程处

乾隆皇帝是建筑装修的决策者，但他本人并不处理具体工程事务，也不可能与工匠直接交流，而像其他国家事务一样，必须按既定结构和程序，下达谕旨给相关部门去执行。与国家事务相关的宫殿工程如紫禁城午门以内乾清门以外的外朝部分，由工部负责设计、兴建与维修；内务府是管理宫廷事务的机构，内朝宫殿的兴建和维修在其职责范围之内，其内部设有营造司和

1 《新唐书》卷二十四。

2 ［清］庆桂等编纂：《国朝宫史续编》，第5页。

总理工程处等机构，管理宫殿、苑囿等建筑事务。[1]

按照工程惯例，凡有大型工程需成立临时工程处。与其他的工艺品制作不同，建造宫殿建筑是一个复杂的过程，管理大量资金和劳动力，在内务府中虽然有常设的工程机构，但那只是应付日常的工程维修和小型建筑活动，大型工程必须调动更多的力量，组织一个强有力的机构，以便管理工程事务。它是一个临时机构，工程结束后便解散。"乾隆三十五年（1770）十一月二十六日，奴才三和、英廉、四格谨奏，奴才等遵旨修理宁寿宫工程"[2]，成立宁寿宫工程处，指定内务府大臣管理宁寿宫的建设。

如何选拔管理人才，关系到整个工程的技术和艺术水准。乾隆皇帝身边聚集了一批学问优长、能诗能文、兼具书画艺术创作及鉴赏能力的学士、臣子。乾隆皇帝非常重视宁寿宫工程，他在任命宁寿宫工程处的官员时，一方面要挑选他所信任的重臣管理工程，另一方面这些大臣要具有一定的艺术修养，能将建筑装修通过高技术水准的制作达到他的艺术审美要求。他任命兵部尚书福隆安，内务府大臣三和，大学士英廉，副都统四格，内务府大臣刘浩、金辉、金简（乾隆四十年），户部尚书和珅（乾隆四十二年）等为宁寿宫工程事务大臣，共同管理宁寿宫工程。他们中间不乏这样具有艺术修养

1　高焕婷、秦国经：《清代皇宫建筑的管理制度及有关档案文献研究》，《故宫博物院院刊》2005 年第 5 期，第 293-297 页。

2　《奏销档》乾隆三十五年十一月二十六日"三和英廉等奏修理宁寿宫工程事"。

[图 3] 清福隆安、金昆、程志道合画《冰嬉图卷》（局部），故宫博物院藏

又有管理才干的大臣。

　　福隆安（1746—1784），富察氏，满洲镶黄旗人。他出身显贵，父傅恒，官至大学士，为孝贤纯皇后侄。乾隆二十三年（1758）福隆安被授和硕额驸，二十五年三月娶乾隆帝第四女和硕和嘉公主，官至兵部尚书、工部尚书等职。[1]福隆安多才多艺，善画，尝与金昆、程志道合画《冰嬉图卷》。[2]（图 3）他还曾任《四库全书》正总裁，奉命补撰《皇朝礼器图式》[3]，并负责翻译《清文全藏

1　《清史稿》列传八十八。

2　[清]胡敬:《国朝院画录》"金昆程志道福隆安合画冰戏图一卷"，卢辅圣主编《中国书画全书》第 11 册，上海书画出版社，1997 年，第 758 页。

3　《钦定四库全书总目》卷八十二:"乾隆二十四年奉敕撰，乾隆三十一年又命廷臣重加校补。"《皇朝礼器图式》序。

经》事务。乾隆三十六年（1771）他被任命为宁寿宫总理事务大臣，管理宁寿宫工程。

英廉（1707—1783），内务府汉军镶黄旗人，自幼聪明好学，知书识礼，雍正十年（1732）考中举人。"自笔帖式授内务府主事……（乾隆朝）累迁内务府正黄旗护军统领。外授江宁布政使，兼织造。英廉以父老，乞留京师，赐二品衔，授内务府大臣、户部侍郎……四十二年（1777），协办大学士。四十四年（1779），暂署直隶总督。四十五年（1780）……特授汉军大学士。汉军大学士自英廉始。寻授东阁大学士，仍领户部……四十七年（1782），加太子太保。"[1] 他在同僚中颇有威望，做出了一定的政绩，是乾隆朝颇得重用的大臣，曾经担任过《四库全书》正总裁、《日下旧闻考》总裁等重要官职，工诗文，有《梦堂诗稿》，善画山水及墨竹[2]。英廉为总管内务府大臣，乾隆三十五年（1770）受命管理宁寿宫工程。

福隆安、英廉、金简、和珅等人在乾隆朝地位显赫，又具有文化修养和艺术才能，受到乾隆皇帝的赏识，深受信任。乾隆皇帝选用这样的人管理宁寿宫工程，表明对于工程的重视。乾隆皇帝对他们的工作非常满意。在工程结束的时候，大臣们受到乾隆皇帝的大大嘉奖。"将管理工程之大臣兵部尚书公福隆安、大学士英廉、户部尚书和珅各准其加三级……"[3]

他们都是乾隆皇帝身边的人，最能够领会皇帝的意图，在将皇帝的意图转化为艺术作品的过程中，内务府大臣的作用不可磨灭。在技术的传输过程中他们起到上传下达的作用，皇帝将他的想法告诉内务府大臣，大臣们再将

---

1 《清史稿》列传一百七。

2 "英廉，浙江嘉兴人，汉军镶黄旗籍，姓冯，字计六，号梦堂，别号竹井老人。雍正十年举人，官至保和殿大学士，善画山水，兼长墨竹。"——朱铸禹：《中国历代画家人名词典》，人民美术出版社，2003 年，第 750 页。

"英廉氏冯字计六号梦堂别号竹井老人内务府镶黄旗人祖籍嘉兴雍正十年举人官至保和殿大学士谥文肃历代画史汇传云工画山水及墨竹。"——[清] 李放撰：《八旗画录》，周骏富辑《清代传记丛刊》，080-446，台北明文书局印行。

"英廉姓马佳氏字计六号梦堂一号竹井老人满洲正白旗人雍正壬子举人官大学士谥文肃工诗文善山水著有梦堂诗稿。"——[清] 盛叔清辑：《清代画史增编》，周骏富辑《清代传记丛刊》，078-734，台北明文书局印行。

3 《奏销档》，胶片 111，乾隆四十五年四月十三日："总管内务府奏赏赐宁寿宫修建工程大臣事"。

皇帝的意愿转述给装修的设计者。

（三）样式房：设计图纸、制作烫样

两淮盐政制作的宁寿宫花园建筑装修，内务府对于式样和尺寸有严格的规定。内务府下的样式房承担具体的设计任务，根据内务府大臣转达的旨意，样式房的画师针对宁寿宫花园具体建筑制订尺寸、设计款式、纹样，并绘出图纸，制作烫样。

内务府分两次发给两淮图纸烫样，一次是景福宫、符望阁、萃赏楼、延趣楼、倦勤斋等五处装修画样一百零三张，一次是遂初堂内檐装修画样五张，共发去图纸一百零八张。这些图纸包括什么内容我们现在不得而知，按照惯例应该有建筑内部空间的地盘图，也就是建筑平面图，使制作者大致了解装修位置，更多的应该是装修具体隔罩的立面图。宁寿宫花园内檐装修与常见的木质装修不同，工艺种类和材料较多，图案丰富，图纸可能会与一般装修图纸有一些差别，应该更为详细，在装修图纸上详细地标明具体装修的尺寸、所涉及的工艺种类，注明所使用的具体材料和工艺。

内务府除图纸外，还给两淮盐政送去了宁寿宫花园内六座建筑的烫样，即景福宫、符望阁、萃赏楼、延趣楼、倦勤斋和遂初堂这六座建筑的烫样。

具有档案性质的图纸、烫样在形成之时并不是为传播知识、宣扬观点、教化民众等目的而存在，而是在清代皇家建筑施工活动中形成的，只在与工程相关的人员范围内使用，具有一定保密性。尤其是皇宫、陵寝等处的图档，更是严格管理，加倍保密，谨防外传，禁止仿造。工程完成后，对于皇宫发放的烫样、稿案一律收回。"惠陵暨妃园寝福地两分烫样，均移交内务府收存。""全工稿案，亦移交内务府收存。"[1]乾隆年间大臣和珅因仿造皇宫式样而获罪，"昨将和珅家产查抄，所盖楠木房屋，僭侈逾制，其多宝阁及隔段式样，皆仿照宁寿宫制度。其园寓点缀，竟与圆明园蓬岛、瑶台无异，不知是何肺肠！其大罪十三"[2]。入内烫样人员一并获罪[3]。皇家建筑技术并非单纯的艺

1　延昌撰：《惠陵工程备要》卷一，转引自王其亨：《样式雷与清代皇家建筑设计》，张宝章等编：《建筑世家样式雷》，北京出版社，2003年，第234页。

2　《清仁宗睿皇帝实录》嘉庆四年正月甲戌。

3　《奏案》嘉庆四年五月初六日。

术和技术体现，它昭示着清帝的政治宣言：皇权神圣不可侵犯。

乾隆皇帝虽然欣赏扬州地区精湛的装修工艺，却没有指定扬州工匠设计装修式样和图案，说明一方面建筑的内檐装修关乎工程质量，装修的体量、尺寸大小要根据建筑本身的尺寸决定，地方工匠不清楚建筑的准确尺寸，没有办法设计内装修；另一方面也说明他对于扬州地方的风格没有足够的把握，不知道地方工匠设计的装修是否能够符合他的喜好，而是让内务府样式房绘制宁寿宫花园内檐装修图纸、制作烫样，然后交给地方制作。因承做的器物与营造有关，而地方所用度量工具与宫内使用的不同，为确保尺寸合适，内府还特地将宫内使用的工部营造尺（图4）一同发往两淮盐政以为标准。

（四）两淮盐政：监督制作

宁寿宫花园建筑装修的制作过程中，内务府官员管理整体工程，但是扬

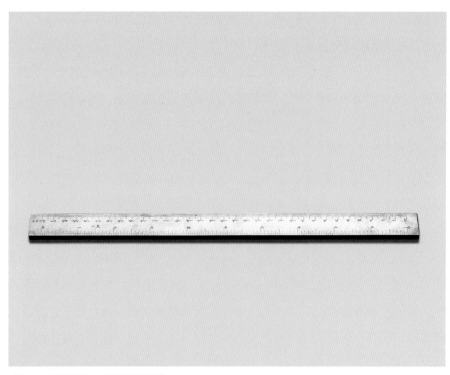

[图4] 工部营造尺，故宫博物院藏

州地方遥远，他们不可能亲自监督、审核装修的制作，他们也要依靠当地官员辅助完成，这个任务就由扬州盐运使承担。两淮盐政承办宁寿宫花园内檐装修期间，李质颖担任两淮盐政盐运史一职。李质颖奉旨承造宫内装修，在扬州他召集商人，汇聚最优秀的工匠资源，将扬州地方最精美的艺术、精湛的工艺和先进的技术供奉给宫廷，为宫廷技术的发展和革新起到推动作用。

李质颖，内务府满洲正白旗人，乾隆二年（1737）进士，四年（1739）散馆授编修，八年（1743）授内务府司员，授河东盐政，三十二年（1767）十月授长芦盐政，兼内务府郎中衔，三十五年（1770）调两淮盐政。四十年（1775）六月任安徽巡抚，四十一年（1776）四月调广东巡抚，四十五年（1780）四月调浙江巡抚，四十六年（1781）二月革，四十六年任粤海关监督。由于李质颖办差得力，步步高升，官至总管内务府大臣衔，卒于乾隆五十九年（1794），年逾八十，亲见七代，五世同堂，乾隆赐"七叶衍祥"匾。

李质颖任两淮盐运史期间为皇宫承应制作大量的艺术品。乾隆三十九年（1774）八月二十六日李质颖奏折中记录了他为宫中承办"丹台春晓玉山"[1]（图5）"梅花玉版笺纸"[2]和"养心殿梅坞"（图6）"养性殿香雪匾额"[3]等事迹。扬州地区是当时各种工艺品集聚之地，他为皇家搜奇猎艳，征集各种珍奇文物，丰富皇家收藏。其中最重要的工作之一就是接办宁寿宫花园建筑内檐装修，在扬州当地，李质颖奉内务府大臣的指示承担了管理装修制作的职责。虽然扬州以前也为皇宫制作器物，毕竟与宫廷造办处不同，它没有常设的制作作坊，没有固定的工匠和技术力量，接到任务后必须通过当地商人购置材料、召集工匠组织生产。为了保质保量、按时完成装修任务，李质颖备办宫廷装修尽心尽职，接到内务府的信件后，立即组织商人选购物料，挑选工艺精湛的工匠，选择良辰吉日开工制作。从备办物料、组织工匠，到选择时日开工制作，李质颖无不亲力亲为。制作过程中，他不时亲临现场视察工作，

1　清乾隆三十九年八月二十六日 "两淮盐政李质颖奏报丹台春晓陈设玉雕并铜配座造成运京呈览事"，《宫中档乾隆朝奏折》第36辑，第481页。

2　乾隆三十九年八月二十六日，"两淮盐政李质颖奏 '梅花玉版笺纸' 竣事折"，《宫中档乾隆朝奏折》第36辑，第480页。

3　清乾隆三十九年八月二十六日 "李质颖奏报养性殿西耳房御书香雪匾额奉旨做成事"，《宫中档乾隆朝奏折》第36辑，第481页。

[图 5] 丹台春晓玉山子

[图 6] 养心殿梅坞匾额

督促办理。

在宁寿宫花园内檐装修的制作过程中，李质颖担任了一个举足轻重的角色。在宫廷外制作如此大量精美的装修在档案的记载中还属首次，它与其他工艺品不同，它属于整个工程中的一部分，必须与工程的其他部分相协调，在尺寸、风格上必须保持一致。李质颖多次上奏汇报装修的制作情况和进展，遇到问题须亲自解决。由于南北方气候的不同，镶嵌的硬木装修构件在北京干燥的气候下，出现"离缝走错并所嵌花结漆地等项俱微有爆裂脱落"，"花结内有磁片一项"还需"交与李质颖坐京家人寄信顺便照式寄送数块应用"。他是宫廷与地方的技术传递过程中上传下达的核心人物，替代内务府官员承担了地方制作的技术监督任务。

（五）地方工匠：承担装修的制作

乾隆时期，扬州建筑业发达，建筑技术先进，聚集了一批精于建筑装修的匠师、工匠。"谷丽成，苏州人，精宫室之制。凡内府装修由两淮制造者，图样尺寸，皆出其手。潘承烈，字蔚谷，亦精宫室装修之制。而画得董巨天趣。"[1] 地方工匠依据内务府发来的图纸、烫样、做法说明以及标准尺，严格按照内务府要求制作，利用地方的技术制作宫廷装修。在师承制的中国古代，各地手艺人有其独特的制作方法和工艺，南方工匠的装修制作技艺与皇宫制作技术有一定的差异，地方工匠在宁寿宫花园装修的制作中充分发挥了他们的技术才能，从宁寿宫花园建筑装修来看，其木雕、漆雕、镶嵌等工艺都具有典型的扬州特点。装修制作完成后，还要将制作装修构件造具清册，镶嵌式样、雕镂花纹逐一绘图贴说，以便安装。

在中国传统重"道"轻"器"的思想影响下，工匠们的作用被忽视了，在文献和档案中几乎看不到他们的名字，只能从现存实物中看出他们精湛的手工技艺。

（六）内务府：验收、安装、报销

内檐装修构件制作完成后，包裹装船，通过河运运到京城。李质颖亲自派遣家人将内檐装修送到京城，交于宁寿宫工程处。工程处按例对照清册逐件点收，查验。然后由造办处的工匠按照扬州交来的装修图纸、贴说进行安装。

---

1 ［清］李斗：《扬州画舫录》，中华书局，2001年，第278页。

　　凡兴建工程，内务府都要事先查估管理的工程，由内务府司员和工程处人员、样房、算房的技师一起先估需工料银两数目，所需银两先向内务府广储司领用，工程完竣时，内务府派员验收，"再将实用过工料银两分析核销，谨将估需工料银两分析细数，另缮清单一并恭呈御览。"[1] 皇帝同意后，实报实销。

　　因为宁寿宫花园的内檐装修交两淮盐政办造，不按此例估算，而是交给两淮盐政，先由地方财政垫付，工程完成后再交给内务府验收报销。乾隆三十九年（1774）李质颖上奏："窃照两淮向有外支银两四万八千两，又裁革陋规银一万七千余两，共银六万五千四百七十三两八钱九分九厘。乾隆三十五年经军机大臣奏准，专为传办装修支用按实造册送造办处查核，所余银两照例解缴。"[2] 装修所用款项是从两淮盐政应该上交内务府的款项中扣除，根据两淮盐政造具的项目用料用工价格，工程处核实后照实扣除。工程银两一般按照"则例"核销，制作宁寿宫花园装修材料丰富、技术复杂，以往的宫廷制作中无先例可循，通过实物推断装修制作造价要远远高于其他的建筑装修，没有材料证实这次的核销标准。在制作过程中两淮盐政以及当地商人是否给予资助不得而知，不能排除这种可能。乾隆下江南时，当地官员和商人为报效皇帝，纷纷捐银，"凡有应修工程与预备什物，承办各员皆志切急公，备求坚固整饬，自愿加工捐资承办"。地方官员上报皇帝的奏折中却说"所费工料无多"[3]。乾隆五十九年（1794）一则档案记载，乾隆说："……伊龄阿，前后两任两淮盐政，坐拥丰厚。前据董椿面奏，盐政衙门一切食用据系商人备价供给，而办理呈进物件又系商人出资承办，盐政又可从中沾润。现在巴宁阿到任未几即有交结婪索等事，况伊龄阿前后在任多年，种种情弊更所不免，不过未经发觉幸免败露，朕亦未便深究……"[4] 照此情景看来，宁寿宫花园内檐装修在李质颖接到谕旨后随即"晓事商人"，由商人办理装修，很可能得到了当地政府和商人的资助。事后李质颖从应向内务府交付的款项扣除了这一部分钱款，当然扣除的部分应不敷制作成本，他也像大部分的盐政官员

1　《奏销档》"乾隆三十七年六月初八日"。

2　"李质颖谨奏为奏明事"，《宫中档乾隆朝奏折》第 35 辑 "乾隆三十九年六月初九日"，第 639 页。

3　引自左步青：《乾隆南巡》，《故宫博物院院刊》1981 年第 2 期，第 26 页。

4　乾隆五十九年七月二十日 "奏为伊龄阿咨造金砖办理错谬"，中国第一历史档案馆藏：奏案 05-0453-028。

一样两头渔利，乾隆皇帝也节省了开支。

（七）宁寿宫花园内檐装修：宫廷技术与地方技术融合的产物

宁寿宫花园建筑内檐装修大胆地采纳了中国南方的工艺种类，在内檐装修单体罩槅的装饰和制作上拓展了装饰材料和工艺，装修技术体现了宫廷技术与民间技术的融合，宫廷式样与地方技术完美地结合在一起。从现存宁寿宫花园内檐装修实物也可以明显地看出宫廷与地方技术的融合。

宁寿宫花园建筑室内装修用材广泛，有楠木、花梨木、紫檀木等名贵木材，装修上镶嵌竹、玉、宝石、瓷片、珐琅、螺钿、铜等珍贵材料，间配以书画、织锦等；装饰工艺涉及绘画、雕刻、镶嵌、刺绣、镏金、髹漆、雕漆、竹黄等诸多领域，集乾隆时期各种工艺为一体；装修纹饰典雅大方、富丽堂皇，体现出皇家建筑装修的高贵风格。

装修技术上采用了扬州地区的装修技艺。扬州工匠所擅长的把金、银、玉、瓷片、珐琅等材料镶嵌在家具和装修上的木器镶嵌工艺，扬州特有的被称为"周制"的百宝嵌工艺，扬州的雕漆和点螺工艺，竹丝、竹黄工艺，以及双面绣、玉雕、木雕等繁多的工艺种类，如此大量地用在在宫廷装修技术上还是首次。（图7）地方工匠利用精湛的技术为皇宫制作装修，在宫廷器物

[图7] 倦勤斋落地罩

中充分展现了自己的才华。

从宁寿宫花园内檐装修制作过程可以推论出乾隆时期建筑的内檐装修由
地方制作的一般规律。乾隆皇帝规定了扬州制作装修的样式、图案以及尺寸
大小，内务府设计式样以确保符合乾隆皇帝的品位，扬州的工匠在艺术方面
并不能发挥自己的能动性。而就技术层面而言，乾隆皇帝并没有限制扬州匠
师的技能，他们在制作皇家装修中充分展示自己的技术才能。乾隆皇帝的目
的并不在于控制地方的技术，而是控制产品，他利用至上的皇权，使地方技
术为皇宫效力。

三、两淮盐政承办宁寿宫花园建筑内檐装修的原因

内檐装修与其他单一的工艺种类不同，它不仅要具备精湛的木质装修工
艺，还要具备其他附属工艺品种的制作技术，因此在制作地的选择上要求兼
具建筑装修技术和工艺技术。宁寿宫花园建筑装修之所以交于两淮盐政承
办，与当时扬州的建筑、工艺发展分不开，同时也与皇帝的喜好密不可分。

（一）乾隆皇帝的审美取向

乾隆前期，乾隆皇帝偏好广东工艺的繁琐、厚重等风尚[1]，由地方承办的
宫廷内檐装修一般交给粤海关制作，乾隆前期的内檐装修具有明显的广式装
饰繁密华缛的风格。为何乾隆中期修建宁寿宫花园时改变了以往的做法，而
将装修交于两淮盐政承办呢？这与乾隆皇帝的审美取向的变化不无关系。

乾隆皇帝在《御制南巡记》中说："予临御五十年，凡举二大事，一曰西
师，一曰南巡。"乾隆皇帝从十六年（1751）开始先后六次南巡[2]，目的是"观
民问俗，关政治之大端"，同时也"眺览山川之佳秀，民物之丰美"。南巡对

1　杨伯达：《十八世纪清内廷广匠史料纪略》《从清宫旧藏十八世纪广东贡品管窥广东工艺的特点与地位》，
　　见《中国古代艺术文物论丛》，紫禁城出版社，2002年，第308-358页。嵇若昕：《试论清前期宫廷与民
　　间工艺的关系：从台北故宫博物院所藏两件嘉定竹人的作品谈起》，《故宫学术季刊》第14卷，第1期，
　　第87-116页。

2　乾隆十六年（1751）正月十三日出发——五月初四日还圆明园；乾隆二十二年（1757）正月十一日出发——
　　四月二十六日还圆明园；乾隆二十七年（1762）正月十二日出发——五月初四日还圆明园；乾隆三十年
　　（1765）正月十六日出发——四月二十一日还圆明园；乾隆四十五年（1780）正月十二日出发——五月初
　　九日还圆明园；乾隆四十九年（1784）正月二十一日出发——四月二十五日还圆明园。

他的统治思想和审美意趣产生了很大的影响。乾隆皇帝南巡时，凡他所喜爱的建筑、园林、器物，均命随行的画师摹绘为粉本，"携图以归"，作为皇家建筑的参考。他发掘地方上有才艺的人士为清廷服务，或者将地方上有特色的艺术带入内廷。一些地方工艺种类也因此得到皇帝的赏识，从地方进入皇宫。乾隆皇帝南巡后，他的审美取向发生了变化，由原来崇尚广东风格逐渐向江南文雅、精致的风格转变。

乾隆皇帝南巡期间，扬州已成为江南繁盛的城市，是南方城市群星中闪亮的一颗星星。扬州是他驻跸的重要城市，曾驻跸天宁寺行宫、高旻寺行宫多日。扬州行宫规模很大，宫内布置富丽堂皇，古玩珍宝、花木竹石不计其数："俱列陈设，所雕象牙、紫檀、花梨屏风，并铜、瓷、玉器架垫，有龙凤、水云、汉文、雷文、洋花、洋莲之奇，至每件有费千百工者。至此雕工日盛。"[1] 室内装修精美绝伦，"仰顶满糊细画，下铺棕，覆以各色绒毡。间用落地罩、单地罩、五屏风、插屏、戏屏、宝座、书案、天香几、迎手靠垫。两旁设绫锦绥络香襥，案上炉瓶五事。旁用地缸栽像生万年青、万寿蟠桃、九熟仙桃及佛手香橼盘景，架上各色博古器皿书籍"[2]。

乾隆六次南巡，四次是在宁寿宫花园修建之前，这对宁寿宫花园的规划、设计产生了很大的影响。乾隆皇帝南巡视察扬州之后，扬州地区装修丰富的材料、细密的风格、精湛的技艺无疑给他留下了深刻的印象。扬州装修兼具富丽堂皇和精细工致的盐商风格更符合皇家的品位，乾隆皇帝最终将装修的风格定位于扬州特色，将宁寿宫花园部分建筑内檐装修交给扬州两淮盐政承办。宁寿宫花园建筑内檐装修所使用的工艺是以往装修中不见或少见的，以各种材料的镶嵌工艺、竹刻工艺等装饰内檐装修，虽然这些工艺并不是新产品、新工艺，但用在装修上还是一种创新。符望阁内檐装修中使用的雕漆、百宝嵌、点螺、镶嵌工艺在宫廷器物中并非罕见，而用在室内装修中则是首创。

乾隆皇帝本人数次南下江南，繁荣富庶的南方地区所蕴含的中国传统文人文化、长江流域文人雅致的生活气息等使得出身北方满族的皇帝在表面上

1　[清] 钱泳：《履园丛话》，中华书局，1997年，第324页。

2　[清] 李斗：《扬州画舫录》，第20页。

显得自大，内心却感到自卑。这是一种不能也不愿公开表达的情感，只能是皇帝本人的感受，这种感受最终通过每日生活起居的建筑、审美情趣甚至饮食习惯婉转地发泄出来。

（二）扬州具备的技术、组织、财政能力

1. 技术力量：先进的建筑装修工艺

清中期，扬州地区社会稳定。随着扬州地区的经济发展，传统手工业技术得到长足的发展，更加繁荣。

扬州的建筑技术自明代中叶以后逐渐发展，扬州的商人大规模地建筑园林和住宅。由于水陆交通的便利，苏州香山、徽州的建筑匠师陆续到来，使多种建筑手法融合在扬州建筑艺术之中。各地的建筑材料更由于舟运畅通源源运到扬州，使扬州建筑艺术更为增色。

扬州经济繁荣，奢华之风盛行，商人们不惜巨资竞相修造邸宅、园林。扬州城内宅园密布，庭院的花木点缀几乎家家都有，乃至茶楼、酒肆、妓院、浴池，亦都栽荷种竹、引水叠山，形成"增假山而作陇，家家住青翠城闉；开止水以为渠，处处是烟波楼阁"[1]的景象。康熙、乾隆皇帝南巡时，为了迎接皇帝的驾幸，扬州城市掀起营造的高峰，瘦西湖园林鳞次栉比，罗列湖池两岸，"两岸花柳全依水，一路楼台直到山"，"楼台画舫，十里不断"，[2]"十余家之园亭合而为一，联络至山，气势俱贯"。[3]康熙、乾隆皇帝南巡扬州，扬州地方官员、盐商为皇帝修建园林、行宫，为了从审美性和实用性上迎合皇帝和随行人员的口味，扬州建筑无论是建筑形制还是建筑技术上都仿造了京城的模式。天宁寺行宫有"大宫门，二宫门，前殿，寝殿，右宫门，戏台，前殿，垂花门，寝殿，西殿，内殿，御花园，门前左右朝房及茶膳房，两边为护卫房，最后为后门"[4]，一如宫内布置。其他设施也仿造京城模式而建，"杏园大门内土阜，如京师翰林院大门内之积沙，房庑如京师八旗官房……买卖街上建官房十号，如南苑官署房三层共十八间之例"[5]。建筑形制采用京师的

1　[清]李斗：《扬州画舫录》，第7页。

2　同上，第6页。

3　[清]沈复著，俞平伯校点：《浮生六记》，人民文学出版社，1994年，第43页。

4　[清]李斗：《扬州画舫录》，第102-103页。

5　同上，第104页。

做法，"天宁门至北门，沿河北岸建河房，仿京师长连、短连、廊下房及前门荷包棚、帽子棚做法，谓之买卖街"[1]。

营造事业的兴盛促进扬州建筑技术和建筑装修技艺的进一步发展，扬州建筑技术不仅承继了以往苏州和徽州相结合的扬州模式，还吸纳了北京的建筑手法，当时人评价扬州的建筑技术为第一："造屋之工，当以扬州为第一，如作文之有变换，无雷同，虽数间小筑，必使门窗轩豁、曲折得宜，此苏、杭工匠断断不能也。盖厅堂要整齐如台阁气象，书斋密室要参差，如园亭布置，兼而有之，方称妙手。"[2]建筑分工细致，出现专门制作建筑装修的"装修作"，"司安装门楄之事"。扬州的富家宅第和园林用各种罩，有月门式、八角式、帐簾式等，或雕镂，或镶嵌，十分精美。

建造行业的进步造就了一批技艺精湛的大师，清代中期扬州地区集中了一批能工巧匠，其中不乏精于装修制作和绘图的人才，除上文提到的谷丽成、潘承烈精于宫室装修外，还有姚蔚池、史松乔善于画样："姚蔚池，（苏州人）有异才，善图样。平地顽石，构制天然……史松乔，出样异常。"[3]文起等对建筑及布置方面都有不同造诣："文起，字鸿举，江都人，博学，精于工程做法。"[4]先进的建筑装修工艺和技艺精湛的工匠为建筑装修提供了可靠的技术力量。

内檐装修是综合性的手工业制作，其工艺种类不只限于小木作，尤其是为宁寿宫花园制作的内檐装修构件，是多种手工艺结合的产物，玉雕、珐琅、雕漆、百宝嵌、竹黄等技术都在这些装修构件中运用。扬州地区正是一个各项手工业极为发达的地区，清代康熙、乾隆皇帝南巡到扬州，把扬州推上了新的繁荣顶峰，巩固了扬州南北漕运和盐运的咽喉地位，刺激了扬州经济文化的繁荣，也刺激了扬州手工艺生产的发展。

宁寿宫花园的内檐装修采用的扬州地区的工艺品中，扬州地区的漆器制作独领风骚。雕漆是扬州最负盛名的工艺品。扬州雕漆始于唐代，以红色为

1　[清]李斗：《扬州画舫录》，第104页。

2　[清]钱泳：《履园丛话》，第326页。

3　[清]李斗：《扬州画舫录》，第57页。

4　同上，第282页。

主，亦称剔红。在宋代时雕漆技艺达到成熟，品种由原来的小件发展到中件，而到了明清时期，工艺手法发展到顶峰阶段，作品多以为皇家服务为主，包括宝床、宝座、屏风、几案、盘盒等大量的生活用品和陈列品。扬州漆器种类不断扩展，明代发展了百宝镶嵌（周制）工艺："周制之法，惟扬州有之，明末有周姓者始创此法，故名周制……乾隆中有王国琛、卢映之辈，精于此技。"[1] 扬州还有软螺钿镶嵌等名贵漆器品种。清代扬州漆器进入全盛时期，名工荟萃，诸品俱备。

清乾隆时，扬州琢玉技术发达，清宫中重达千斤、万斤的近 10 件大玉山，多半为扬州琢制，其中重逾万斤的《大禹治水图》玉山，作为稀世之宝而闻名遐迩。

扬州是清代珐琅三大产地之一。扬州珐琅镀金厚重，色彩冷艳，图案生动，华美中不乏清丽。雍乾年间扬州珐琅名匠王世雄名扬京畿，被称为"珐琅王"。[2]

久负盛名的扬州八刻（木刻、竹刻、石刻、砖刻、瓷刻、牙刻和刻纸、刻漆），也得到充足的发展。扬州工艺品生产达到了鼎盛阶段，扬州成为江南地区与苏州争雄的工艺美术中心。

扬州工艺常与木器、漆器结合，用作建筑装饰及家具的嵌件。先进的建筑技术和精湛的工艺品相结合形成了扬州建筑内檐装修与其他地区的区别，也正是这种独特性引起了乾隆皇帝的极大关注。

2. 组织能力

《扬州画舫录》中记载："各园水旱门派兵稽查，凡工商、亲友、仆从、料估、工匠、梨园等，例配腰牌，验明出入，印给腰牌，巡盐御史司之。"[3] 扬州模仿京城的方式，巡盐御史给进出景点的商人以及他们的朋友、亲戚、仆役、厨师、木工和戏子发放身份牌，他们进出都要出示牌子并签印。这说明皇宫内务府的管理制度早已渗透到扬州地方，通过皇帝的南巡，内务府与两淮盐政之间建立了密切联系，内务府对两淮进行监督指导，在皇帝巡游的行

---

1 ［清］钱泳：《履园丛话》，第 322 页。

2 "王世雄工珐琅器，好交游，广声气，京师称之为珐琅王。"《扬州画舫录》卷二，第 57 页。

3 ［清］李斗：《扬州画舫录》，第 105 页。

宫建设、活动安排等事务上双方密切合作。

扬州两淮盐政是清宫漆器的重要供奉地，两淮盐政设有漆器作坊，承制宫廷用漆器。以清宫档案两淮盐政"进单"所记为例，扬州向清皇朝所贡漆器，就有紫檀周制、螺钿镶嵌、雕漆、彩漆、填漆、洋漆、彩勾金等各种工艺漆器。器物品种大至御案、宝座、床榻、柜桌、香几、屏风，小至各种箱、扇、盒、碗、碟、器皿，应有尽有。[1]

扬州有作为清宫漆器供应地的传统，乾隆南巡以来，与京城关系更加密切。李质颖任两淮盐政盐运使期间为皇宫承办过各类器物，他与皇宫之间已经建立起来了往来，再办理装修事务便得心应手。

3. 财政能力

除了扬州地区精湛的装修工艺之外，乾隆皇帝将装修交给扬州承办的另一个原因则是扬州的资金保障。清代两淮盐政设于扬州，全国赋税一半来自盐课，民谚道："两淮盐税甲天下。"盐税"损益盈虚，动关国计"，盐业资本实力雄厚，"全国金融几可操纵"。扬州商人富甲天下，仅仅为了乾隆二十二年（1757）的那次南巡，在修建园林景区、驿站、行宫以及其他各种建筑上就花掉了二十万两白银[2]。皇帝常常责怪扬州当地为其南巡过分铺张，他在颁布的谕令中指责开销浪费，多次谕令要力戒纷饰增华，乾隆二十年（1755）六月在他第二次南巡之前通谕各地："前者巡行南省时，屡饬各督抚务从简朴，而所至尚觉过于华饰，喧溷耳目。此次行宫及名胜之地悉仍旧观，但取洒扫洁除，毋增一椽一瓦，毋陈设玩器，城市经途，毋张灯观据……"[3]他反对商人们建造新的别墅和临时寓所，铺张浪费。但同时他也解释了一些开销如何可以支出，提名褒奖两淮盐商的热情参与。一方面，皇帝批评巡盐御使之间过分攀比，使得在扬州招待他的花费越来越大；但另一方面，至少是起初，他又不断给那些为其巡游出钱出力的人加官晋爵、减免税收。[4]这也说明，皇帝对于扬州地方官员、文人以及盐商的贡品欣然接受，也非常满意。

1　详见"乾隆间两淮盐政进贡漆器单"，张燕：《扬州漆器史》，江苏科学技术出版社，1995年，第123-126页。

2　傅崇兰：《中国运河城市发展史》，四川人民出版社，1985年，第342页。

3　左步青：《乾隆南巡》，《故宫博物院院刊》1981年第2期，第25页。

4　1810年《扬州府志》，转引自：[美]梅尔清著，朱修春译：《清初扬州文化》，复旦大学出版社，2005年，第213页。

宁寿宫花园的部分建筑内檐装修交于两淮盐政承做，一方面是乾隆皇帝对于扬州地方装修工艺的喜爱；另一方面，就扬州地方而言，扬州具备了承做宫内装修的物质条件、技术力量以及组织形式，尤其是提供了完成工程的资金。

四、皇宫与扬州内檐装修技术交流的影响

宁寿宫花园建筑内檐装修这种交融性的制作过程，其意义不仅是技术的，又是意匠的，还是社会的。

宁寿宫花园建筑装修，运用扬州地方装修元素和扬州工匠的装修技术来表现宫廷装修的艺术品位，宫廷匠师按照皇帝的要求设计装修式样，扬州工匠完成了具体制作工作。没有地方工匠精湛的工艺，不可能制造出如此精致的装修；没有宫廷匠师的艺术造诣，也不可能设计出如此高雅的装修。因此，装修体现了宫廷技术与地方技术的水平，是宫廷技术和地方技术结合的结果。

（一）地方技术对宫廷的影响

乾隆时期将皇宫建筑装修交于地方承办，吸收地方的装修艺术和技术，大量民间手工艺的进入带动了皇宫装修艺术的变化。乾隆时期完善、丰富了皇宫内檐装修形式，现存的实物和《匠作则例》出现多种形式的内檐装修构件，如碧纱橱（带帘架）、落地明罩、飞罩（单、连三、连十五等种）、门头罩等，基本涵盖了所有内檐装修种类。内檐装修技术种类繁多，不仅包括硬木作、木作、竹(竹丝、竹黄)作，而且广泛地涉及错金、铰银、玉、象牙、骨、螺钿、珐琅、瓷器、雕漆、织绣等工艺。内檐装修的纹饰设计、材料搭配、制作工艺的选择和创新中均体现出丰富的设计内涵和高超的技术水平。

宁寿宫花园建筑内檐装修的制作，是宫廷装修由地方制作这一途径的反映，也是建筑装修技术在宫廷与地方之间交流融合的反映。装修的制作不同于其他宫廷艺术品的制作。有些宫廷艺术品在地方有专门的制作作坊，每年定量供应，形成了一套固定的制作模式。而装修要配合工程的需要，建筑工程不定期，地方没有固定的制作作坊，乾隆时期就曾有广州、南京、杭州、苏州等不同地区为宫廷制作装修的记载，宫廷、地方合作这种新的生产途径，一直延续到清代晚期。嘉庆年间圆明园建竹园和接秀山房的装修延续乾隆年

间的生产途径，皇帝下旨两淮盐政承办紫檀装修大小二百余件。"嘉庆十九年（1814），圆明园新构竹园一所，上夏日纳凉处。其年八月，有旨命两淮盐政承办紫檀装修大小二百余件，其花样曰榴开百子，曰万代长春，曰芝仙祝寿。二十二年（1817）十二月，圆明园接秀山房落成，又有旨命两淮盐政承办紫檀窗棂二百余扇，鸠工一千余人，其窗皆高九尺二寸，又多宝架三座，高一丈二尺，地罩三座，高一丈二尺，俱用周制，其花样又有曰万寿长春，曰九秋同庆，曰福增贵子，曰寿献兰荪，诸名色皆上所亲颁。"[1] 同治十二年重修圆明园时，天地一家春内檐装修"交坐京孙义转发交广东，并将木花牙样三分、装修布画样三十七分、桌张画样十九张、五尺一杆，照尺办理"[2]。"初一日巳刻将木牙样三箱，洋布装修样二箱，并五尺桌张画样，开写一总件数单交堂以备行文。面付给坐京孙义手领去行粤海关，限一年内陆续交京。"[3] 地方制作内檐装修的模式不仅丰富了宫廷装修的制作产地、工艺品种，还为宫廷节省了劳动力和财政开支。

宁寿宫花园整个装修的制作过程是在清代各级行政体制和地方商人、工匠的合作下完成的，从皇帝到内务府官员、内务府画师，再到扬州，在两淮盐运使的参与、监督下，扬州商人参与、扬州工匠制作。从中央到地方的行政机构在制作宫廷装修过程中承担了不同任务，体现了在装修制作的整个流动性的过程中各方合作的重要性。

（二）宫廷技术对地方的影响

在集权的清帝国，技术的双向交流是不可能有平等而言的，皇宫无条件地索取地方的先进工艺技术，而对于皇宫技术的外传则是有严格的限制。内务府发往地方的画样、烫样在任务完成之后一概收回，不许外流。然而，皇宫装修由扬州工匠承做，扬州匠人在制作过程中掌握了宫廷样式，必然会对地方工艺水准的提高起到积极的推动作用。

无论皇宫出于怎样的目的和采用何种方式控制技术，在地方看来，能够为皇宫承接内檐装修是一件很荣耀的事情，《扬州画舫录》说到扬州的工匠技

1　[清] 钱泳：《履园丛话》，第 322 页。

2　《堂谕司谕档》同治十三年四月二十二日，《圆明园》，第 1092 页。

3　《堂谕司谕档》同治十三年四月二十七日，《圆明园》，第 1093 页。

艺精湛，将为皇宫制作装修当成扬州地方值得骄傲的事情，并将工匠的名字记录在书中。扬州的装修受到朝廷的欣赏，被指定为皇宫活计，其艺术身价得到提升。乾隆中后期扬州地区内檐装修工艺技术继续发展，达到全国先进水准。以至嘉庆时期，两淮地区继续奉命承办皇宫装修。

地方制作宫廷装修，使得扬州接触到了宫廷的风格，进而吸收了宫廷的风格，形成扬州建筑兼具地方和官式建筑的风格。

18世纪的扬州商业高度发展，物质丰富，为文化艺术的发展提供了条件。地方的、商业性的艺术得到空前发展，园林、戏剧、玉雕、闻名遐迩的书院和不断涌现的艺术天才，为人们所称道，使得扬州具有"潮流创造者"的声誉。通过参与宫廷装修，宫廷模式影响了扬州地方的建筑方式和建筑风格。扬州地方新的审美观借用了皇家典范的建筑元素和技巧，在它的作用之下，这个城市的本地商业性建筑成为皇家建筑风格的模仿者。

《扬州画舫录》卷十七《工段营造录》中所载装修做法[1]，其部分名称、式样、纹饰与做法均与乾隆时期的《圆明园内工装修作则例》[2]相同，其列举的碧纱橱"凹面有斗尖、花心、玲珑之制。隔心有实替、夹纱之分"，乃至各种花头纹饰在《圆明园内工装修作则例》中均有举例，扬州的装修也吸收了宫廷的做法。

扬州发展出自己独特的风格，折中了当地商业品位和来自皇宫的新时尚。18世纪的扬州融合了"南方的优雅"和"北方的气势"。

宁寿宫花园内檐装修的制作是在皇权统治的官僚体制控制下进行的，皇帝下达谕旨，提出要求，内务府官员根据皇帝的旨意，转述给内务府样式房匠师，绘制装修图纸、制作烫样，然后将图样交给地方官员，地方官员再组织地方工匠制作生产，地方工匠利用自己的技术，按照图样制作出令皇帝满意的装修构件。

乾隆皇帝下旨扬州制作宁寿宫花园内檐装修，并非以促进皇宫与地方的技术交流为目的，而是利用至高无上皇权占有地方技术，运用先进的地方技术为皇宫服务，体现了"移天缩地在君怀"的统治意识。然而，结果促成了

---

1 《扬州画舫录》，第409-410页。

2 《清代匠作则例》第一卷《内庭圆明园内工诸作现行则例》，第53-110页。

双方的技术交流，地方丰富的工艺品种和精湛的技术来到皇宫，对皇宫的建筑装修技术的丰富和发展起到促进的作用；反之亦然，皇宫的装修风格和技术水准也影响了民间的建筑。以交流形式制作装修，对宫廷和地方的装修技术都产生了深远的影响。

第四章　装修工艺

紫禁城建筑内檐装修极尽奢华，不惜血本，百工技巧汇聚一堂，工艺精益求精。内檐装修为建筑木作中"小木作"的工艺，木质工艺中的拼攒和雕刻是内檐装修制作中最基本的工艺。皇宫建筑内檐装修还将其他材料和工艺种类引入到装修上，用雕漆、竹艺、镏金、镶嵌等工艺，把漆、竹、金银、铜铁、宝玉、象牙、螺钿、珐琅、瓷器、织绣、玻璃、书画等材料装饰在装修上，集宫廷各种工艺为一体。特别是清代乾隆时期是历朝历代的内檐装修中工艺最复杂、材料最丰富的时期。

第一节 木雕工艺的精美表现：落地花罩

清代皇宫建筑中常能看见大小形状各异的落地花罩立于室内，为室内增添了不少活泼的气氛。落地花罩是我国清代建筑室内常用的一种装修形式，在室内起着分隔空间的作用。其样式精美，纹饰华丽，具有很强的装饰性，又起到美化室内环境的作用。

落地花罩是由槛框、横披和花罩组成。横披与抱框组成几腿罩，横披下安花罩。落地花罩的体量较大，但制作非常巧妙，是由若干小部分榫接在一起组成的，各个部分都可以拆卸。槛框、横披都是独立的整体，用榫卯结构将它们衔接在一起，形成落地花罩的框架。花罩也使用几块木板雕刻而成，周围留出仔边，仔边上做头缝榫或栽销与边框结合在一起。图案相连，犹如一块整板雕刻而成。整扇花罩安装时均是凭销子榫结合的，通常是在横边上栽销，在挂空槛对应位置凿做销子眼，立边下端安装带装饰的木销，穿透立边将花罩销在槛框上。拆除时，只要拔下两立边上的插销，就可将花罩取下。落地花罩在整个花罩部位透雕出各种纹饰，再加上制作精细，图案精美，落地花罩是各类罩中装饰性最强的一种。

落地花罩是一种通透的隔断物，它可以将空间分隔开来，而又不会把空间完全隔断，形成空间的过渡和转换，使不同的空间相互连贯，开而不断，并可以通过通透的空间，形成透视和借景，使其成为一个有机的整体，以增强空间的层次感和韵律感。

落地花罩的样式很多，主要的形式是上部为横披，下面为花罩。

紫禁城内西六宫之一的体和殿的明间两边安置落地花罩（图1），质地

[图1] 体和殿落地花罩

为花梨木，上部横披心做成蝙蝠岔角，中间夹以臣字款兰花文字绢纱，下部花罩透雕满堂玉兰，高大的玉兰树蜿蜒而上，朵朵玉兰含苞欲放。

翊坤宫明间两边同样各安置一槽落地花罩，一边为花梨木透雕喜鹊梅花落地花罩，古老而粗壮的梅树盘旋而上，枝叶丰茂，朵朵梅花绽放，一只只喜鹊立于枝头。一边为花梨木透雕松树藤萝落地花罩，

[图2] 翊坤宫松树藤萝落地花罩局部

松树藤萝交相缠绕，树叶藤花叠落。（图2）透过玲珑剔透的花纹，对面的空间若隐若现。明间与东西次间的分隔同时使用落地花罩，使东西两边遥相呼应，互相对称，起到平衡的作用。花罩下大面积落空，又使几个分隔的空间相

[图 3] 坤宁宫龙凤双喜落地花罩

互连接，成为一个整体，加大了进深感，使室内空间显得更加宽敞而深邃。

坤宁宫内的落地花罩呈现出一派喜气洋洋的景象，花罩用楠木制作，通体漆红色，花罩正中透雕双喜字，周围绕以龙凤呈祥图案。坤宁宫是清代皇

帝大婚的地方，使用这样的花罩正与婚庆气氛相协调。（图3）

　　落地花罩一般体量较大，有时不免显得厚重笨拙。为避免沉重压抑之感，有的在花罩的两侧开洞窗。洞窗的形式很多，有方形、圆形、葫芦形等多种，形成了落地花罩的另一种类型，既使花罩灵活轻便，又利于两侧景物相互引借。

　　开窗式的落地花罩在皇宫建筑内很常见，储秀宫内的花梨木透雕缠枝葡萄落地花罩（图4）就是于花罩两边各开一个长方形洞窗，减轻了花罩的沉重感，又可利用洞窗透视两侧景色，丰富了房间的层次。

　　漱芳斋内的楠木落地花罩也是开窗式的，它是用楠木制作的，通体透雕鱼鳞地，再于上雕刻卷草纹，雕功粗犷豪放，花纹立体感强，具有明显的西洋风格。花罩两侧开葫芦形洞窗，沿窗一圈雕刻卷草纹，透过洞窗，可以看见里间墙上的挂饰，犹如一幅美丽的画面，增加了室内的艺术感。

　　也有一些小型的落地花罩，式样与制作都较为简单，立于小间、楼梯间以及过道中。

　　落地花罩中还有整个开间满刻花饰或用棂条满拼，在花罩中间开洞门，有圆形、八角形和其他形状，其中以圆形和八角形最为常见。（图5）

[图4] 储秀宫花梨木透雕缠枝葡萄落地花罩

[图 5] 寿康宫冰裂纹瓶式罩

　　圆形的称为圆光罩，圆光罩洞门形如满月，给人以无尽遐想。《南部烟花记》称，陈后主尝为贵妃张丽华造桂宫，作圆门如月，障以水晶。后庭设粉墙，庭中唯植一桂树，谓之月宫。圆洞门多用于园林，称月洞门；用于室内，增加了室内门的形式，也增添了生活情趣。绛雪轩楠木透雕牡丹花卉卷草寿石圆光罩（图 6），长方形罩背中间开圆洞门，镶木框，罩背整体透雕卷

[图 6] 绛雪轩圆光罩

草牡丹，圆洞门上方为一朵牡丹，两边卷草上翻，周围布满牡丹卷草，花罩下部雕刻山石葵花。

八方罩的使用也很普遍，紫禁城储秀宫内有一樘花梨木罩（图 7），透雕缠枝葡萄纹，中开八方门，为八方罩。罩上垂挂纱帘，罩后小室安放条案，案上供奉陈设。

[图 7] 储秀宫八方罩

　　圆光罩和八方罩形体较小，作用似门，却不像门那样呆板，富有艺术韵味和高雅气度，使居室显得更加活泼。

　　落地花罩是以木质雕刻而成，一般不再用其他工艺加以修饰，因此对木材的选择非常考究。清宫中的落地花罩均采用珍贵木材，有楠木、紫檀、花梨木、鸡翅木等。紫檀、花梨由于木质坚硬，雕刻难度大，常用于小型花罩；又因为大型透雕花罩出现于清代晚期，此时的紫檀花梨等优质木材已十分稀少，透雕的落地花罩大多是软木类的楠木和泛指草花梨的木材。

落地花罩的雕刻是采用透空双面雕的方法。它的特点是将装饰纹样留出，然后将底子部分镂空挖透。一般是一幅画稿两面用，也有一些是在一块木板的前后雕刻出不同的图案，这就必须考虑到花罩正背的关系，在安排纹饰时要注意正背的变化。（图8）雕刻的方法也因物而变，有时可雕一层，更多的是多层镂空雕刻，先雕刻出整体图案，再在图案本身施加刻、划、浮雕等手法，寥寥几笔刻画出藤叶的纹理、小鸟的羽毛、花蕾和树叶等，使图案栩栩如生，层次丰富，立体感强。（图9）太极殿花梨木透雕球纹锦地凤鸟落地花罩，采用的是多层镂空雕刻，先雕刻球纹锦地，在球纹地上浮雕出卷草凤鸟纹饰，再于卷草花卉凤鸟上饰以细腻的刻画。在球纹锦地的衬托下，一只只栩栩如生的凤鸟、片片卷草和朵朵花儿跃出画面，生动立体。（图10）

大型花罩制作、雕刻时还要考虑到接头的问题，利用花纹来掩饰接头，用

[图8] 体元殿落地花罩浴马图

[图 9] 体和殿花梨木透雕喜鹊登梅落地花罩局部

一片叶、一朵花将接头遮住，看不出一丝痕迹，使之成为一个完整的艺术作品。储秀宫的落地花罩利用几块完整的花梨木料，采用透雕的方法雕刻而成。首先用圆雕方法雕刻成竹式葡萄骨架，再透雕枝叶茂密的葡萄缠绕在竹式葡萄架上，枝叶中间倒挂着大串葡萄，再用榫卯结构将几块花梨木连在一起，成为一个完整的葡萄架。落地罩的底部采用浮雕手法，雕成须弥座式，并在其上雕有海水江崖。整樘落地花罩雕工精细，榫卯连接无痕，葡萄枝叶果实自然，再加上花罩上方的书画横披心，给人以艺术的享受。整樘罩朴素大方，高贵典雅，可以说是宫殿内装饰艺术的代表作。

落地花罩在室内不仅将一个宽敞的空间划分成若干小巧玲珑的活动区域，而且整体雕镂刻花，是一件精美的艺术品，起着装饰作用。因此，花罩纹饰题材的选择也很讲究，落地花罩纹饰多以人们喜闻乐见的动植物题材和含有吉庆

[图 10] 太极殿花梨木透雕球纹锦地凤鸟落地花罩

意味的吉祥图案为主，祥瑞的龙与凤合用为"龙凤呈祥"，动物纹样中的仙鹤和鹿结合为"鹤鹿长春"，松树和仙鹤为"松鹤延年"，喜鹊和翠竹组合为"竹梅双喜"，梅梢上的喜鹊图为"喜上眉梢"，在梅枝上啼叫之喜鹊为"喜报春先""喜报早春""喜报平安"，这些都是在透雕的落地花罩中喜闻乐见的。寓意"子孙万代"的缠蔓葡萄、缠蔓葫芦、石榴等纹饰，象征长寿的玉兰寿石、寿桃等都是落地花罩上常用的吉祥纹饰。象征着高洁品质的"松竹梅"组合的"岁寒三友"、梅兰竹菊"四君子"也常用来装饰落地花罩，借以言志。清代晚期的西洋卷草纹饰被大量用于落地花罩上。

落地花罩上的纹饰以自然的写实的动植物形态表现，使装修更加生动活泼，室内环境更接近自然，散发浓厚的生活气息。

装饰纹饰一方面美化了室内环境，追求艺术的形式美；另一方面又含有丰富的思想内涵，把人们渴求"吉祥"的愿望，预祝好运的心理，借助艺术的手法以美的形式表达出来，给人以精神上的寄托。

落地花罩集功能、装饰、文化于一身，借由透视及借景的方式达到设计的艺术美感，及有效隔开空间的目的。落地花罩选材精良，制作精细，具有丰富的设计纹样和意涵，是明清皇宫室内环境的另一项艺术体现。

第二节　乾隆朝漆器工艺在清宫内檐装修上的运用

乾隆时期装修工艺种类繁多，其中漆器工艺的运用也是乾隆时期建筑内檐装修的一个显著特点。乾隆时期将漆器的各种工艺类别与建筑硬木装修相结合，丰富了内檐装修的工艺。

一、描金漆装修

描金漆是在黑漆或朱漆地上描绘金色图案。明代黄成所著《髹饰录》中载："描金，一名泥金画漆，即纯金花文也。朱地、黑质共宜焉。其文以山水、翎毛、花果、人物故事等；而细钩为阳，疏理为阴，或黑漆理，或彩金象。"描金漆注重线条的流畅和构图的意境，要求制作者有深厚的绘画功力。

（一）黑漆描金装修

建福宫明间后檐金步隔扇六扇，东西缝各安八扇隔扇，隔扇上安横披窗，采用黑漆描金加彩工艺。（图1）通体以黑漆为底，以金漆加彩描绘出各

[图1] 建福宫黑漆描金隔扇

[图2] 建福宫黑漆描金隔扇局部

种图案。边挺、抹头以两色金绘穿花龙纹饰；隔心为略变形的灯笼框形，棂条间雕嵌的卡子花有古钱、夔龙、玉磬、如意、覆莲等多种式样，象征"吉庆如意"，隔心部位均髹以金漆。绦环板绘以蝴蝶、缠枝莲、团花组成的图案，有长寿、富贵的寓意。群板则绘以各种山石花鸟，如牡丹、梅花、灵芝、松竹、凤凰、鹭鸶、蝴蝶、绶带，都是具有中国特色的吉祥花鸟图案，绘画风格犹如工笔花鸟画，工整细腻，图案用金漆勾勒轮廓，红、绿、蓝、金、银等五彩颜色加以点染，画面堂皇富丽。（图2）

（二）朱漆描金装修

建福宫西次间有一槽朱漆描金落地罩、东次间有一槽朱漆描金炕罩。（图3）通体施朱漆为底，以金漆加彩描绘出各种图案。边挺、抹头以金线勾勒缠枝花纹轮廓，填黑彩，金线描绘锦纹间隔。隔心为灯笼框，夔龙、团花卡字花、工字卧蚕均以金线勾勒边线。绦环板绘以夔龙、花卉，夔龙以金漆平绘，花卉则以金漆勾勒轮廓，填以红、褐彩。群板边框绘穿花龙，金漆平涂夔龙纹，金线勾勒花卉轮廓，填以褐、红彩，中心则绘以博古图案（图4），以金漆勾勒出图案轮廓，

[图3] 建福宫朱漆描金炕罩

[图 4] 建福宫朱漆描金炕罩局部

再以黑、褐、金等颜色加以点染。

　　清雍正朝以来，仿日本洋漆的技法和中国传统黑漆描金的技法融合，描金漆技术得到很大的发展，一份清点雍和宫器物的档案[1]记载有"彩漆雕松竹梅罩腿二件随横披一件、彩漆枋六件"，说明雍正时期已经将彩漆技术运用到建筑内檐装修上。建福宫建于乾隆五年（1740），装修沿袭了雍正时期描金漆工艺，建福宫黑漆描金隔扇体现了日本洋漆和中国黑漆描金的完美结合。

[图 5] 翠云馆洋漆嵌扇

1　乾隆十年十二月初九日："奏报遵旨将雍和宫存剩物品交付圆明园等处片"，《奏销档》214-180-1 号。

在清宫还有几处描金漆的装修。萃赏楼炕罩的绦环板、群板以及炕帮部位以蓝漆为底，上用深蓝色漆满绘缠枝花卉，描金漆平涂夔龙花卉。萃赏楼隔扇的绦环板、群板黑漆描金夔龙花卉。

二、洋漆、仿洋漆装修

档案中有"洋漆""洋金""仿洋漆""金漆"等语汇，一般统称为"描金漆"[1]，而实际上，洋漆与描金漆在金的成分、描饰技艺上都是不同的[2]。洋漆指的是日本"莳绘"，它是日本特有的漆器工艺，是以漆绘画纹样，再于其上洒以金银粉，然后加工研磨，致密巧妙。从清代的档案记载来看，"不仅是日本输入中国的莳绘被称为洋漆，即使是中国制作的仿品，清代也将其称为洋漆"[3]。

（一）洋漆装修

翠云馆明间东、西缝各有一槽嵌扇（图5），每槽嵌扇各有隔扇四扇，描金漆金线如意灯笼锦隔心，描金漆山水花卉楼阁绦环板、群板，均以黑色为底，边挺、抹头饰

1　朱家溍：《清雍正年的漆器制造考》，《故宫博物院院刊》1988 年第 1 期。

2　陈慧霞：《雍正朝的洋漆与仿洋漆》，《故宫学术季刊》第 28 卷第 1 期，第 149-152 页。

3　同上，第 146 页。

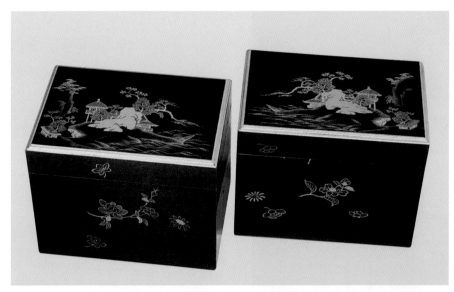

[图 6-1] 日本山水莳绘小方盒，台北故宫博物院藏

[图 6-2] 翠云馆洋漆嵌扇群板

以锦纹，隔心以草叶纹装饰。绦环板和群板的山水图案描绘山石岛屿、海水长天、楼阁亭台、苍松翠柳，一派海岛风光。

隔扇制作精致，松竹草木、楼阁亭榭以重笔描金，工致自然。图案中的石山、建筑、花卉、树木、水纹及飞鸟都是日本莳绘纹样的表现形式。（图 6）

画面层次鲜明，重点景物涂以略带橘红的金色，虚景则用略带淡黄的金色涂抹，描绘出远近浓淡的水天山色。山石上贴小方形金箔，画面洒金。隔扇边框装饰以日本式的锦纹。

日本莳绘起源于奈良时代，15 世纪莳绘技法发展成熟，16 世纪末传入欧洲和中国。

清康熙二十三年（1684）停止海禁，中日贸易增加，日本向中国输出的各色莳绘产品相应增加[1]。广东、福建、浙江、江苏等沿海地区与日本贸易往来频繁，从日本到达中国的商品首先汇于这些地区，又通过这些地区的地方官员进贡到清宫。康熙、雍正年间均有各地进贡的洋漆器入宫，乾隆朝进贡的范围扩大，闽浙总督兼管浙江巡抚陈辉祖、两江总督萨载、浙江巡抚富勒浑、粤海关监督李质颖等官员[2]都进贡过洋漆器皿，进贡的数量也有所增加。

翠云馆洋漆装修一直困扰着我们，明间东西缝的这两槽嵌扇与翠云馆内其他的洋漆装修（下面将会讨论）差距很大，这两槽隔扇"充分展现和日本莳绘工匠相当的水准，不得不让人怀疑是否是出于日本工匠之手。难道清代宫廷有日本工匠驻留指导？或是类似欧洲家具的情形，利用日本外销进入中国的莳绘箱柜截取改装为隔扇"[3]？最近找到的一份档案为我们解决了疑问："重华宫翠云馆改安洋漆嵌扇二槽，添镶紫檀木门桶槛框，又换安洋漆圆光窗一扇。"[4]这两槽隔扇和圆光窗是乾隆二十年（1755）改建的，由于清宫档案对日本洋漆和造办处制作的仿洋漆器物的称谓非常混乱，不能仅用一条档案字面记载断定这里的所指"洋漆"就是日本的漆器。不过下面将提到的档案

1 《唐蛮货物帐》（东京内阁文库，1970 年）："从 1709 年至 1714 年（宝永柳丑年至正德四午年），日本输出的货物帐记载各色莳绘有：莳绘香箱、莳绘书棚、莳绘椰箱等等。"转引自：陈慧霞《清宫旧藏日本莳绘的若干问题》，《故宫学术季刊》第 20 卷第 4 期（2003 年夏季号），第 206 页；"十五号南京船返航货物购买帐"记载康熙五十年（1711），从日本返航时运回的日本商品中就有"描金砚盒、描金桌子、描金书架、描金挂砚、描金香炉台、描金香盒、描金套香盒、描金长佛龛、描金佛龛、描金棋盒、描金套盒、描金台"等，[日] 大庭脩著，徐世虹译：《江户时代日中秘话》，中华书局，1997 年，第 65-67 页。

2 《总汇》第 45 册，第 315、325、341、345、348、421 页；第 46 册，第 452 页；第 47 册，第 23 页。

3 陈慧霞：《雍正朝的洋漆与仿洋漆》，第 155 页。

4 乾隆二十年一月二十一日："奏为修饰乾清宫等处销算黄册事"，中国第一历史档案馆藏：《奏案》，05-0139-033 号。此条档案由故宫博物院古建部黄希明先生提供。

中将翠云馆其他的洋漆装修称为"仿洋漆",再结合彩绘工艺分析,可以断定是日本洋漆隔扇。

（二）仿洋漆装修

仿洋漆是清宫制作的从材料、绘饰手法上都忠实地模仿日本莳绘的作品。

莳绘器物造型典雅、精致,在明代进入中国后很受文人的追捧。清宫受晚明文人的影响,也对日本莳绘喜爱有加,并进行仿造,"雍正元年至十三年,这十三年中造办处档案记载所制的漆器品种约二十种,洋漆数量占相当大的比重,并且雍正还屡次亲自提出具体要求,又专为洋漆器建造窑室,并特赏给洋漆器作者银两,这些都说明洋漆类是雍正朝漆器制作的重点品种"[1]。造办处制作的洋漆器严格地说应为仿洋漆器,雍正时期清宫的洋漆制作已经达到非常精美的水平。[2]乾隆时期在雍正朝奠定的基础上进一步发展了洋漆的制作,除小型器物以外,还制作大柜、插屏等大型器物,甚至将洋漆工艺运用到装修上。

翠云馆明间前檐金步有落地罩一槽,西次间、西梢间前檐金步各有一槽落地罩,西次间后檐金步有一槽床罩,东次间后檐金步亦有一槽床罩。（图7）这几槽落地罩、床罩风格一致,纹饰、工艺相同。黑漆为地,描金漆金线如意灯笼锦隔心、横披心;描金漆山水花卉楼阁绦环板、群板;边挺、抹头饰以锦纹;描金漆卷草纹花牙子,贴以金银片。

据乾隆朝档案记载乾隆十九年（1754）造办处木作为重华宫翠云馆殿内制作仿洋漆落地罩三槽,仿洋漆床罩二槽,[3]档案记载与现存的装修一一对上,毫无疑问,这几槽落地罩和床罩就是乾隆十九年造办处自己制作的仿洋漆装修。

仿洋漆是清宫造办处仿造日本漆器的制品,由于中国的漆器工艺和描绘方法与日本不同,虽然中国漆工极力模仿,制作亦属精美,但其效果仍有差距。明代仿洋漆"洒金尚不能如彼之圆","用飞金片点,片薄模糊耳","重则臃肿且无光彩"。清代宫廷制作的仿洋漆制品,虽极为精细,但仍与日本漆

---

1 朱家溍：《清雍正年的漆器制造考》,第 51 页。

2 雍正朝的洋漆制作参见：陈慧霞《雍正朝的洋漆与仿洋漆》,第 141-191 页。

3 《总汇》第 20 册,第 453-454 页。

[**图** 7] 翠云馆西次间炕罩

器有差距，康熙皇帝对于洋器有一段评判："漆器之中洋漆最佳，故人皆以洋人为巧，所作为佳，却不知漆之为物，宜潮湿而不宜干燥。中国地燥尘多，所以漆器之色最暗，观之似粗鄙。洋地在海中，潮湿无尘，所以漆器之色极其华美。此皆各处水土使然，并非洋人所作之佳，中国人所作之不及也。"尽管他把中国漆器不及日本洋漆归结为气候的原因，还是承认了中国漆器不如洋漆。雍正七年（1729）造办处奉旨照样仿制洋漆万字锦条结式盒，雍正认为"此盒子甚好，大有洋漆的意思，但里子略不像些"[1]。造办处仿制洋漆制品在洒金和贴小金片方面都不能达到日本漆器的效果。[2]翠云馆的洋漆、仿洋漆装修，整体风格上一致，仔细察看，其间区别甚大。仿洋漆落地罩、床罩的纹饰描绘比较生硬，远近层次不明显，泥金厚重，小方金块大且粗，也没有洒金，整个图案显得暗淡，没有嵌扇的细腻、灵动、虚幻、缥缈的视觉效果。翠云馆的洋漆、仿洋漆装修同处一室，为分析、区别、研究乾隆时期的洋漆、

1　《总汇》第 3 册，第 757-758 页。

2　仿洋漆与洋漆的区别，参见：陈慧霞《清宫旧藏日本莳绘的若干问题》，第 209-210 页。

[图 8-1] 翠云馆落地罩局部

[图 8-2] 翠云馆嵌扇局部

仿洋漆制作提供了素材。（图 8-1、8-2）

可能是乾隆时期造办处的仿洋漆器的制作始终无法与日本漆器相媲美，导致造办处仿洋漆的制作逐渐减少，乾隆晚期皇帝曾下谕海关、盐关等处"找寻洋漆陈设……等项呈进"[1]。晚期清宫洋漆主要由地方进贡。[2]

三、雕漆装修

雕漆是宋元以来中国漆器重要种类之一。制作时，需先在木胎或金属胎上髹漆，之后运用各种刀具，采用线雕、浅雕、浮雕、高浮雕等雕刻手法，在漆层上雕刻出精美的图案。明代宫廷雕漆制作达到很高的水平，但是到清初，宫廷内的雕漆工艺已经衰落。乾隆年间雕漆工艺逐渐恢复和发展，并臻于至盛。乾隆年间制作的雕漆器品种多，小至鼻烟壶大至屏风，各样生活用具及墙上、几案上之陈设品无所不具，并且有许多采取了和其他工艺品种相结合的做法。

符望阁面北明间仙楼挂檐板为雕漆装修，挂檐板以点螺为地，红雕漆菱形图案，大小相间排列在挂檐板上。雕漆菱形图案四周以四个如意纹围成，如意纹边饰雕刻回纹，内刻缠枝花纹，中央椭圆形图案，边饰亦为回纹，中

---

1 《总汇》第 45 册，第 421 页。

2 《总汇》第 45 册，第 315、325、341、345、348 页。

[图 9] 翠云馆"养云"匾

间缠枝花环绕"福寿"字。

符望阁明间面北几腿罩、面东落地罩以及面南落地罩迎风板，以点螺为地，并排三副雕漆图案，黑红雕漆工艺，地漆为黑漆，面漆为朱漆，图案为略变形的菱形，外圈红雕漆四个相扣的双边如意纹环绕，边饰雕在黑底色上，用日本金漆的表现方法画出刻回纹，内雕锦纹，图案中间黑雕漆云龙纹，上方为一正面龙，下方两龙相对。

紫禁城翠云馆东梢间雕漆"养云"匾，黑地红雕漆，外圈剔红夔龙纹边，内一窄圈云纹，匾中红漆乾隆皇帝御笔"养云"二字，中雕刻"乾隆御笔"，非常精美。（图9）

清代雍正年间，造办处漆作没有雕漆活计。乾隆年间，养心殿造办处雕漆工艺逐渐恢复，但由于缺乏工匠，不得已用其他匠人充当，牙匠封岐就做过雕漆活[1]。后来宫内雕漆工艺逐渐发展并臻于至盛。宫内使用的雕漆制品多来源于地方，苏州、扬州是清宫漆器的主要供应地，苏州制作过雕漆宝座、雕漆挂屏、雕漆匾对[2]等物，扬州为清宫制作了大量的漆器制品，符望阁的雕漆应为扬州制作的。漆雕以其精致华美而不失庄重感的造型受到清宫青睐，

---

1 故宫博物院编：《清代漆器》，商务印书馆，2006年，第27页。

2 《总汇》第13册，第284-285页；《总汇》第20册，第346-347页；《总汇》第29册，第9页；《总汇》第34册，第266-268页；《总汇》第44册，第19-20页等。

乾隆皇帝也乐于将这种工艺运用到建筑的内檐装修中。

四、百宝嵌装修

百宝嵌漆器工艺，是一种扬州独有的工艺，又称"周制"。"其法以金银、宝石、珍珠、珊瑚、碧玉、翡翠、水晶、玛瑙、玳瑁、砗磲、青金、绿松、螺钿、象牙、蜜蜡、沉香为之，雕成山水、人物、树木、楼台、花卉、翎毛，嵌于檀梨漆器之上。"[1]

符望阁面西的炕罩，其炕沿板为漆地百宝嵌工艺，分别为青色和淡黄色素漆地，图案为穿花龙，以象牙染绿色嵌缠枝纹，红宝石、白玉以及各色料器镶嵌花朵，白色、褐色、红色螺钿镶嵌夔龙穿插于花卉之中，构成一幅生动的穿花龙图案。

[图 10-1] 百宝嵌松竹梅岁寒三友迎风板

[图 11-1] 符望阁百宝嵌博古图迎风板，赵鹏摄

1　[清]钱泳：《履园丛话》，第 322 页。

符望阁西面落地罩迎风板为百宝嵌松竹梅岁寒三友图。粉色漆地，上面用白玉、碧玉、木质等材料雕刻松竹梅图案镶嵌在漆地上。（图10-1、10-2）

符望阁南面东次间开关罩博古图迎风板，采用的是百宝嵌工艺，以点螺为地（点螺是用贝壳、夜光螺等为原料，精制成薄如蝉翼的螺片，再将薄螺片"点"在漆坯上，故名"点螺"。薄螺片用胶漆按事先设计好的图案依次点上去，全都粘好之后，候其干固，于面上再涂一层色漆，待漆干燥，便进行打磨，将螺钿花纹上的漆磨去，就显出了螺钿和金银片拼成的平整的图案了，在光线的照射之下五彩缤纷，闪烁变幻，绚丽异常），再用青玉、白玉、玛瑙、瓷器、螺钿、铜器、硬木、树根等各种材质镶嵌博古图案。点螺经过打磨，使花纹与漆地浑然一体，平滑如镜，五彩熠熠，密致如画。宝石花纹突出，立体感强。画面构图疏密有致、主次分明，色彩绚丽，气韵古雅。（图11-1、11-2）

[图10-2] 百宝嵌松竹梅岁寒三友迎风板局部

[图11-2] 符望阁百宝嵌博古图迎风板局部

清乾隆时期，扬州地区漆器制作独领风骚，雕漆、百宝嵌、软硬螺钿镶嵌等工艺进入全盛时期。扬州漆器的陈设性增强，不易搬动的家具增多，百宝嵌屏风、剔红家具等，既大且精。扬州利用装修技术和漆器工艺的优势，为皇宫制作了一批漆工艺装修。

乾隆朝的漆工艺装修基本上涵盖了乾隆朝所流行的漆器工艺，雕漆类、描饰类、镶嵌类都有出现。

乾隆朝漆器装修与当时漆器工艺的发展同步，"康、雍、乾三朝漆器共同点是精工细作，不同处是各有重点品种。康熙朝的重点品种是黑漆嵌薄螺钿、填漆、戗金；雍正朝的是洋漆、描金（包括瓷胎漆器）、彩漆、彩漆描金与硬木结合制作的家具；乾隆朝继续康熙、雍正两朝大部分品种之外，对雕漆有极大的发展"[1]。乾隆时期漆装修的工艺不断变化。描饰类漆艺如建福宫描金漆、翠云馆的洋漆、仿洋漆出现于乾隆早期。在皇家建筑、园林中描金漆、仿洋漆装修甚为流行，除紫禁城外，圆明园等处使用描金漆装修[2]，瀛台丰泽园、澄怀堂[3]等处使用洋漆装修。乾隆中后期，描金漆装修逐渐减少，而其他种类的漆装修，如雕漆、百宝嵌、点螺等得到发展。

乾隆时期内檐装修从早期较为单一的工艺种类发展到后期的多种工艺的使用。乾隆早期漆器装修大面积使用漆工艺，在室内装修中具有重要地位。从整座建筑的装修到装修构件都使用漆工艺，如建福宫、翠云馆明间及东西次间等均采用漆工艺装修。乾隆中晚期的漆装修，漆工艺使用的面积缩小。宁寿宫花园内的雕漆、百宝嵌、螺钿等漆装修，仅使用在挂檐板、迎风板以及炕帮等位置，在琳琅满目的装修工艺中占很小的比例，漆工艺装修逐渐成为多种装修工艺之一，失去了其显著的地位。

乾隆时期，漆器工艺与硬木装修相结合，拓展了内檐装修的工艺，丰富了内檐装修的品种。清宫漆装修也反映了乾隆时期漆器工艺的特点和发展过程。

1　朱家溍：《清代造办处漆器制造考》，第 13-14 页。

2　"乾隆十六年如意馆，三月初七日……（圆明园）秀清村三卷房内装修隔扇坎窗，照建福宫延春阁红漆隔扇样式，用楠木柏木做隔心。"

3　《总汇》第 20 册，第 271 页；奏案 05-0139-068（069、070）："乾隆二十年二月初九日，奏为查得勤政殿等处工程……澄怀堂改安洋漆装修……紫檀木包镶槛框洋漆飞罩二座……"

第三节　居中竹：乾隆皇帝宫室里的竹

竹，"其干亭亭然，其叶青青然，其色莹莹然"（明方孝孺《竹深轩记》），青翠修长，具有审美的外表，又因"凌惊风，茂寒乡，藉坚冰，负雪霜"（东晋江逌《竹赋》）的特性，在中国传统比附文化的影响下，被赋予高洁的文化内涵，被人们誉为君子。文人们争相吟诵、描绘，并以竹为邻、以竹为友、筑竹为屋，将寄身之所营造为君子之林。乾隆皇帝对竹子的文化含义和审美外形寄以无限的情思："北地虽云艰种竹，条风拂亦度筠香。漫訾兴在淇澳矣，人是高闲料不妨。"[1] 皇宫内竹香馆、三友轩、禊赏亭等与竹相关的建筑，体现了乾隆皇帝以竹为表现形式，追慕文人雅士高洁情操的愿望："竹本宜园亭，非所云宫禁。不可无此意，数竿植嘉荫。诘曲诡石间，取疏弗取甚。便能境远俗，亦自经引深……"[2]

竹木结合工艺进入皇宫，受到帝王们的喜爱，清宫藏有竹木椅、桌、炕几、围屏、博古架等家具。清人画《胤禛妃行乐图》中绘有竹木质地的博古架和桌案，说明最晚到康熙晚期竹木家具已为宫廷使用[3]。（图1）乾隆皇帝说："柏木到底不好，嗣后如做罩隔扇时，交南边用竹穰子做心子、紫檀木边框送来，在京内成做镶嵌石子。"[4] 竹木工艺既注入了文化内涵，又增加了装饰效果，成为乾隆时期内檐装修的主要工艺。

一、斑竹纹装修

（一）斑竹包镶装修

斑竹，因竹身有斑而得名，又称湘妃竹。《博物志》有记：虞舜南巡，至苍梧而崩，二妃留湘江之浦，思慕悲哀，洒泪着竹，竹为之斑，妃死为湘水之神，故曰湘妃竹。斑竹包镶是将斑竹制成薄薄的竹片贴附在木质器物表面，

---

1 《竹香馆》，《清高宗御制诗》余集卷之九，《清高宗御制诗文全集》（第10册），中国人民大学出版社，1993年，第140页。（以下均用此版本。）

2 同上，第147页。

3 杨新：《〈胤禛围屏美人图〉探秘》，《故宫博物院院刊》2011年2期，第6-23页，认为此图作于康熙四十八年至六十年间。

4 《总汇》第17册，第178页。

[图 1-1] 清人画《胤禛妃行乐图》之一，故宫博物院藏

[图 1-2] 清人画《胤禛妃行乐图》之一，故宫博物院藏

既保持了木质器物的坚固，又加以斑竹的纹饰，兼具木质和竹质的优点。

乾隆时期将斑竹工艺运用到内檐装修的制作中。

养心殿西暖阁后部由仙楼围合而成一处供奉佛塔的空间，东墙与西墙仙楼下各一槽嵌扇，嵌扇的南北墙上各安置了一扇方窗，南面仙楼下安设一槽落地罩，落地罩东西墙上亦各安置一扇方窗。嵌扇由四扇紫檀五抹隔扇组成，隔扇心以楪条拼接成冰裂纹框，框内紫檀圆雕折枝梅，玉雕的朵朵梅花点缀在枝头，绦环板、群板贴雕夔龙团，隔扇框、抹头和冰裂纹隔心框贴附上一层薄薄的斑竹片。方窗与嵌扇隔心相同。泪痕点点的斑竹装饰在木质装修上，突破了木质装修的深沉感，在静谧、庄重的佛堂中呈现出一股清新自然的气氛。（图 2）

圆明园怡情书史在乾隆十四年修改装修时使用了斑竹隔扇[1]，乾隆三十四

---

1 《总汇》第 17 册，第 96-97 页。

[图 2] 养心殿斑竹包镶嵌扇

年再次修改装修,将原有的落地罩横披上紫檀木也改为斑竹包镶。[1]竹子是园林造景的必备之物,清宫园囿中的内檐装修大量使用斑竹包镶工艺,据记载圆明园内奉三无私、乐安和、清晖阁等建筑中都有斑竹包镶内檐装修[2],可知乾隆朝斑竹包镶装修甚为流行。

（二）彩绘斑竹纹装修

乾隆时期的清宫装修还有一种与斑竹包镶视觉效果相似的装饰手法,却不用竹子,而是用以木仿竹的"采雕竹节"做法,就是在木质胎体的装修上用雕刻和彩绘的方法表现竹子形象,竹节部位雕刻出竹节的凹凸,再彩绘出竹子的色彩和斑纹。

宁寿宫花园倦勤斋西四间是一个室内戏院,方形攒尖顶亭戏台,亭的周围有夹层篱笆与亭相连,戏台对面是一个两层的看戏楼阁。亭子、篱笆墙、对

1 《总汇》第 32 册,第 358 页。

2 乾隆二十八年六月初四日庚寅:粤海关监督尤拨世呈为成做圆明园紫檀装修格扇等项事,中国第一历史档案馆藏《军机处录副奏折》缩微号 079-1308。

乾隆二十八年七月初五日庚申:署理苏州织造高恒成为承做圆明园湘妃竹装修物件完竣送京事,中国第一历史档案馆藏《军机处录副奏折》缩微号 079-1321。

[图3]　倦勤斋室内戏院仿斑竹纹栏杆

面阁楼及周围的装修都是用楠木搭建的，即用"采雕竹节"的做法雕刻竹节，再用漆鬃成竹纹装饰。（图3）这种木质竹纹装饰与室内的通景画图案相呼应，令人仿佛置身于南方园亭之中。

　　档案中记载"化舒长屋"[1]"敬胜斋"[2]"玉玲珑馆"[3]等处有画斑竹药栏。乾隆时期的《圆明园内工装修作则例》中有专门制作"假湘妃竹药栏"[4]的条例，由此可以推断假湘妃竹的制作手法在乾隆时期已十分成熟，并从现存的清宫实物也可以得到印证。

　　到乾隆中晚期，斑竹包镶工艺逐渐减少，可能与彩绘斑竹制作简便且易持久的优点有关，彩绘斑竹纹装饰逐渐替代了斑竹包镶。宁寿宫花园一片浓

1　《总汇》第8册，第809-810页。

2　《总汇》第18册，第607页。

3　《总汇》第29册，第546页。

4　《清代匠作则例》第1卷，第88-89页。

郁的竹质装修中不见斑竹包镶，倦勤斋却有大片彩绘斑竹纹装修。

二、攒竹装修

攒竹工艺，是将细竹子截成段，拼攒成各种纹样，构成装修的一部分。乾隆时期宫内亦有攒竹工艺的装修，宁寿宫花园的萃赏楼内保存了大量的攒竹装修。

宁寿宫花园萃赏楼是一座面阔五间的二层楼阁，室内用落地罩、栏杆罩、炕罩、嵌扇等装修分隔空间，这些隔罩使用了相同的工艺：紫檀木装修中加入拼竹工艺，隔罩横披心、隔心为紫檀木灯笼框，框内用直径为 6 毫米长短不一的细圆湘妃竹段拼接回文嵌入框内，隔心夹玻璃画，绦环板、群板漆地描金花卉，花牙子紫檀夔龙纹框，内用竹拼成回文嵌入框内。为了不使室内装修显得过于单调，在统一风格之中加入一些变化，这种变化不仅体现在装修形式的不同，在使用的材料、色彩、纹饰上亦出现一些不同。位于二层的隔罩，紫檀木框，横披心、隔心紫檀木灯笼框内嵌拼竹回文，但灯笼框形式稍微复杂，隔扇心、横披心的四角出现抹角，拼竹回文的形式亦较复杂，卡子花镶嵌蓝色瓷片，绦环板、群板黑漆地描金夔龙团内绘梅花纹。二层还有一槽嵌扇，四扇紫檀五抹隔扇组成，隔扇心紫檀直角灯笼框，卡子花镶嵌螺钿，绦环板、群板黑漆地描金夔龙团花纹。（图 4）另一槽位于一层的炕罩，隔心、横披心紫檀直角灯笼框攒竹，卡子花也是用竹子拼攒而成，绦环板、群板炕沿均为蓝色漆地描金夔龙团花。萃赏楼内的隔罩虽使用了相同的材质和工艺，紫檀木为框架，攒竹镶嵌灯笼框、夹玻璃画隔心、金漆描绘绦环、群板，但拼竹回文则有直角、抹角的不同，漆地有蓝漆、黄漆、黑漆的色彩变化，金漆描绘也有纹饰的差别，再镶嵌不同质地的卡子花，螺钿的闪亮、瓷片的沉稳、攒竹的质朴展现出不同的韵味，在统一的风格中又富于变化。

萃赏楼紫檀木拼竹工艺的装修，装修整体用深褐色的紫檀木，配以棕色的斑竹，竹木相间，深浅搭配，巧妙地利用了不同材质的特性和色彩，增添了隔罩的亮色。

三、竹丝镶嵌

竹丝是经过卷节、剖竹、起间、开间、劈篾、劈丝、抽丝等工序将竹子

[图 4] 萃赏楼紫檀拼竹嵌扇局部

劈成细如针锥的竹丝,再加以染色,排列成图案作为器物的装饰。"以筹竹破为细丝,织作诸器,凡杯碗、帖匣、妆奁、盥盆、文格、扶手、帽盒,无不为之。"[1]

清中期竹丝镶嵌工艺在南方非常流行,受到地方进贡器物的影响:"传旨:将清晖阁西梢间宝座后方窗尺寸量准,发给安宁处成做,其边框要照伊所进竹丝格柜门之边框花纹一样,心子要透亮竹丝蒙的蒙上,按交出漆挂屏心内竹式花纹画给,用竹子成做,到时将现安窗户拆下换上。钦此。"[2](图5)乾隆南巡在南方亲见竹丝装修,于是传旨:"着查有应安竹丝罩或应安竹丝隔扇之处,量准尺寸发杭州织造瑞保,照'小有天园'敞厅内现安竹丝罩之花纹式样成造。"[3]此后这种竹丝镶嵌工艺的装修在清宫内逐渐时兴起来,特别是到了乾隆三十七年(1772)兴建宁寿宫花园时,竹丝镶嵌的装修在宁寿宫区域各殿座中大范围地使用开来。

清宫装修中竹丝镶嵌有两种装饰手法:一种是将竹丝排列成行或拼成回文图案镶嵌在装修的边框中作边饰;另一种是用双色竹丝拼成锦纹图案粘贴在装修表面作衬底装饰,上面再镶嵌其他图案。

宁寿宫颐和轩内有一扇紫檀木方窗,窗心花纹用楞条拼成回文框,框内用竹丝拼接成小回文镶嵌在楞条上作为边框的装饰,窗心夹花草图案窗纱。有些装修上的竹丝边框装饰竹丝本身不拼接图案,而是用单色或双色竹丝沿直条排列,随着边框的形状构成图案作为器物框架的边饰。

符望阁南面紫檀木落地罩,横披心、隔心为回文框嵌玉,夹纱为臣工书画作品,绦环板、群板制作非常复杂,用楠木为胎,再用双色竹丝拼成万字锦图案贴在绦环板、群板表面,上面再嵌入紫檀木条拼成的夔龙团,并镶嵌玉片,质地精良,工艺精细。竹丝万字锦地再配以玉片装饰,使得落地罩呈古朴风格。清宫内还有不少装修上使用了这种工艺,如倦勤斋明间仙楼的挂檐板等处。

---

1 《宁化县志》,转引自王世襄《关有清代福建工艺三五事》,《锦灰堆》(卷一),三联书店,1999年,第304-305页。

2 《总汇》第21册,第764页。

3 《总汇》第22册,第736页。

[图 5] 清乾隆竹丝镶玻璃小格，故宫博物院藏

双色竹丝相拼为锦纹作为底衬装饰在清宫装修中非常普遍，不仅有万字锦纹，还有龟背锦纹。颐和轩内仙楼下的一槽碧纱橱用紫檀木制成，隔心用紫檀木条拼接成回文框，绦环板、群板在紫檀木的表面，用双色竹丝拼接成龟背锦满嵌作为底衬，再用紫檀木雕刻竹纹贴嵌在龟背锦纹上。仙楼的挂檐板也是采用以双色竹丝成龟背锦为地贴雕紫檀夔龙团。使用双色竹丝龟背锦地装饰手法的还有乐寿堂仙楼紫檀隔扇、延趣楼落地罩等处。（图 6-1、6-2）

在宁寿宫的建筑群中，有两槽图案、风格、工艺相似的松竹梅圆光罩，一槽是三友轩双面竹丝嵌万字锦地紫檀圆光罩，月亮门框用紫檀木雕仿竹干

[图 6-1] 符望阁紫檀落地罩竹丝万字锦地群板

［图 6-2］颐和轩紫檀碧纱橱龟背锦地群板

两根为圈。罩用竹丝拼成万字锦地，两旁松梅各一株镶嵌在锦地上。圆雕树干，枝叶花朵用玉石镶嵌于暗红色锦纹板壁上，数竿修竹与松梅枝杈相交，构图生动，制作精巧，格调清新。另一槽位于养性殿内，构思、造型与装饰手法与三友轩松竹梅圆光罩非常相似，用紫檀木制成圆光门框，不同的是门框内嵌竹丝回纹。而非天然形树枝，竹丝锦地为龟背纹而非万字纹；罩上嵌雕的是梅花树而非翠竹。（图 7-1、7-2）这两槽圆光罩可谓是竹丝镶嵌工艺的上乘之作。

四、贴雕竹黄

竹黄工艺是流行于中国南方的一种工艺，将毛竹锯成竹筒，去节去青，留下竹子内层的内皮，经煮、晒、压平，以制成竹片——再用胶粘贴于他种材质的器胎上而制成器。此工艺将竹片的黄色那面翻过来粘贴，被称为"翻黄"，也作"贴黄"。

竹黄工艺原仅流传于福建上杭地区，乾隆十六年（1751）高宗第一次南

[图 7-1] 三友轩松竹梅圆光罩

[图 7-2] 养性殿梅竹圆光罩

巡时，因采备方物入贡 [1]，"至于翻黄（竹黄）器皿，如几榻屏障之属，愈出愈奇，则亦轫自乾隆南巡时也" [2]。竹黄工艺在乾隆年间出现以后，以其新颖的形式受到帝王的喜爱，逐渐在宫中流行开来。竹黄工艺常用于小件制品，宫内藏有大量的竹黄笔筒、文玩等上乘的工艺品。（图 8）家具中也有使用竹黄工艺的。乾隆时期工匠将竹黄工艺应用到建筑的内檐装修上。

竹黄贴雕，是将竹黄制成较厚的竹片贴在器物表面，然后磨光，再在上

[图 8] 清乾隆文竹双莲蓬盒，故宫博物院藏

1 《上杭县志》，转引自王世襄《有关清代福建工艺三五事》，第 304 页。
2 转引自嵇若昕：《竹黄工艺发展史》，嵇若昕：《明清竹刻艺术》，台北故宫博物院，1999 年，第 152 页。

面雕刻纹样。纹饰内容包括人物、山水、花鸟、书法等。雕刻手法以阴文线刻为主，亦有施以薄雕的。

倦勤斋在东五间仙楼的上下群墙部分用贴黄工艺。楼上是贴雕竹黄百鸟图，树丛花间鸣禽百啭不穷。楼下为贴雕竹黄百鹿图，山石松林里百鹿悠游嬉戏，神态各异。（图9–1、9–2）群墙用紫檀木、花梨木两种不同色泽的木条拼成万字锦为地，再贴竹黄，雕刻山石、树木、花卉等主题。厚竹雕刻，表现鹿丰满的身体和致密的毛发、鸟儿轻盈的身姿和羽毛的纹理。厚竹采用竹子横切面为装饰表面，质感富有自然趣味，不必多费一刀，即可表达出百鹿、百鸟真实的皮毛（图10），根据竹材运以巧思，略施刀凿，天然浑朴。厚竹、竹黄的运用使画面呈现强烈的立体感觉，以朴实的竹子表现山水花鸟，更具山林野趣。倦勤斋内还有几处竹黄装饰的炕罩、落地罩，群板、绦环板以黑漆为地，用竹黄雕刻花鸟图案镶贴在漆地上。倦勤斋室内装修上使用的贴雕竹黄工艺面积之大实为罕见，极为宝贵。

竹黄有竹材的天然质感，色泽光润，类似象牙，典雅大方。贴雕竹黄凸出于器物表面，鲜明立体，艺术表现力强。

清代中期，内廷装修制作中使用竹材料的做法已较为成熟，《圆

明园内工装修作则例》[1]中就有"湘妃竹包厢""攒竹例""合开龟纹锦"以及"花竹窗心"等有关竹式做法的条例，清宫内已具备了制作竹质装修的技术和经验。尽管如此，竹子是生长在南方的植物，南方各地制作竹器也有悠久的历史，对竹材的处理加工非常成熟，选料、防蛀、防裂、打磨等工艺流程均已完备，而且竹雕、竹刻、竹编人才济济，清宫竹质工艺的器

[图 9-1] 倦勤斋楼上贴雕竹黄百鸟群墙（东部）

1 《清代匠作则例》第 1 卷，第 53-110 页。

[图 9-2]　倦勤斋楼下贴雕竹黄百鹿群墙（东部）

[图 10]　倦勤斋百鹿图局部

物一般都交给南方定制，"编竹丝漆器交苏州织造图拉（注：图拉时任苏州织造监督）成做"[1]。苏州织造为奉三无私、乐安和、怡情书史、清晖阁[2]、凝辉堂[3]等处制作竹质装修。苏州制作的竹质装修有湘妃竹包镶工艺的，也有竹丝镶嵌工艺的。杭州织造[4]和江宁织造[5]也为皇宫定制了部分的竹质装修，杭州制作的装修为竹丝镶嵌工艺，而江宁制作的竹质装修则为竹黄雕刻工艺。特别是扬州以其丰富的装修工艺成为乾隆中晚期为皇宫制作内檐装修的主要地区。扬州也是精致竹器的生产地，时人谓："竹不产于扬州，扬州制竹器最精。"[6]乾隆中晚期两淮盐政为宁寿宫的萃赏楼、倦勤斋、符望阁、

1　《总汇》第 16 册，第 240-245 页。

2　乾隆二十八年六月初四日庚寅：粤海关监督尤拔世呈为成做圆明园紫檀装修格扇等项事，中国第一历史档案馆藏《军机处录副奏折》缩微号 079-1308。

3　《总汇》第 21 册，第 769 页。

4　《总汇》第 22 册，第 736 页。

5　《总汇》第 26 册，第 665 页。

6　[清]林苏门《邗江三百吟》卷三，转引自：上海博物馆编《竹镂文心：竹刻珍品特集》，上海书画出版社，2012 年，第 12 页。

延趣楼等六座建筑的制作大量的装修[1]，其中竹质装修最为丰富，包含萃赏楼的斑竹拼攒工艺，倦勤斋、符望阁、延趣楼的竹丝镶嵌工艺，倦勤斋的竹黄贴雕工艺。

竹木结合工艺的内檐装修是乾隆时期内檐装修的特色工艺之一。清宫竹质的内檐装修包含了几乎所有竹质工艺种类，如斑竹包镶、竹丝镶嵌、竹黄贴雕、竹编等。从档案记载和现存实物来看，较早出现的是斑竹装修，后来增加了竹丝装修，再后来竹黄工艺也运用到内檐装修中。竹质工艺不断丰富，与竹质工艺本身的发展相辅相成，反映了竹质工艺的时代特征。

竹质装修的出现反映出乾隆皇帝追慕竹子所代表的文人雅趣。乾隆时期，竹木结合装修的运用不能不说是别出心裁，在宫院中一片浓烈装饰的环境里推出一个模拟自然的景点来，给人以一种清新、雅致的感受，给常年居住深宫的人们创造一个接近于自然环境的生活处所，从一个侧面也体现了古代建筑装饰发展演进中追求自然、回归自然的愿望。

---

1 见前文：《扬州匠意：宁寿宫花园内檐装修》。

第五章　装修特点

艺术是历史和文化的载体，经济状况、国力水平、朝代更迭、政治变化、哲学思想、艺术思潮等均会在艺术上得到体现。"每一种艺术作品都属于它的时代和它的民族，各有特殊的环境，依存于特定的历史和它的观念和目的。""不管在复杂的还是简单的情形之下，总是环境，就是风俗习惯与时代精神，决定艺术品的种类。"一件艺术品，并不是孤立的，是属于一个总体，是属于作者的全部作品；是属于他所隶属的同时同地的艺术宗派或艺术家家族；是属于它周围而趣味和它一致的社会。"要了解一件艺术品，一个艺术家，一群艺术家，必须正确地设想他们所属的时代的精神和风俗概况。这是艺术品最后的解释，也是决定一切的基本原因。"[1]皇宫建筑内檐装修艺术不仅是皇家的，它既是时代的，也是民族的；既是地方的，又是世界的。

第一节　清代乾隆朝皇宫建筑内檐装修概述

乾隆时期，清帝国生产发展，财力雄厚，府藏充盈。乾隆皇帝在位期间，在紫禁城内进行了大量的兴建、修缮工程，基本完善了皇宫的建筑体系。乾隆时期的建筑在建筑规模、工程质量、技术技艺、艺术风格上均突破前代水平，跨入了一个新时代。乾隆时期建筑技术的进步突出地表现在内檐装修方面，空间布局变化多端，装修种类丰富多彩，装修工艺精益求精，装修风格异彩纷呈，代表了中国古代内檐装修的最高水平。

一、乾隆朝皇宫建筑内檐装修遗存

养心殿从雍正以来一直是皇帝勤政燕寝之处，乾隆皇帝登基之后，即对养心殿进行了大规模的内檐装修改造，从乾隆元年（1736）开始一直到乾隆十年（1745）左右几乎没有间断[2]。乾隆十一年（1746），将温室改成三希堂，西暖阁后的仙楼改造成佛堂，装修也相应地进行更换[3]。乾隆二十七年（1762）

1　[法]丹纳著，傅雷译：《艺术哲学》，人民文学出版社，1997年，第4-7页。

2　《总汇》第7册，第14册。

3　《总汇》第15册，第674-676页。

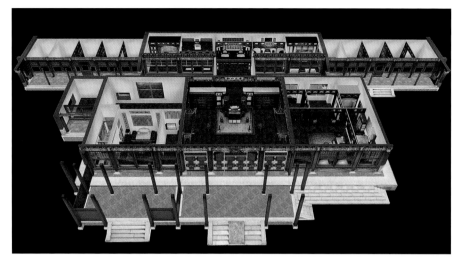

[图1] 养心殿室内立体效果图

开始直至三十年（1765），再次对养心殿进行修缮。[1]乾隆三十八年在西墙外接盖梅坞。乾隆朝养心殿的改建工程至此基本完成。清代晚期，由于垂帘听政的需要，彻底改变了养心殿东暖阁的装修，逐渐形成东部现存的格局。养心殿明间、西暖阁的勤政亲贤殿、佛堂、三希堂等处保留着乾隆风格。养心殿明间沿用了勤政建筑所有的天花、浑金蟠龙藻井、地平、宝座、屏门、毗卢帽等装修语汇。勤政亲贤殿装修简单。三希堂用槛窗间隔里外间，室内装修十分讲究，前部沿南墙设炕，窗格用楠木雕花夹纱，墙壁贴通景画。西暖阁佛堂用仙楼围合而成，仙楼下东墙与西墙正中各安嵌扇一槽，嵌扇的左右墙上各开一扇方窗，南面仙楼下面安设落地罩，落地罩东西墙上亦各开一扇方窗，楼上用栏杆、横楣等装修。佛堂西部为长春书屋，分里外间，里间东墙设炕，西墙开一小窗。（图1）

乾隆皇帝登基后，将原来的住处乾西二所荣升为重华宫，旋而对重华宫区域进行改造[2]。乾隆十年（1745）修改重华宫装修。[3]乾隆十四年（1749）。再一次改造重华宫、正谊明道等处装修[4]。乾隆二十年（1755）左右重新装修重

---

1 《总汇》第29-30册。

2 《总汇》第7册。

3 乾隆皇帝拟定重华宫区域建筑匾名，并下旨制作匾额。《总汇》第13册，第393页。

4 《总汇》第17册。

华宫后殿翠云馆，[1]重华宫区域的内檐装修才基本定型。重华宫西半部分保持了乾隆时的装修原状，明间西缝碧纱橱一槽八扇，西次间后檐金步一组龙柜，西缝板墙前部紫檀雕蝙蝠小门口一座，西梢间后檐金步炕罩一槽，外罩紫檀雕夔龙纹毗卢帽。（图2）翠云馆基本保持了乾隆时期的装修式样，明间前檐金步仿洋漆落地罩一槽，东、西缝隔断墙中各安置一槽洋漆嵌扇；东次间后檐金步仿洋漆几腿罩炕罩一槽，东缝墙中间开紫檀雕蝙蝠小门（与重华宫西次间西缝小门相同）；东梢间上悬挂红雕漆"养云"匾（图3）；西次间后檐金步仿洋漆落地炕罩一槽，前檐金步仿洋漆落地罩一槽；西梢间"墨池"前檐金步仿洋漆落地罩一槽（图4），后檐金步紫檀木假仙楼一座，仙楼下紫檀木炕罩一槽。

乾隆五年（1740）修建建福宫及建福宫花园一区。花园已于1923年被焚毁，2000年后按照乾隆时期的原貌进行复建，但内檐装修已无法复原。建福宫的内檐装修则被完整地保存下来了，建福宫明间后檐金步碧纱橱一槽六扇，东西缝各安碧纱橱一槽八扇，明间装修均为黑漆描金工艺。西次间后檐金步安落地罩、东次间后檐金步设炕罩，为红漆描金装修。

乾隆三十五年（1770）为"待归政后，备万年尊养之所"[2]，下旨内务府修建宁寿宫[3]，四十五年（1780）完成[4]。光绪时期慈禧为己之用改造宁寿宫，主要的变动在于东路的畅音阁、庆寿堂区域，养性殿、乐寿堂、颐和轩等殿座内檐装修也有少许改动[5]。整体而言，宁寿宫中路尤其是西路的宁寿宫花园建筑的内檐装修基本完好地保留了乾隆时期的装修，装修种类丰富，装修材料贵重，装修工艺复杂，融汇乾隆时期各种材料和工艺，是乾隆中后期精致装修的典范。

乾隆三十九年（1774），为贮藏《四库全书》仿浙江范氏天一阁而建文

---

1 《总汇》第20册，第453-454页；乾隆二十年一月二十一日："奏为修饰乾清宫等处销算黄册事"，中国第一历史档案馆藏：《奏案》，05-0139-033号。此条档案由故宫博物院古建部黄希明先生提供。

2 [清]庆桂等编纂：《国朝宫史续编》，第478页。

3 乾隆三十五年十一月二十六日："三和英廉四格等奏遵旨修理宁寿宫工程事"，中国第一历史档案馆藏：《奏销档》，胶片94。

4 乾隆四十五年四月十三日："总管内务府奏赏赐宁寿宫修建工程大臣事"，中国第一历史档案馆藏：《奏销档》，胶片111。

5 《内务府新整杂件》，光绪十八年六月，卷三七三，中国第一历史档案馆藏。

[图 2] 重华宫内景

[图 3] 翠云馆"养云"室

[图 4] 翠云馆"墨池"室

渊阁，四十一年建成，四十五年完成内檐装修。[1] 文渊阁面阔六间，取天一生水、地六成之意，是以高下深度及书橱数目尺寸俱合六数。阁外观二层，而内部结构利用腰檐，增为上中下三层，即用仙楼将室内下层隔为二层，中层仅有东西梢间及走廊，其中央三间，洞然空朗，即广厅上部也。上下层中央，均用书架间隔为广厅，正中设御榻，榻上有迎手靠背。阁的下层广厅正中设雕木屏风、御座、御案，上悬金漆"汇流澂鉴"匾。其他空间用书架、碧纱橱、栏杆罩、几腿罩、炕罩分隔，以便储藏书籍。书架均用楠木为之，结构简单，不施装饰。仙楼灯笼框栏杆、雕回纹挂檐板，碧纱橱、几腿罩等隔罩隔心灯笼框夹纱，棂条纤细，群板、绦环板雕刻精致的回纹，表面烫蜡。书架、仙楼、隔罩风格统一，工艺简洁。（图5）

乾隆时期，紫禁城的其他建筑均有不同程度的修建或改建，这些内檐装修遗存为分析研究乾隆时期皇宫建筑内檐装修的特点提供了翔实可靠的材料。

[图5] 文渊阁内景

1 中国第一历史档案馆藏：《奏销档》363-112-1 号。

二、乾隆朝皇宫建筑室内空间布局特点

（一）空间布局复杂化

乾隆时期随着汉化的不断深入，加之乾隆皇帝的喜爱，皇家建筑发生了很大的变化，从清初"宽广宏敞"的简洁空间布局逐渐到利用"各样曲折隔断"形成的"套房"大量出现在皇宫内，乾隆时期的室内空间显著的特点是室内空间由单一转向复杂[1]。

养心殿在乾隆时期竟达"正殿十数楹"，"其中为堂、为室、为斋、为明窗、为层阁、为书屋。所用以分隔者，或屏、或壁、或纱橱、或绮栊，上悬匾榜为区别"[2]。前殿分为明间和东西暖阁。"东暖阁二楹，自室中西北折而东南，上为仙楼，下分界为曲牖，温室安设宝座。宸翰御书各匾额，随方向曲折，扬于楣楣，俪以联语。阁中匾凡四：曰'寄所托'，曰'随安室'，曰'明窗'。仙楼西向一额，曰'如在其上'……阁东北隅别为寝宫，是为斋室。""西暖阁二楹，分界为重户奥室，设置宝座，楣间亦各悬额以别之，阁中匾凡五：'勤政亲贤'，为世宗御书。召对臣工，办理庶政咸在此。高宗御书匾曰'三希堂'，曰'自强不息'，曰'无倦斋'，曰'长春书屋'。"[3]

乐寿堂是乾隆皇帝为归政后居住所建的宫殿，面阔 7 间，进深 3 间，建筑面积约 36.15 米 × 23.2 米，室内空间分为前后两部分，殿前部正中是一大的共享空间，后部为一小空间。室内用仙楼将内部隔为上下两层，底层高 3.15 米，二层高 3 米，仙楼面积达 340 多平方米，殿内空间扩大，使用面积增加一半。仙楼上下用槛窗、栏杆罩、落地罩、碧纱橱等将内部空间分隔成若干大小不同、串联穿透的空间。仙楼两翼分为前后部分，前面东、西次间、梢间各分为前后等使用空间。

位于建福宫花园北部的敬胜斋和宁寿宫花园最北端的倦勤斋，建筑形质、格局相同，建筑面阔 9 间，室内分为东、西两个功能空间。东五间用各种内檐装修隔成凹字形仙楼，上下两层，下面一层有明间面南、东次间面北、东进间

---

1 茹竞华等：《清乾隆时期的宫殿建筑风格》，《中国紫禁城学会论文集》（第 5 辑），紫禁城出版社，2007 年，第 193 页。

1　茹竞华等：《清乾隆时期的宫殿建筑风格》，《中国紫禁城学会论文集》（第 5 辑），紫禁城出版社，2007 年，第 193 页。

2　嘉庆《养心殿联句》。

3　嘉庆《养心殿联句》诗注。

面西、西次间等间，仙楼上分明殿面南、东次间面南、东南进间面北、西次间、西南进间面北等间。西四间是一个室内戏院，包括室内小戏台和看戏场所。

宁寿宫花园内的另一座建筑符望阁，平面呈方形，阁高二层，内部隔为三层，下层面北局部做成带仙楼的两层空间。阁内首层内呈"中心发散式"格局，东西南北各分三间，中间为楼梯间。南向明间内跨为一须弥座，其上设宝座，东西次梢间略作装修隔断；北向三间连通，明间内跨设一仙楼，下层内设宝座床，是四个方向中空间设计最为丰富的；东西两个方向外侧的空间或连通或分隔，布置得相对灵活，东西向明间内均设宝座床，宝座两翼有通道连接两侧空间，并引导至楼梯间。阁内中层是一结构过渡层，可作存储空间使用。顶层是一开敞的大空间，当中设宝座、书案、地平、屏风，前有楼梯间，周围门户皆可开启。符望阁空间分隔复杂，千回百转，扑朔迷离，被称为"迷楼"。（图 6）

乾隆时期建筑室内空间复杂化的特点不仅体现在平面的空间布局上，还

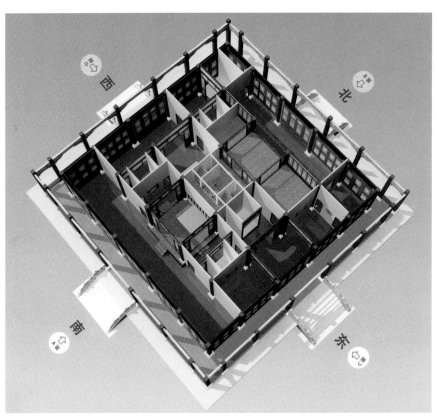

［图 6］符望阁一层立体效果图

有一个特点就是利用仙楼进行建筑空间的纵向分割。"大屋中施小屋，小屋上架小楼，谓之仙楼"[1]，仙楼是用木板、挂檐板、栏杆、隔扇等对室内空间进行纵向分隔，把单层空间隔成双层空间，以扩大使用面积。这种做法起源于南方，"江园工匠，有做小房子绝技"[2]。雍正时期皇家建筑中已出现仙楼的做法，不过大多在圆明园内[3]，宫内养心殿东暖阁亦有"暗楼"[4]。乾隆朝将仙楼做法大量运用到紫禁城建筑中，养心殿、养性殿、寿康宫、翠云馆、乐寿堂、倦勤斋、符望阁、颐和轩等处都采用了仙楼的空间分隔形式。仙楼的规模有大有小，形式亦有繁有简，还有无法登临的"假仙楼"。

乾隆时期室内空间根据使用功能的不同用相应的装修形式把宽敞的空间横向分隔成小型、复杂的组合空间形式，用仙楼进行空间的纵向分隔，呈现小型化、复杂化的室内空间布局特点。

（二）空间使用多功能化

乾隆皇帝爱好广泛，诗赋唱和、书法绘画、文玩鉴赏、风景游览、观戏筵宴……无不喜爱。建筑室内空间多次分隔，空间组合变化多样，用以满足皇帝对空间使用的不同需求。装修风格与使用功能密切结合，营造出相应的空间氛围。

乾隆皇帝为了"安众蒙古"而兴黄教，佛教文化在乾隆时期的宫廷中得到蓬勃发展，修建了中正殿、雨花阁、慧曜楼、梵华楼等大型佛楼。除此之外，室内小型佛堂在乾隆时期也在宫内盛行起来，养心殿和养性殿西暖阁后部佛堂供奉佛塔，楼上栏杆罩内设供桌，墙上供奉唐卡。凝晖堂妙莲花室、玉粹轩北边佛堂净尘心室、云光楼养和精舍等处都辟有佛堂。很多建筑内均设有供佛处所。

书房是宫中必备的设施，清宫的书房大而规制者如文华殿、弘德殿，小型建筑者如寻沿书屋、怡情书史等。乾隆喜爱诗赋书画，在各殿内辟了很多小书屋。根据乾隆的《御制诗文集》统计，包括西苑、西郊花园在内，共有

1　[清]李斗：《扬州画舫录》，第 421 页。

2　同上，第 421 页。

3　朱家溍选编：《养心殿造办处史料辑览》（第 1 辑），第 43、45 页。

4　同上，第 47 页。

五十余处书屋[1]。仅长春书屋在紫禁城内就有养心殿长春书屋、重华宫长春书屋、养性殿长春书屋等三处。养心殿长春书屋建于乾隆元年（1736），原位于西暖阁仙楼楼上，后移至仙楼下西部狭长的空间里[2]，分为内外间，外间安圆光门、隔扇与佛堂相通，室内用黄花梨落地明罩虚隔，内间安床，上方悬挂"长春书屋"匾额，床两边装饰镜子。空间静谧、封闭，装修素雅、简单。乾隆三十七年（1772）修建养性殿，完全仿照养心殿长春书屋建了养性殿长春书屋，一如养心殿长春书屋，上悬乾隆御笔"长春书屋"匾，装修则比养心殿长春书屋繁复。（图7）其他如养心殿的随安室、无倦斋，重华宫葆中殿的古香斋，浴德殿抑斋，漱芳斋的静息轩、随安室，咸福宫画禅室，均可作为书房使用。

除了读书、供佛，乾隆时期宫殿内修建了不少修身、怡情、养性的处所。乾隆皇帝辟养心殿西暖阁温室因内藏王羲之《快雪时晴帖》、王献之《中秋帖》和王珣《伯远帖》，易名三希堂，[3] 作为收藏鉴赏书画的雅室。乾隆五年（1740）修建建福宫花园，凝晖堂南室三友轩曾收"曹知白十八公图、元人君子林图、宋元梅花合卷，因以命名"[4]。宁寿宫花园仿凝晖堂三友轩亦建"三友轩"，但并未移贮凝晖堂三图，但在室内遍施"岁寒三友"图案。符望阁西接静室以为得闲室，周围"真树生之诗葱郁，假山峙矣互回环"[5]，期盼"他日于斯冀得闲"，"偷闲于此暂徘徊"。他建养和精舍，"发而中节谓之和，和必由中藉养多"[6]，以养中和；设抑斋，可"抑以养潜德"；[7] 还有养心殿梅坞、养性殿香雪等处。宫内处处建斗室，以为怡情养性之所。

乾隆皇帝在怡情养性之时，更忘不了娱乐，在皇宫内搭建戏台观看演戏，漱芳斋戏台、畅音阁戏台都是乾隆时期修建的。他还在室内搭建了小戏台，有敬胜斋和倦勤斋室内方亭式戏台，还有漱芳斋金昭玉粹戏台、寿康宫后罩

1　王子林：《紫禁城原状与原创》，紫禁城出版社，2007年，第202页。

2　同上，第202-225页。

3　《三希堂记》。

4　[清]于敏中等编纂：《日下旧闻考》，第228页。

5　《得闲室》，《清高宗御制诗四集》卷三十四。

6　《养和精舍有会》，《清高宗御制诗五集》卷四十三。

7　《抑斋》，《清高宗御制诗五集》卷六十九。

［图7］养性殿长春书屋

房戏台、景祺阁戏台[1]。室内戏台不受气候、天气的影响，常年均可演戏。

室内空间分隔复杂，使用功能增加，为了与建筑的功能、环境相适应，需采用相应的装修形式，因而促进了乾隆时期装修艺术的发展。

三、乾隆朝皇宫内檐装修设计标准化、制作模式定型化

（一）乾隆时期皇宫内檐装修工程核算标准化

在内檐装修工程大量出现的乾隆时期，如何加强设计的规范化和制作的

1　景祺阁戏台仿金昭玉粹而建。

制度化，以防止装修规格的混乱和官工贪污，也成为建筑工程所面临的重要的问题。雍正时工部制定的《工程做法》并不包含内檐装修部分，因此内务府就制定了一系列的装修核算则例，《圆明园内工装修则例》《圆明园内工装修作现行则例》《装修续例》等都是乾隆时期所定，作为内檐装修尺度、用料、用工、用银及样式做法的基本规范和标准。

则例的内容细致详尽，逐款逐条、分门别类地列举各种构件所需材料、工料，各种工艺耗费的人力、物力，每一工序、做法所需要的工限和银两，分工细、种类全，以作为经济核算的标准。

装修工料核算的标准化是乾隆时期的一大贡献，内檐装修做法与各种装修则例相结合，既规定了装修的基本尺寸，也限定了所需的物料工料，成为宫廷装修设计、制作的标准型文本，并产生了一定的影响。随着时间的推移，后来各朝虽然在物料价值、人工费用以及装修式样、尺寸都有一定的变化，"其有今昔异宜者，固应随时酌改"，但是这些"酌改"都是以乾隆朝的则例为基准而变化、增减，"宜率由旧章，如有更改，应专折奏明通行一折"[1]。后来各朝基本都延续着乾隆朝的传统，则例的内容和核算方式并没有太大的变化。《三处汇同硬木装修则例》是乾隆朝后的抄本，根据《三处汇同硬木装修则例》（中本）与乾隆朝《圆明园内工装修则例》对比发现：三处汇同则例基本是抄录乾隆时期的则例，它将三处的硬木装修则例汇集在一起，并分别列入，内容基本没有变化。为了方便使用，内容的顺序有些调整，用词更加准确。乾隆时期的则例成为了有清一代装修制作核算的基本规则。

（二）乾隆朝皇宫内檐装修制作模式定型化

雍正时期，各种曲折隔断的内檐装修形式开始在宫内盛行。乾隆时期更为复杂，内檐装修的制作工程量大大增加。内务府所辖的营造司、工程处、造办处均为皇宫制作装修。宫内作坊不敷使用，另下旨地方承办宫内装修事务。乾隆时期内檐装修的制作因此出现内务府制作和地方制作两种模式，关于制作机构和模式笔者已有另文分析。[2]乾隆时期制作模式基本定型，为后世所效仿。

1　道光十一年十月十四日"奏为开馆纂入续行则例事"，中国第一历史档案馆藏：《奏案》，05-0664-049 号。

2　见前文：《清代皇宫内檐装修制作机构初探——以清宫档案为依据》；《扬州匠意：宁寿宫花园内檐装修》。

乾隆时期内檐装修尺度设计的规格化、核算制度的标准化、制作机构设置以及制作模式的开辟，都为以后各朝的内檐装修制作和管理奠定了基础。

四、内檐装修工艺特点

因受到技术条件、工艺发展和艺术风潮的影响，装修的种类和式样呈现出不同的时代特点。乾隆时期内檐装修突出的特点表现在装修种类齐全、材质优良、工艺丰富、纹饰典雅、技艺精湛。

（一）装修种类齐全

乾隆时期皇宫建筑内部空间出现的小型化、复杂化的特点，大量采用内部间隔构件，促进了内檐装修形式的发展。乾隆时期在雍正朝的基础上进一步发展和完善了装修的种类，碧纱橱、落地罩、飞罩、栏杆罩、炕罩、开关罩、落地花罩、圆光罩、仙楼、插屏门、各式门窗等装修构件在乾隆朝发展出丰富的种类。

碧纱橱、嵌扇是内檐装修中很常用的构件，也是乾隆时期内檐装修的主要种类，一般使用在明间东西缝，将明间与东西两侧分隔开来，形成相对独立的空间。建福宫明间东西缝和后檐金步使用碧纱橱围合一个空间，重华宫明间在乾隆年间东西缝安装相同的碧纱橱。[1] 乾隆年间漱芳斋前殿明间东西北三面均安设碧纱橱。[2] 宁寿宫乐寿堂大殿大量使用碧纱橱作为分割空间的构件。嵌扇也是乾隆时期常用的装修构件，一般用在体量较小的建筑中，如后殿等，养心殿西暖阁佛堂、翠云馆明间东西缝、延趣楼等处都使用了嵌扇。

落地罩和落地明罩也是乾隆时期常用的装修构件，使用灵活、不拘位置：用于明间入口处，起着引导性的作用；用于炕前，作为炕罩。

乾隆时期的隔罩隔心、横披心多以灯笼框、回文框为主要形式，卡子花较为简单，以卧蚕、工字、回纹、海棠花等为主。同时还出现一些变形的灯笼框或各种复杂纹饰的隔心形式，如建福宫、翠云馆、乐寿堂的隔扇心。还有透雕流云、冰裂及写实纹样隔扇心形式，如重华宫、养心殿、符望阁等处

1 《总汇》第 17 册，第 97-98 页。

2 《总汇》第 13 册，第 711 页。

碧纱橱、落地罩。绦环板群板以夔龙团为主，兼具博古纹和花鸟、山水纹样。

乾隆时期的栏杆罩形式，结构一般为"三边二抹一折柱""圈口牙子"[1] 做法，即栏杆由圈口和两块绦环板或一块群板构成，圈口做法是用拼攒或雕刻的花牙围合一圈。

乾隆时期的飞罩，罩口牙子纹饰宽度较窄，西洋花的纹饰虽已经出现，但卷草花纹较小，西洋风格不明显。

（二）装修材质优良

楠木、柏木是制作内檐装修最常用的木材，装修则例中常见"楠柏木……"装修。高档木材如紫檀木、花梨木是制作家具的主要材料。乾隆时期内檐装修对木材的选择非常考究，除楠柏木之外，还采用硬木作为装修材料，紫檀、花梨木、鸡翅木、红木等都用来作为装修材料，在则例中就出现了紫檀、花梨的装修做法："（楠柏木碧纱橱）如一面二面镶嵌花梨、紫檀木雕花，用木植同上。""紫檀木、花梨木凹面岔角万字夔龙式花入角心茶花蝴蝶式如意云方胜四合如意云叠落雕西番莲吉祥草……紫檀、花梨木凹面夔龙式花香草夔龙式菱花牡丹海棠水仙等式花头随花心。""（栏杆）紫檀花梨黄杨木净瓶。"或者用紫檀木、花梨木制作门头罩、木窗、罩口等小型装修："紫檀木、花梨木凹面玲珑夔龙罩""紫檀花梨木罩口牙子贰面凹雕夔龙""紫檀花梨木玻璃转盘方窗""紫檀木凹面玲珑夔龙牙子并门头罩上心子板镶嵌"。

用优质的紫檀木制作装修构件是乾隆时期内檐装修的一大特点。紫檀木主要产自印度，清宫紫檀木需求量很大，广州是对外商贸港口，内务府常行文粤海关采买紫檀木："查得乾隆三十八年四月内，因库贮紫檀木不敷应用，曾经奏明交粤海关监督采买紫檀木六万斤运京，以备应用。等因。在案。嗣经该监督于乾隆三十九年起至四十三年，六次共陆续解交过紫檀木六万斤，俱经按次奏明贮库。查此七年之中，陆续成造活计已用过紫檀木二万五千二百九十七斤十三两，现在各作成做未完活计暂领过紫檀木二万七千九百九十三斤十一两八钱，今库存紫檀木只余六千七百余斤。奴才等查造办处承办传做活计，每年需用紫檀木甚多，若至临时需用再行令粤海关采买，路途遥远

---

1 《内檐装修做法》，故宫博物院藏。

一时不能济用。查粤海关册报，紫檀木每斤连运价用银六分三厘零，较比造办处在京采买每斤一钱七分之例，其价值之省费迥乎不同。查自二十五年起，曾经派办过四次，今应请仍照向例，交粤海关监督图明阿，采买紫檀木六万斤，运送来京，以备成做活计应用。并令该监督务须采买适用件料运京，于成做活计方为有益。为此谨奏。于乾隆四十五年十一月二十八日具奏。奉旨：知道了。钦此。"[1] 政府也会派官赴南洋采买木材以备使用。另外，私商也大量囤积，政府有时还得从私商手中高价购买，《清宫造办处活计档》记载："乾隆十一年八月二十六日，司库白世秀为务用成造活计看得外边有紫檀木三千余斤，每斤价银二钱一分，请欲买下，以务陆续应用等语，启怡亲王回明内大臣海望，准其买用。"

乾隆时期紫檀木供应充足，为皇宫使用提供了方便，乾隆时期皇宫内檐装修材质使用最多的是紫檀木。紫檀木装修分两种，一种是通体用紫檀木，如重华宫紫檀木隔扇，养心殿佛堂的隔扇、方窗，表面贴敷一层湘妃竹，胎体用的是紫檀木。一种是紫檀木包镶，装修胎体用楠木，表面包裹一层紫檀木薄片，乾隆晚期建造的宁寿宫区域建筑装修几乎均采用紫檀木包镶做法。

其他硬木材料如黄花梨、红木、鸡翅木，在乾隆时期的装修中亦能见到，但使用量并不大。

（三）装修工艺丰富

内檐装修属于小木作的范畴，木质工艺是内檐装修制作中最基本的工艺。

木装修工艺以拼攒也就是则例上所说的"斗尖"为最常见的工艺，即将木材制作成棍条，再将棍条拼接成各种纹饰，应用在隔扇心、横披心上。

木雕工艺也是内檐装修中最常使用的工艺，木雕工艺中有剔地雕、贴雕、透雕等。剔地雕即凹面雕，由于纹饰线条突出板面，外表面做成凹面，因而称为凹面雕，用于群板、绦环板上，"壹面就身凹面刁群板绦环"。贴雕，即将木板雕刻成各种图案，再贴附在隔罩的绦环板、群板上，有"一面镶嵌群板、绦环"也有"贰面镶嵌群板、绦环"。绦环板、群板贴雕图案以夔龙、团花为主，也有一些较为复杂的纹饰，重华宫的隔扇群板博古图案就是采用贴雕工艺。透雕，透空双面雕，是将装饰纹样留出，然后将底子部分镂空挖透。

1 《总汇》第 48 册，第 1-2 页。

透雕玲珑剔透，因而在则例上称为"玲珑"，有些隔罩中的隔心、横披心采用透雕，"玲珑流云心夔龙心"，如重华宫隔扇透雕蝙蝠流云纹饰。透雕一般用在花牙子、飞罩、栏杆罩的罩口牙子和落地花罩中。乾隆时期大面积透雕的落地花罩较为少见。

乾隆时期手工技艺发达，工艺品丰富，内檐装修突出的特点是将各种工艺品种用于装修上，使用的材料极为丰富而奢华，除前文所描绘的漆器工艺和竹质工艺外，装修上还镶嵌珐琅、玉石、玛瑙、玳瑁、螺钿、孔雀石、青金石、珊瑚、象牙等，用绢纱、双面绣、漆纱、书画和玻璃作夹纱。木质装

[图 8-1] 装修材料集锦

修上镶嵌琳琅满目的各种材质配饰是乾隆时期内檐装修的独特魅力。（图8）

嵌玉的装修最为普遍，在装修上用硬木拼攒或雕刻夔龙、回纹、如意、绳索等图案，再镶嵌玉璧、玉夔龙、玉片等构成"夔龙拱璧""绳索拱璧""回纹拱璧""如意拱璧"等吉祥图案。有的则是镶嵌各种立体形状的玉石，如灵芝、桃、梅花、竹叶等纹样。符望阁北面宝座床，横披心用木雕桃枝镶嵌玉桃，隔心用木雕树根寿石镶嵌玉灵芝，花牙用木雕桃枝嵌玉桃。宝座床背板上的隔扇窗，木雕纹饰中镶嵌玉灵芝花、玉佛手，立体雕刻，纹饰写实，形象生动。（图9）养性殿、三友轩、养心殿的装修中镶嵌玉梅花、玉竹等。

[图 8-2] 装修材料集锦

[图 9-1] 符望阁面北宝座床

　　掐丝珐琅，即景泰蓝，由于它的质地坚实，色彩沉稳，具有一种富贵和厚重的效果，深受帝王和宫廷的赏识与喜爱。造办处还设有制造珐琅的作坊，广州、扬州等地也不断地进贡珐琅。以珐琅片为装饰镶嵌在装修中，在乾隆中后期尤为盛行。乐寿堂装修上的隔心、横披心紫檀雕回文灯笼框，卡子花镶嵌掐丝珐琅，卡子花由三块组成，两边窄如意形，中间方形，如意形上镶嵌如意纹珐琅，方形上镶嵌"寿"字纹珐琅，绦环板、群板的外框镶嵌

[图 9-2] 嵌玉群板　　　　　　　[图 9-3] 玉雕佛手

珐琅夔龙框，挂檐板上用珐琅镶嵌为万字锦地。乐寿堂大面积地采取紫檀木装修，并用珐琅镶嵌的装饰手法，加上与之相配的深色调的夹纱，使得乐寿堂显出古朴、厚重的氛围。（图10）

铜镏金的金碧辉煌的色泽具有皇家风格。乐寿堂嵌珐琅装修，其绦环板上镶嵌铜镏金草龙纹，群板镶嵌铜镏金草龙、万蝠流云团纹。符望阁铜镏金云龙迎风板用紫檀木制作，在迎风板上用短紫檀木条拼成万字锦地，用铜片錾成穿花龙，然后镀金，镶嵌在锦地上。夔龙在花朵中若隐若现，图案金光闪闪。

瓷片色彩绚丽丰富，在装修中起到很好的装饰效果。延趣楼隔罩的隔扇、横披心灯笼框中镶嵌瓷片组成花瓣图案，卡子花上也镶嵌瓷片，绦环板、群板镶嵌瓷片夔龙纹，瓷片色彩艳丽，犹如一朵朵鲜花组成的装修。（图11）

其他用于镶嵌的材料还有各种宝石、象牙、料器、玻璃等。各种材料镶嵌在装修上丰富了装修的质感，增添了装修的色彩。

[图10] 乐寿堂隔扇

装修隔罩的隔扇心、横披心、窗户夹纱一般使用绢纱，有些使用刺绣品（图12），这些绣片都由清政府管理的三织造提供，主要由苏州制造。还有漆纱，以罗为地，施以漆艺并涂金。也常用臣工书画作品，或写诗，或绘画，为一幅幅隽永的小品。用珍贵的玻璃画作"隔眼"替代书画作品出现在乾隆

［图 11］延趣楼装修

［图 12］颐和轩方窗

［图 13］花鸟图玻璃画

时期（图 13）。夹纱或诗或画，或绢或丝，或玻璃画，为罩增添了无穷的艺术魅力。

　　丰富的材料、各种工艺的运用构成乾隆时期装修的特点之一，这也是历代各朝所不能比拟的。

　　（四）装修纹饰典雅

　　皇家内檐装修的装饰图案丰富多彩。

　　作为皇权象征的龙纹是皇家建筑中最主要的图案表现形式，装修中的天花、藻井、毗卢帽等都以龙纹为主要装饰。飞龙与流云组成的云龙纹用在屏风、屏门、花罩或隔扇的群板上。夔龙纹在装修中的使用更为普遍，群板、花牙、绦环板上的夔龙纹，有夔龙团、穿花龙、草龙、夔龙回纹等图案。螭虎纹也是乾隆时期常见纹样，常用于床的挂面即床炕沿板上。凤、鹤、鹿、蝙蝠等吉祥瑞兽都是内檐装修中常见的纹饰。

象征吉祥的祥禽瑞兽、花鸟植物，具有突出的装饰效果，是内檐装修中喜用的题材。山水楼阁呈现出悠远、淡泊的画面，装饰效果显著；还有器物纹饰，如博古纹也是乾隆时期喜用的纹饰。一些图案化纹饰，如回纹、龟背锦、万字锦作为装修的边饰、底纹在装修中大量出现。

乾隆皇帝作为统治者，具有深厚的帝王文化思想，但在乾隆皇帝的文化结构中，士人文化占有重要的地位，艺术审美中表现出浓郁的文人雅好。乾隆时期的装修图案表现出帝王审美和文人情趣的双重特征。乾隆时期在大量运用象征帝王标志的各式龙纹的同时，还大量使用表现文人清雅喜好的纹饰，尤其是松竹梅合绘的岁寒三友、冰裂梅花、竹纹这些蕴含着文人高洁情操的纹饰，表现出文人的雅好。

（五）装修技艺精湛

乾隆时期不仅将装修作为室内空间的分割物，而且将它作为室内装饰的一部分。乾隆皇帝对于装修的制作十分关注，不仅对款式、纹饰提出自己的要求，对于工艺的要求也很高，无论是对造办处制作的还是送往地方制作的装修都多次要求"往细致里做"[1]。

乾隆时期内檐装修的制造选材严格、工艺要求高、制作过程复杂，通常要经过凿、清、磨、烫蜡等多道工序，方能完成。在乾隆皇帝的严格要求下，乾隆时期的装修工艺都表现出精湛的工艺。宁寿宫花园的装修使用了硬木装修中的包镶工艺，内胎用楠木，表面包镶一层紫檀木，包镶平整，接头严丝合缝，包镶技艺已达到炉火纯青的地步。

木雕工艺精细。重华宫明间紫檀木隔扇，隔扇心、横披心均透雕蝙蝠流云纹。花纹由几块拼接而成，蝙蝠流云浑然一体，连绵不断，雕工细腻，层次分明。绦环板浮雕夔龙纹。群板贴雕博古纹，先用紫檀木圆雕博古纹、器

---

1 《总汇》第11册，第826-827页；《总汇》第22册，第611-612页；《总汇》第29册，第517页。

皿、花卉、瓜果，再雕刻细腻的花纹。雕工圆润、深邃，磨工精细。

镶嵌、百宝嵌是将螺钿、各种宝石制成各种形状，镶嵌在器物表面，经过打磨，使花纹与漆地浑然一体，平滑如镜。

竹丝拼成万字锦图案贴在绦环板、群板表面，竹丝根根相连、平整伏贴，上面再嵌入紫檀木条拼成的夔龙团，并镶嵌玉片，质地精良，工艺精细。竹丝万字锦地再配以玉片装饰，使得落地罩风格古朴。

乾隆时期的内檐装修工艺已经超越了建筑中小木作的制作工艺，达到硬木家具制作的工艺水准。

五、内檐装修艺术特点

（一）装修形式与建筑功能相统一

乾隆时期的内檐装修运用巧妙，与建筑功能、环境相结合，并配以相应的纹饰营造出特定的效果。

朝仪空间庄严肃穆，以藻井、地平、屏风、宝座等装修营造环境。

佛堂装修用莲花、云龙等佛教纹饰装饰。宁寿宫花园养和精舍殿内中间设供案一张，案上供佛五尊。室内的落地花罩用楠木雕佛教中常用的莲花纹，营造佛界气氛。雨花阁为佛教建筑，装修采用透雕混金云龙花罩，具有皇家佛堂尊贵、肃穆的气氛。

书房的装修则素雅、小巧，采用松竹梅等具有文人特质的纹饰。养性殿长春书屋，装修风格恬淡、素雅，东墙床上的床罩以鸡翅木为之，隔心、横披心雕刻水仙翠竹寿石，床对面的西墙上为梅花雕窗，窗外院内堆砌假山、种植松竹梅等，斜倚床头，透过梅花雕窗，便能看见窗外的假山、植物，营造出书室的氛围。

花园建筑和室内的游赏处所的装修则可以活泼、多彩。花园建筑喜用花鸟、树木等自然纹样，纹饰活泼、自然。宁寿宫花园内的古华轩是为了更好地观赏周围景色而建成一座四面开敞的敞轩，用通透的落地明罩施以彩漆，顶部天花用楠木贴雕卷草花卉而非彩绘，这种素雅大方的装修使室内的装修与外部景致互相协调，形成统一的风格。

其他具有特殊用途的建筑，室内的装饰也有独特的形式。

乾隆时期的建筑根据使用功能的不同，其室内装修采用相应的语汇和纹饰，创造出丰富多彩的室内装饰空间，也充分地体现了建筑等级制度。

（二）装修风格统一变化

乾隆时期的内檐装修种类繁多、用材丰富，特别是乾隆中后期多种材料、工艺的运用，虽然丰富了装修种类、色彩，也容易造成繁杂、凌乱的视觉效果。不过，乾隆皇帝还是考虑到建筑的整体性的要求，尽量避免多种材料和工艺造成的杂乱的局面，在装修的款式和工艺以及所使用的家具上都充分考虑其协调统一，保持建筑的整体风格的统一。

乐寿堂室内分割复杂，装修语汇丰富。用仙楼分为上下两层，再用槛窗、栏杆罩、落地罩、壁纱橱等将内部空间分割成若干大小不同、串联穿透的空间。乐寿堂装修材料丰富，仙楼挂檐板为紫檀木嵌珐琅锦地嵌玉，紫檀雕回纹嵌景泰蓝卡子花栏杆，仙楼上下使用的隔扇、落地罩等均为紫檀雕回纹灯笼框景泰蓝卡子花隔心、横披心，嵌景泰蓝嵌铜镏金如意团龙绦环板、群板。整体装修工艺、风格保持一致，均使用紫檀木，镶嵌的材料用景泰蓝、蓝色瓷片、铜镏金，色彩沉着、质地厚重，配以楠木雕刻蝙蝠卷草纹天花，使得室内风格古朴、富贵。（图14）

乾隆时期的室内装修考虑其统一性，为了不使相同的装修工艺造成空间装饰单调的视觉感受，力求统一中之变化。

建福宫整体装修用描金漆工艺，明间装修均采用黑漆描金加彩工艺，通体以黑漆为地，以金漆加彩描绘出各种图案。东西次间装修则通体以朱漆为地，以金漆加彩描

[图14] 乐寿堂内景

绘出各种图案。室内装修全部使用描金漆工艺，色彩和纹饰又有不同，既统一又变化。

宁寿宫花园萃赏楼的装修使用的是在紫檀木中加入拼竹工艺。为了不使空间艺术显得单调，隔罩的灯笼框有直角、抹角之差，繁简之别；卡子花镶嵌有蓝色瓷片、螺钿、斑竹拼攒的区分；绦环板、群板也有黑漆地描金夔龙团花、黑漆地描金夔龙团梅花、黄漆地描金花卉、蓝漆地描金夔龙团花的不同。形状、色彩、纹样各异，展现出不同的韵味，在统一的风格中又富于变化。

乾隆时期装修工艺繁多，乾隆皇帝对于各种工艺都十分喜爱，不忍割舍，又极喜欢集中各种工艺于同一空间中，为了避免造成杂乱的效果，尽量采用

相近的材料，变化中求统一，以达到协调的效果。

宁寿宫花园内的符望阁是乾隆时期皇宫内檐装修中使用的材料最多、工艺最繁复的：木料中使用的材料有楠木、紫檀木、乌木、鸡翅木、沉香木等；用于镶嵌的材料更是奢华至极，有珐琅、螺钿、宝玉、玛瑙、玳瑁、孔雀石、青金石、珊瑚、芙蓉石、象牙、瓷器、漆器、竹器、铜器等。在如此丰富的材料和工艺面前，为了不使室内装饰显得过于凌乱，彼此间相互协调，装修上尽量选择色彩、材料、款式相近的类别。符望阁空间结构大体分为四个面向：面南空间采用紫檀回文嵌玉夹纱隔心，竹丝万字锦地回文嵌玉绦环板、群板（图15）；面东紫檀回文嵌珐琅夹纱隔心，回文嵌铜镏金绦环板、群板，铜镏金炕沿、铜镏金提装；面西装修回文嵌珐琅夹纱隔心、嵌夔龙铜镏金绦环、群板，炕沿百宝嵌工艺；面北装修的木雕嵌玉雕为主的落地罩、隔扇窗虽然工艺复杂、材料丰富，每一个面向的空间采用相同的工艺、款式，整体装修风格、色彩较为统一。

（三）装修艺术兼容并蓄，博采众长

乾隆时期的建筑风格、空间布局以及装修工艺，博采众长，兼收并蓄，既保住传统，又不墨守成规，吸收各民族、各地区以及海外异质文化因子，体现出多彩而庞博的艺术风格。

乾隆时期，随着汉化的深入，居室布局中各种形式的罩隔仙楼等汉族民居组成内檐空间的做法在宫廷中蔓延开来。乾隆皇帝吸取大量汉文化思想，但对于逐渐失去满族的生活习性、不断汉化的宫廷生活也表现出极大的担忧，为保持其民族之传统，在修建宁寿宫时，即采取了仿坤宁宫的满族室内集祭祀与居住为一体之格局。东次间内东北角设灶台，上置大锅，以煮祭肉。明间迤西四间，规制亦仿坤宁宫，为三面连通长炕。东次间、

[图 15] 符望阁南间落地罩

东梢间为暖阁。宫外东北和西北，各矗立烟囱一座。室内之装修为："宁寿宫内里神亭一座，神橱毗卢帽挂面一槽，琴腿炕边七堂，排插板一槽，八方神柱一根。东次间后檐仙楼一座，楼下楠木落地明一槽，槛窗一槽，包镶床十张，楼上叶子板二槽，毗卢帽挂面二分，栏杆二堂。"[1] 乾隆皇帝还指出"将来归政时，当移坤宁宫所奉之神位、神杆至此，仍依现在祭神之理"[2]，延续了满族祭祀建筑的装修特点，保持民族的认同。

乾隆朝将宫廷装修发往地方制作，集中了各地的装修风格和技艺，并基本贯穿乾隆时期装修风格，成为乾隆时期装修的特点之一。广州、苏州、扬州等地以其鲜明的地方特色丰富了皇宫内檐装修的艺术风格。

乾隆时期，国家富强，装修不仅体现了国内各民族、各地区的装修特点，此时亦是东西方文化交汇的时期，朝廷虽以天朝上国自居，但随着外来文化的影响，特别是西风东渐，西洋传教士来到宫廷，西洋艺术逐渐进入清宫，给清宫带来西洋情调。内檐装修中也能够看到外来艺术的应用和影响。

建福宫描金漆装修和翠云馆的洋漆仿洋漆装修，就是清宫受到东洋艺术影响的很好的实证。[3]

乾隆时期，西方的绘画、音乐、建筑艺术的引进对中国的传统文化艺术产生影响，郎世宁等人融合中西画法创造"新体画"、圆明园的西洋式建筑都是出现在这一时期。乾隆时期宫内装修上受西洋器物、艺术的影响逐渐增多，玻璃、珐琅等材料的采用，西洋纹饰的出现，都体现了西洋艺术的影响。不过西洋艺术对乾隆宫廷装修最显著的影响体现在通景画上。[4]

早期日本艺术的影响较为明显，中后期东洋文化的影响逐渐减弱，西洋文化的影响与中国传统艺术相结合，创立一种新的艺术形式。外来文化的影响，只有建立在深厚的中国传统基础上才有可能转化得出神入化。中国有着悠久的漆器制作历史，且制作技术十分先进，吸收日本漆器中金漆的成分和黑漆描金的艺术表现，才能够创造出犹如建福宫隔罩精美的图案。其通景画

1 乾隆四十年五月二十四日："福隆安等奏修建宁寿宫续添工程估需银两数目事"，中国第一历史档案馆藏：《奏销档》，胶片105。
2 《新葺宁寿宫落成，于新正二日，恭侍皇太后宴敬纪八韵》，《清高宗御制诗文全集》四集卷三十三。
3 见前文：《乾隆朝漆器工艺在清宫内檐装修上的运用》。
4 见后文：《从三希堂通景画探讨清代乾隆时期皇宫通景画的演变》。

也是在中国传统绘画基础上吸收了西方绘画的透视方法，符合中国视觉感受而受到广泛的赞誉。

乾隆皇帝对于新奇事物充满着好奇，加上对各地掌控的权欲，造成了宫廷艺术以及内檐装修出现各个地区、各种风格聚集一堂的繁杂、多样的面貌，显示出帝王君临天下的皇家气派。

总　结

清代建筑内檐装修特别是在乾隆时期迅猛发展，多种工艺加入装修领域，在形式和技艺上种类繁多，表现出琳琅满目、异彩纷呈、丰富多彩的艺术风格。但也有学者认为清代建筑"装饰走向过分繁琐，定型化的花纹也失去了清新活泼的韵味"，"家具和装修往往使用大量奢侈的美术工艺，如玉、螺钿、珐琅、雕漆等，花纹堆砌，违反了原来功能上、艺术上的目的"，认为这种过分注意建筑装饰的现象是艺术的倒退。

建筑的发展经过创新、稳定、繁盛、再创新、稳定等循环的上升发展过程，新的建筑结构出现，逐渐稳定，随之而来的就是建筑装饰的繁荣。乾隆时期正处在建筑发展的这一阶段，出现豪华的装饰也是建筑发展的一定阶段的产物。无论学人对于乾隆时期的内檐装修风格持有什么样的态度和如何评价，乾隆时期的皇宫内檐装修都做出了一定的贡献。

乾隆时期是皇宫内檐装修的成熟期。乾隆时期内檐装修设计、制作、管理体系逐渐走向规范化、定型化，装修种类、款式、规格基本定型，为后来各朝的装修制作奠定了基础。乾隆时期装修风格兼收并蓄，既有国内各地方装修的工艺风格，又受到东西方艺术的影响，其内檐装修表现出种类齐全、工艺繁多、技艺精湛、纹饰典雅等特征。乾隆时期的装修达到了后人难以企及的高度，也代表了中国历史上传统内檐装修的最高水平。

第二节　清代同光时期皇宫建筑内檐装修特点概述

清代皇宫内檐装修艺术经历了近 300 年的历史，它随着装修技术、社会时尚以及帝王品位的变化而呈现出明显的时代特征。清代晚期同治、光绪时期，皇家建筑工程又进入另一个高峰，内檐装修的装修类别、形式、材质、工艺和纹饰都表现出非常鲜明的时代特点。

一、清代同治光绪时期皇宫建筑内檐装修工程

养心殿，从雍正皇帝开始，到清朝灭亡，有八位皇帝在此办公居住，被誉为"八代帝居"，到同治小皇帝登基、两宫皇太后垂帘听政时，已经历了多次的改造。西暖阁基本定型于乾隆时期，东暖阁由于垂帘听政的需要，彻底改变了原有的空间布局和内檐装修。[1]（图1）养心殿后殿及东西耳房、围房的内檐装修也因居住的需求而被加以改造。现存的养心殿东暖阁、后殿、体顺堂、燕喜堂以及东西围房都很好地保留了清代晚期的原状。

长春宫是清代晚期改造较为频繁的宫殿，咸丰九年（1859），打通启祥宫和长春宫，把两个独立的院落连接形成一个四进院落[2]。同治六年（1867），

[图1] 养心殿东暖阁

1　张淑娴：《图解清代紫禁城养心殿东暖阁的历史变迁》，清华大学编：《建筑史》第43期，2019年。

2　刘畅、王时伟：《从现存图样资料看清代晚期长春宫改造工程》，《中国紫禁城学会论文集》（第5辑），第441-443页；周苏琴：《体元殿、长春宫、启祥宫改建及其影响》，清代宫史研究会编：《清代宫史求实》，紫禁城出版社，1992年，第180-190页。

添加平台游廊[1]。同治九年（1869），慈安和慈禧太后要离开居住的养心殿后殿东西耳房的绥履殿、平安室，慈安选择了东六宫中的钟粹宫，慈禧则选择了西六宫中的长春宫[2]。钟粹、长春两宫为适应居住需求重新装修，在建筑等级、装饰等方面都讲求平衡，装修形式基本相同。[3]现在钟粹宫作为展厅，装修基本撤除，据残留的装修构件来看，应该是此次改造遗留下来的。同治十二年（1873）为庆慈禧太后40岁寿辰重新装饰长春宫[4]。之后，光绪九年（1883）、光绪十一年（1885）[5]、光绪二十三年（1897）[6]长春宫均有不同程度的改造。长春宫区域建筑内檐装修在清晚期经过多次更改，情况复杂，现存内檐装修都是清晚期的遗存。

继长春宫之后宫内又一大型的修缮工程是光绪九年为庆祝慈禧50岁寿辰重修储秀宫工程。储秀宫区域的改造以太极殿、长春宫为蓝本，连通储秀宫与翊坤宫两个院落。所有房间油画见新，头停揭瓦夹陇捉节，外檐装修、内檐装修及匾额、楹联全部更换。关于这一次内檐装修撤换的档案记录，都完整地保留在中国第一历史档案馆[7]。储秀宫装修现状几乎与当时一致，仅有少量物件被拆换。

光绪十九年（1893）为庆祝慈禧60岁寿辰，重修宁寿宫区域。慈禧太后要居住在乐寿堂，于是改变了乐寿堂的部分空间格局和装修，同时进行改造的还有颐和轩、养性殿的部分装修。阅是楼、遂初堂等处的装修则基本都撤换。[8]现在宁寿宫区域建筑大部分保留了乾隆初建时的状况，阅是楼、颐和

---

1 国家图书馆藏《同治六年二月十八日奏准长春宫添盖平台游廊图样》（国家图书馆 2007 年《大匠天工：清代"样式雷"建筑图档荣登〈世界记忆名录〉特展》）；同治六年四月二十日《内务府活计档》，胶片 36，中国第一历史档案馆藏。

2 刘畅、王时伟：《从现存图样资料看清代晚期长春宫改造工程》；刘畅、赵雯雯、蒋张：《从长春宫说到钟粹宫》，《紫禁城》2009 年第 8 期。

3 刘畅、赵雯雯、蒋张：《从长春宫说到钟粹宫》。

4 《内务府活计档》胶片 40。

5 光绪十一年十月十八日，《内务府活计档》胶片 46。

6 《清宫述闻》，第 760 页。

7 光绪九年二月至十月《翊坤储秀等处题头清档》，《内务府活计档》胶片 44。

8 方裕瑾：《光绪十八年至二十年宁寿宫改建工程述略》，《中国紫禁城学会论文集》第 2 辑，紫禁城出版社，2002 年 8 月。

轩、乐寿堂、养性殿、遂初堂的部分装修则是在这次的改造中制作的。

漱芳斋原为乾西五所中的头所，乾隆元年（1736）改为漱芳斋。现存漱芳斋内檐装修与乾隆时期相去甚远，[1] 样式雷图纸中保留了几幅漱芳斋内檐装修图样，刘畅先生文章中一幅"早期漱芳斋前殿室内空间示意图"与中国第一历史档案馆所藏同治十一年（1872）的档案记载相吻合；另一幅"样式雷绘漱芳斋前殿地盘画样"（图2），则与光绪十二年（1886）档案记载相同。漱芳斋现存的西洋式花罩装修与后殿的戏台，均与以上材料出入很大，由此说明现存的漱芳斋内檐装修是在光绪十二年之后制作的，具体制作时间尚待进一步材料证实。

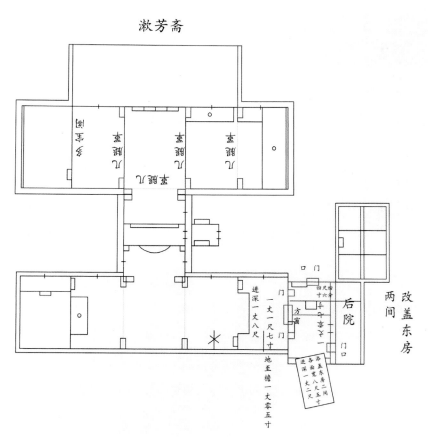

[图2] 样式雷绘漱芳斋前殿地盘画样，采自刘畅《漱芳斋》

1 赵雯雯、刘畅、蒋张：《漱芳斋》，《紫禁城》2009年第5期。

景福宫为乾隆时期建造的"五福五代堂"，"光绪二十八年三月初三日奉懿旨，景福宫殿内装修着满撤去，按照现定式样成做"[1]。现存建筑内的装修就是在这次的修改中全部撤换后的。

这些建筑的内檐装修基本都完整保留下来，从这些装修中可以分析同光时期的装修特征。

二、内檐装修构件特点

（一）装修种类与形式

同光时期的内檐装修基本延续了清代中期的种类，各种装修语汇继续使用，有所不同的是落地花罩和栏杆罩的使用数量大增，并且各类装修的形制均有一定的变化。

1. 碧纱橱

同光时期的内檐装修中，碧纱橱仍是使用最普遍的装修构件之一。储秀宫明间东西缝、体和殿东次间东缝、益寿斋室内、翊坤宫、太极殿以及东西配殿等处都用碧纱橱做室内隔断。

清代晚期的碧纱橱在尺度和形式都发生了一些变化。

[图3] 养心殿东东暖阁碧纱橱隔心、卡子花

碧纱橱最基本的形式是灯笼框隔扇心，以及各种变形的灯笼框或透雕花纹隔扇心，中间留出隔眼，以便中间夹以纱绸、书画等。清晚期的碧纱橱大多仍为普通的灯笼框隔扇心形式，卡子花则由原来简单的工字、回纹或卧蚕变为复杂的夔龙纹、松竹梅、龙凤双喜、梅花蝴蝶等写实性较强的卡子花。绦环板、群板一般为如意团图案，也有一些团复杂的雕花形式。（图3）

同光时期在宫廷内出现了一种新的隔扇心、横披心的形式——蝙蝠岔角隔扇心、横披心。新形式出现的原因是清晚期皇宫内玻璃使用的普及。玻璃具有透光度好、经久耐用等优势。原来复杂的隔心形式会妨碍玻璃的透光度，因而逐渐被简化，甚至被淘汰。取而代之的是横披和隔心部分都免去了复杂格纹，而只在四个角上用蝙蝠岔角以固定玻璃的做法。蝙蝠岔角夹玻璃隔扇心出现的具体时间尚不明确，应不会早于同治晚期。同治晚期的工程档案中记载，体元殿后抱厦内安装"厢安洋玻璃隔扇"[1]，圆明园天地一家春"中卷进深碧纱橱安玻璃心，加二面天然四季花"，[2] 以及从图纸[3]和烫样[4]来看，同治晚期的碧纱橱已经出现了夹玻璃的隔心形式。现存的体和殿、储秀宫、太极殿等处的碧纱橱隔心即为蝙蝠岔角镶玻璃的形式。（图4）然而，蝙蝠岔角隔心、横披心的碧纱橱仅在少数建筑中使用，主要用于储秀宫建筑区域，储秀宫是慈禧太后居住的宫殿，内檐装修名贵豪华。这也说明了尽管玻璃在清晚期使

[图 4] 体和殿碧纱橱

1　同治十二年十月初十日《活计档》胶片 40。

2　《圆明园》，第 1118 页。天地一家春的内檐装修设计不断改变，最后这槽碧纱橱安在了明间西缝。《圆明园》，第 1123 页。

3　郭黛姮、贺艳：《圆明园的"记忆遗产"：样式房图档》，第 620 页。

4　天地一家春烫样，资古建 00000709，故宫博物院古建部藏。

用大幅增加，但仍然是一种较为珍贵的材料，它仅在重要建筑的内檐装修中使用。

其次，隔扇的尺度发生了变化，乾隆时期隔扇的长宽比例约为 4.5：1 至 5：1，隔扇的上下比例即隔心与绦环群板的比例一般为 6：4，这是隔扇的传统比例关系。清代晚期部分隔扇变得细长，长与宽的比例约为 6：1，隔心与绦环群板的比值加大，达到 7：3，这也是同光时期碧纱橱的显著变化之一。

2. 栏杆罩

清代晚期栏杆罩的使用非常普遍，钟粹宫、长春宫、体元殿、太极殿、漱芳斋、葆中殿、养心殿、景福宫中都用了栏杆罩。（图 5）

栏杆罩在清代中期就已使用在皇宫建筑中，但数量并不多，同光时期栏杆罩使用范围之广、数量之大是清代中期所未见的。清代晚期的栏杆罩体量大，均用于建筑的进深方，纵跨房间。清代中期的栏杆罩虽然也见用于建筑进深方的间隔，但并不普遍，现仅见于萃赏楼内。且大多数的栏杆罩体量较小，用于小空间的分隔。

[图 5] **长春宫承禧殿栏杆罩**

清代晚期栏杆罩的形式也有别于清中期，清中期的栏杆"圈口牙子"[1]做法到清代晚期已不见，大量的是栏杆为荷叶净瓶的栏杆形式，即栏杆是由群板、绦环和荷叶净瓶组成，罩口部位是纹饰繁琐的花草花罩。

3. 落地花罩

落地花罩的普遍使用也是清晚期装修种类的变化之一。清代晚期装修的大量宫殿如储秀宫、体和殿、翊坤宫、太极殿、体元殿、漱芳斋等随处可见落地花罩。样式雷图档中亦存有大量的落地花罩图样、烫样。落地花罩出现很早，清中期的内檐装修就已经使用，但是当时的落地花罩体量较小，立于小间、楼梯间以及过道中，式样也较为简单，花纹的面积较小。清晚期用于分隔大空间的大型落地花罩增加，跨度大，雕饰花纹的面积加大。（图6）

4. 天然罩

清代晚期的档案中出现一种天然罩的记载："（储秀宫正殿）东次间面宽添安花梨木雕竹式天然罩一槽……（东进间）添安花梨木雕葡萄式天然八方罩一槽。""（储秀宫后殿）东进间添安花梨木雕竹式花天然罩一槽""（翊坤宫

[图 6] 翊坤宫花梨木透雕喜鹊登梅落地花罩

1 《内檐装修做法》，故宫博物院藏。

[图 7]　梅花式天然落地罩立样图

正殿）东次间花梨木喜鹊登梅花天然罩一槽，西次间花梨木藤萝松天然罩一槽。"[1]"（储秀宫正殿）东进间进深添安花梨木雕葡萄式天然栏杆罩一槽,西次间进深花梨木雕子孙万代葫芦式天然栏杆罩一槽。""（翊坤宫东配殿）添安花梨木天然式栏杆罩一槽。""（体和殿东配殿）次间安花梨木雕葡萄花天然式栏杆罩一槽,（体和殿西配殿）次间安花梨木雕葡萄花天然式栏杆罩一槽。"[2] 可幸的是档案中记载的储秀宫区域的内檐装修都完好地保留了下来，为我们认识天然式罩提供了可靠的证据。样式雷图档中也保留了大量的天然罩图样。（图 7）

　　天然式即是一种随自然之形的图案纹饰，天然罩即是雕刻写实花纹的落地花罩。"雕竹式天然罩"也就是满雕自然形态竹纹的落地花罩。"雕天然式松梅藤花式罩"即雕刻松树梅花藤萝花落地花罩。"喜鹊登梅花天然罩"即雕刻喜鹊登梅图案的落地花罩。"雕玉兰花天然罩"则是雕刻玉兰花纹饰的落地花罩。天然栏杆罩就是栏杆部位没有净瓶、绦环板、群板之分,它与花罩部位一样满雕花纹,落地花罩中间开方形窗也称为天然栏杆罩。"雕葡萄式天然

1　光绪九年二月至十月《翊坤储秀等处题头清档》,《内务府活计档》胶片 44。
2　光绪九年二月至十月《翊坤储秀等处题头清档》,《内务府活计档》胶片 44。

[图 8] 雕子孙万代葫芦式天然栏杆罩

栏杆罩""雕子孙万代葫芦式天然栏杆罩"（图 8）即栏杆罩的大小花罩及栏杆部位都满雕刻葡萄、葫芦纹样。"雕葡萄式天然八方罩""雕梅花天然式飞罩""天然式松鼠葡萄花飞罩""雕牡丹花天然式飞罩"等也都是满雕自然形态纹样的八方罩和飞罩。

这些自然式罩都是采用了透雕工艺，"透雕自然花纹的工艺不会早于道光时期，并且迅速发展替代了 18 世纪的几何纹样"[1]。它出现后就受到大众的追捧，但由于费工费料造价高昂，一般在装修中只会少量使用。同治十三年改造长春宫时，档案中出现了制作"紫檀木雕花天然式加白檀香葡萄三屏风宝座足踏"[2]的记载。同年重修圆明园的装修设计中天然罩[3]开始普及。天然罩大致在同治晚期才在清宫内大肆流行开来，光绪时期清宫内的装修工程大量采用天然罩。

清代晚期其他形式的装修也有着不同程度的变化。几腿罩、飞罩在晚期以"单边飞罩"为主、落地罩的使用则不如早中期普遍等。这些都构成了清

1　郭黛姮：《华堂溢采》，第 26 页。

2　同治十三年十月十九日，《活计档》胶片 41。

3　《圆明园》，第 1118-1132 页。

代同光时期内檐装修种类和形制特点。

清代晚期的皇宫建筑内檐装修用碧纱橱、落地罩以及大型的落地花罩、栏杆罩等装修间隔室内空间，使空间有的隔开，有的又似隔非隔，彼此连通，房间显得宽敞而多变，增加了室内的连贯性。清晚期的内檐装修形式更为活泼、开放，特别是大型透雕的自然式花罩和栏杆罩的大量使用，使得居室空间更加通透、开敞，空间的变化性和流动性更强。

（二）装修材质

楠柏木是清宫制作装修的主要木材。清代中期的乾隆时期，宫中多用紫檀木等硬木。清代晚期，迫于经济压力和珍贵木材减少的原因，紫檀、黄花梨以及红木等高档硬木装修极为少见，装修的主要用料是楠木、柏木。

除楠木、柏木这两种常用的木材外，光绪九年修改储秀宫内檐装修时，储秀宫、储秀宫后殿、翊坤宫及其后殿几乎都换了花梨木装修[1]。这种花梨木与明代和清代早中期的黄花梨木不同，它是泛指各类紫檀属的花梨，色泽、纹理、密度均不如黄花梨。储秀宫的修缮是为了庆祝慈禧太后的 50 岁寿辰，花梨木在当时尚属较为珍贵的硬木材料，用它制作装修显示出装修的高贵。

铁梨木、榆木、杉木、椴木、榉木等一些杂木也是清代晚期制作装修的木料。清代同治时期复建圆明园的档案记载采购花梨木、铁梨木制作装修。[2]光绪九年储秀宫区域的建筑装修，用花梨木装修，而枕框、挂面板、门头花等构件用榆木，床用杉木。[3]清宫装修中的床、槛框等构件大量使用此类杂木。

清代晚期的装修常采用一种名为"打紫檀色"的技术（图 9）。同治十二年（1873）装修体元殿后抱厦内檐"东间添安楠木打紫檀色嵌洋玻璃隔断一槽，中间厢安楠木打紫檀色边洋玻璃三扇，暖阁内添安楠木打紫檀色二面雕半彩地万福万寿迎手靠背宝座一座"[4]。天地一家春的装修也是"俱要紫檀色"[5]。光绪十年（1884）翊坤宫东、西水房、西耳殿添做的鸡腿罩顺山床、栏杆罩、后檐床、前檐床、鸡腿罩等，"以上装修板墙俱打紫檀色烫蜡"。翊坤

1　光绪九年二月至十月《翊坤储秀等处题头清档》，《内务府活计档》胶片 44。

2　同治十一月二十六日《堂谕司谕档》，《圆明园》，第 1075-1076 页。

3　光绪九年二月至十月《翊坤储秀等处题头清档》，《内务府活计档》胶片 44。

4　同治十二年十月十一月，《内务府活计档》胶片 40。

5　《圆明园》，第 1118 页。

[图9] 燕喜堂碧纱橱

宫前殿添安鸡腿罩、佛柜、佛桌等，"俱做杉木打紫檀色烫蜡"[1]。"打紫檀色"就是在原木上涂上一层紫檀色漆，制造出优质木料紫檀的效果。

1　光绪十年七月八月九月，《内务府活计档》胶片45。

　　清代晚期的装修由于大料的减少，这些制作装修常用旧料和次等的木料，木材有很多木结或者空洞，为了弥补木材的缺陷，技师们采用了一种巧妙的补救方法，即挖掉木结或空洞，用一些雕刻的小物件添补上去，如小亭、苹果、辣椒、葫芦、小花、小鸟、小鱼等，然后打磨平整，这样既弥补了木材的缺陷，又具有活泼有趣的装饰效果。（图 10）

　　（三）装修工艺

　　内檐装修属小木作工艺的一种。清代中期的雍正、乾隆、嘉庆时期，追求装修的材质和艺术效果，将各种材料和工艺用于装修上，镶嵌、髹漆等工艺甚为流行。清代晚期，这些复杂的工艺几乎已经见不到了，取而代之的是木雕工艺的发达，落地花罩、栏杆罩上大面积的透雕花纹是以往所未见的。（参见前文《木雕工艺的精美表现——落地花罩》）

　　内檐装修的制造选材严格，工艺要求高，制作过程复杂，通常要经过凿、清、磨、烫蜡等多道工序方能完成。利用原木的色彩和纹理略加修饰、雕刻，既保持了木质的纯正，又造就了丰富的图案。

　　（四）装修纹饰

[图 10] 体元殿内檐装修框架

　　装修纹饰有着极强的表现力和寓意。在中国的吉祥图案中，凤凰被奉为鸟中之冠，百鸟朝凤。慈禧执政期间大量使用凤鸟图案，寓意她统治下国泰民安。

　　清代晚期的内檐装修纹饰突出的特点是象征着富贵、长寿、子孙万代的吉祥图案如"蝙蝠流云""鹤鹿长春""松鹤延年""竹梅双喜""喜上眉梢""瓜瓞绵绵""葫芦万代"以及牡丹、松、桃、寿石、石榴等在装修上普遍应用。

景福宫福寿纹栏杆罩、落地罩，葆中殿楠木万字蝙蝠流云落地花罩，翊坤宫花梨木透雕喜鹊缠枝梅花落地花罩，承禧殿楠木透雕喜鹊梅花大小花罩栏杆罩，体和殿花梨木透雕缠枝牡丹飞罩，储秀宫花梨木透雕缠枝葡萄落地花罩，都是以具有美好寓意的图案装饰装修构件的典型例子。

装修纹饰的表现形式也发生了变化。清代中期的纹饰无论是隔心横披心的卡子花，还是绦环板、群板的纹饰以及花罩图案，多以程式化的夔龙、夔龙团、穿花龙、回纹、博古等图案形式表现。清代晚期的装修纹饰则以写实的自然形态表现，大量使用天然罩，卡子花的松竹梅、绦环板上的兰花寿石等，把写实花鸟画的表现手法运用到装修上，纹饰图案写实、活泼。

三、新型装修风格的出现：西洋卷草纹花罩

西洋纹饰随着西风东渐进入宫廷，雍乾时期的装修中就已出现西洋纹饰，西洋花活融入到中国传统装修中，西洋风格若隐若现。清代晚期，大量西洋卷草纹花罩一改传统风格，表现出显著的西洋风格。

体元殿明间东西缝各安一槽花梨木透雕万字锦地卷草花卉落地花罩，东次间安花梨木透雕卷草花卉大小花罩花卉净瓶贴雕花卉卷草盒子心栏杆罩。栏杆罩上方的花罩雕刻卷草牡丹，大花罩上雕刻五组上卷的卷草和倒垂的盛开牡丹，周围点缀花草。小花罩亦为卷草牡丹纹。下边是荷叶净瓶栏杆，圈口内圆雕荷叶净瓶，双面贴雕卷草花卉盒子心，双面贴雕卷草纹绦环板。花罩部位透雕的卷草牡丹，花饰中央以向上翻卷的卷草包裹着一列小花，底部盛开的牡丹面向下垂。两边卷草牡丹与中央纹饰相似，不同的是中央卷草捧着的则是一朵向上盛开的牡丹。这种纹饰构图与西洋纹饰非常相似。西洋纹饰的装饰在中央的卷草包裹的一般都是人头装饰，人头装饰下延伸出两层或上卷或下翻的卷草叶。中国传统纹饰不用人头装饰，以花卉替代，卷草的装饰则与西洋装饰基本相同。雕刻纹饰深邃，先透雕底纹，再高浮雕卷草花卉，花纹凸起，立体感很强。荷叶净瓶采用圆雕手法雕刻卷草花卉和花瓶，传统装修的荷叶净瓶也采用圆雕形式，但呈扁片状，而非立体圆雕。（图11）大型卷草花卉纹样的造型和透雕、高浮雕手法，具有典型的西洋洛可可风格。

太极殿花梨木透雕球纹锦地凤鸟落地花罩，花罩透雕凤鸟花卉，先雕刻球纹锦地，锦地上再雕刻凤鸟及花卉。花罩中心为一只凤鸟，展翅欲飞，两边大

［图 11-1］ 体元殿透雕卷草花卉落地花罩栏杆罩

[图 11-2]　体元殿栏杆罩花罩

[图 11-3]　体元殿栏杆罩净瓶

卷草环绕，下面倒垂的牡丹花，两边对称。纹饰舒展流畅，层次分明。漱芳斋楠木透雕鱼鳞地牡丹花卉落地花罩，象征富贵的中国纹样牡丹纹和西洋卷草纹结合在一起。(图 12)

清晚使用期西洋大卷草纹装修，装修的纹饰题材沿用中国传统吉祥纹饰如牡丹花卉、凤鸟等纹样，大面积配以西洋卷草纹，使其整体呈现出典型的西洋纹饰特点。图案造型和构图也呈现西方特点，突出中心纹饰，中心花卉大且居中，两边花卉小、对称，而不是采用中国传统四方连纹样布局。雕刻手法模仿西方深邃、多层的立体雕刻，先透雕底纹，再高浮雕卷草花卉，花纹凸起，立体感强。大型卷草花卉纹样的造型和透雕加上高浮雕手法具有典型的西洋洛可可风格。

清代晚期从 1840 年鸦片战争开始，经历英法联军、八国联军侵华之后，中国的大门被西方列强强行打开，加入全球化浪潮。这一次的浪潮中，"西人东侵是三千年来所发生的最大的变化"，"这是五千年来最大的变化"，是"亘古未有的奇变"。[1] 中国传统的外交关系彻底崩溃，"西风东渐"势不可遏，它以一种西方强力推进、中国毫无招架之力的态势进行，中西文化的交流和冲撞进一步加深。西方人大量来华，中西杂处，中国人走出国门，在生活、物质、文化、艺术上都给中国带来了前所未有的变化。

晚清宫廷艺术试图依旧保守传统。醇亲王奕𫍽建议，朝廷应向人民以身作则，率先摒弃无用的西洋物品。[2] 据说徐桐痛恨看到西式建筑物，他说宁愿让他的国家残破，也不愿它改革。[3] "闻醇邸条陈内有圣学一条，责成倭某等四人，并保举托云等数人教蒙古语，又请摒除一初奇技淫巧洋人器用。又言奇服间色不可服御，余未知何事"。[4] 作为宫廷的实际统治者，慈禧太后主政以后，不断与外国签订丧权辱国的条约。她虽成功地摧毁光绪的变法运动，但她亟欲废黜光绪帝之举却又遭到列强的极力阻止，不免加深了她的仇外情绪。遭受到八国联军强烈的打击之后，她对西方的看法产生了巨大的转变，

1　[美] 费正清、刘广京编：《剑桥中国晚清史》(下卷)，中国社会科学出版社，1985 年，第 155 页。

2　同上，第 175 页。

3　同上，第 176 页。

4　[清] 翁同龢著，陈义杰整理：《翁同龢日记》，第 2 册，"同治九年十一月十八日 (1 月 8 日)"，中华书局，1992 年，第 819 页。

[图 12] 漱芳斋落地花罩

采取了一些真正的改革措施，使中国朝着现代社会逐渐迈进。同时她对西方艺术和技术的看法也发生了很大的改变。慈禧太后晚年，对于西洋之事逐渐接纳，接受了照相技术并一发不可收；同意了西洋画家卡尔女士和胡佛博士为她绘制御容；用西洋式风格布置室内空间，"殿内的一切设备早已决定完全采用西式，当然只有宝座仍旧是满洲的风格。太后参照着我们从法国带来的目录单，一一比较着各种家具的型式，最后才决定选用路易十五式，但各物都须漆有皇家特有的色泽——黄色，帘毯等的颜色也必须如此"[1]，且"殿上有供列泰西装饰品多事"。[2] "1903年她在宫中以国际礼仪设宴招待了外国公使夫人便是一大创举与突破，慈禧不但亲自接见这些驻华国际妇女，带领她们在颐和园内游览，事后还对西洋妇女的服饰及体态进行一番评头论足。这项打破对洋人固有成见的轻松片刻，代表她晚年趋向改革和理性的心态"。[3] 清代晚期宫中大量西洋风格装修就是在这样的背景中出现的。

从清代晚期的西洋风格的装修中明显地看出，此时的皇宫对于西洋艺术的吸收已经没有能力像乾隆时期那样具有强烈的主动性，经过选择、改造、利用以及不断儒化的过程，将西洋的艺术融入到中国的传统艺术之中。清代晚期的西洋纹饰似乎以一种势不可挡的力量进入宫中，即使装修的形制、装修的图案都是中国固有的形式，其整体仍表现出鲜明的西洋风格。

西洋大卷草纹饰的出现改变了传统的内檐装修古拙、含蓄、细腻的装饰风格，呈现豪迈、奔放的气息，与传统装修形成了鲜明的对比。

四、室内空间宽敞豁亮

（一）空间分隔简洁

社会的进步、技术的革新、新材料的使用和观念的改变使清代晚期皇宫室内空间的设计产生了很大的变化。与清代中期室内空间趋于小型化、复杂化、多层化不同，清代晚期室内空间变得简单和宽敞。

1　德龄著，顾秋心译：《慈禧御前女官德龄回忆录》，黑龙江人民出版社，1988 年，第 360 页。

2　[美] 卡尔女士著，陈霆锐译：《慈禧写照记》，中华书局，1915 年，第 31 页。

3　冯幼衡：《皇太后、政治、艺术：慈禧太后肖像画解读》，《故宫学术季刊》第 30 卷第 2 期，第 121-122 页。

同治皇帝在重建圆明园慎德堂时说："朕最爱豁亮，假柱均撤去不要。"[1]皇宫内掀起一股拆除隔断、仙楼之风。

位于西六宫之西的重华宫，是乾隆皇帝的龙潜之地。乾隆时期明间东西设碧纱橱二槽各八扇，东西间用隔扇、落地罩、隔断墙再次分隔。清代晚期改造重华宫东间，拆除明间东缝的碧纱橱，换成了光绪九年为储秀宫制作的栏杆罩。栏杆罩的材质、纹饰、工艺和尺寸与档案记载的光绪九年为储秀宫明间西缝制作的花罩相同。"（储秀宫正殿）西次间进深花梨木雕子孙万代葫芦式天然栏杆罩一槽，随冬季换安花梨木碧纱橱一槽计十扇。"[2]现储秀宫明间西缝为碧纱橱，推测清代晚期将栏杆罩换安在重华宫，重华宫原碧纱橱则保存在古建部库房。又拆除了东次、梢间的隔断墙，两间连通，东墙顺山搭炕，东边变成了一个连通的大空间。

养心殿在清中期空间分隔复杂，东暖阁和西暖阁一样，是一个被分为前后两楹、上下两层的多重空间。同治十三年（1874），拆除东暖阁仙楼，东暖阁改为单层空间；南部东缝栏杆罩，南墙搭炕；北部分为三个空间，东间为封闭独立的空间，中间和西间联通，变成现在所见到的宽敞、明亮的东暖阁。

清代晚期的同治光绪时期室内空间的组合一改清代中期的横向和纵向空间复杂的空间分割，趋于简单宽敞。

（二）室内豁亮通畅

清代晚期，大型花罩流行，天然式罩无论是落地花罩、飞罩还是栏杆罩，下部基本落空，花罩部位又采用透雕手法，通透性强。它们虽然起到间隔空间的作用，却不像碧纱橱封闭性那么强，使得居室空间隔而不断，空间更加通透、流动、开敞。

储秀宫东次间前檐设炕，后檐安透雕竹纹落地花罩，东梢间前檐为炕，后檐柱间安花梨木八方罩，内挂幔帐，为隐秘空间，室内案上供放陈设。东次、梢间之间安落地花罩，中间落空以便往来，使东次、梢间相连，花罩两侧又开洞窗，互为对景，减少了沉重压抑之感。

1 《圆明园》，第1123页。

2 光绪九年四月初九日，《活计档》胶片44。

体和殿明间东西缝各安一落地花罩，西梢间安飞罩，东梢间安碧纱橱，虽然分为五间，由于飞罩和落地罩的通透性强，除东梢间封闭外，其余四间组成了一个大的相连的空间。（图13）

清代晚期皇宫内玻璃使用逐渐普及，皇宫内每一次修缮工程都会把外檐窗户换安玻璃，修缮把养心殿时窗户都换了成玻璃屉窗。同治八年（1869）修缮长春宫的时候，档案记载体元殿隔扇安"广片玻璃"。广片玻璃是广东生产的平板玻璃，但透明度不如进口玻璃。同治十二年（1873）再次修缮长春宫，外檐门窗几乎都换上"洋玻璃"[1]，透光性更强。天地一家春的室内大量地采用玻璃、玻璃镜装饰。[2] 储秀宫的内外檐装修几乎全部"厢安洋玻璃"。内檐装修上也逐渐使用玻璃代替夹纱。同治六年体元殿的东西间安装"冰纹式元光门夹堂隔扇二槽"，"俱安广片玻璃"[3]；同治十二年修缮体元殿后抱厦戏

[图 13] 体和殿内景

1 同治十二年正月二十四日、同治十二年二月初十日《活计档》胶片39。

2 《圆明园》，第11218-1119页。

3 《活计档》胶片36。

台，室内用玻璃装修[1]。玻璃的透光强度大大高于传统的高丽纸和丝织品，使得室内更加明亮。

清代晚期，玻璃普遍使用，室内空间分隔简单，加之大型落地花罩、飞罩等装修构件的使用，使得室内光线明亮，空间宽敞豁亮。

总　结

清代晚期的同治、光绪时期，宫廷内外进行了大量的建筑修建、兴建工程，使皇家建筑工程又达到另一个高峰。皇宫建筑工程更换了大量的内檐装修。由于时代的变迁、技术的更新、工艺的演变、新材料的出现以及审美取向变化等原因，清代晚期的内檐装修无论是装修类别、形式、材质、工艺和纹饰都表现出非常鲜明的时代特点。内檐装修使用楠柏木以及少量的花梨木制作，出现了新的装修形式。工艺以透雕为主，吉祥花鸟和西洋花卉成为主要的装饰题材。同光时期的内檐装修形式更为活泼、开放，特别是大型的透雕落地花罩和栏杆罩的大量使用，使得居室空间更加通透、开敞。

1　同治十二年十月初十日《活计档》胶片 40。

第六章 帝王品位

建筑空间的设计取决于多种因素：大而言之，时代和民族决定了艺术的特征；就个体而言，使用者的性别、等级、社会和经济地位决定了建筑空间的装饰。皇家建筑特点的形成受到建筑的等级、规制的约束，有着强烈的政治意向。装修艺术也受到同时代的文化、艺术、工艺特质的影响，是时代精神的产物，它反映着创造它的那个时代的艺术。艺术家自身的文化素养和艺术品位决定着艺术品的风格，在皇家艺术中，帝王的喜好在风格的形成中起到不可估量的作用。

第一节　乾隆皇帝艺术历程的观察
——以地方制作的宫廷内檐装修为例

导言：乾隆皇帝与皇宫建筑内檐装修

乾隆时期国力富强，建筑技术发展迅速，装修技艺异彩纷呈，木器、玉器、竹器、漆器、珐琅等各种工艺得到充分发展。乾隆所处的时代也是中西文化艺术交汇之时，随着东西方贸易的增加和西方传教士的深入，西方艺术的影响逐渐渗入到中国大地，在这样的时代背景下为皇宫内檐装修兼收并蓄创造出丰富多彩的装修风格提供了条件。然而，帝王的品位在风格的形成中起到不可估量的作用，它甚至可以打破或改变艺术品发展的内在规律。

乾隆皇帝非常关注皇宫建筑的内檐装修，特别是他使用的建筑，更是倾注了大量的心血，翻阅造办处《活计档》，他下旨制作、修改内檐装修的记载比比皆是，他对于装修的式样、风格、质量都有很高的要求。乾隆皇帝严格地控制着装修的设计和制作。首先，乾隆皇帝先针对装修的式样、材料质地、图案纹饰还有制作地点提出基本要求。设计师根据皇帝的要求设计出几套装修图纸向皇帝呈览，供皇帝挑选，在征得皇帝的同意后才能制作。装修制作完工后，乾隆皇帝对装修上的金属构件也很关心，使用什么样的铜面叶也要亲自选定。最后，旧的装修如何处理也考虑得面面俱到。[1]

古人云："世之兴造，专主鸠匠，独不闻三分匠七分主人之谚乎？非主

---

1 《总汇》第 17 册，第 96-97 页。

人也，能主之人也。"[1] 设计师是建筑的主导者，一座建筑艺术风格的形成取决于设计师，设计师水平的高低决定着建筑的艺术水准。然而，在乾隆的皇宫里，情况并非如此，这里的"能主之人"并不是设计师，而是乾隆皇帝本人。乾隆皇帝根据自己的审美情趣对装修设计制作加以干预，设计师只能是在乾隆皇帝限定的范围内进行有限的创作，创作的作品还要再次受到乾隆皇帝的审核；即便是设计师自主创作的作品，最终的选择权和决定权也掌握在乾隆皇帝的手里，只有那些符合了帝王审美的作品才能得以实施或被收藏。因此，为了博得乾隆皇帝的赞同，设计师们无时不在揣摩乾隆皇帝的喜好，迎合乾隆皇帝的品位，设计师自身的才能很难得以充分发挥。在皇宫里从业的中国匠师也许已经习惯了这种受制于帝王的设计方式，也从未从他们那里听到任何怨言，即便有也不敢说。一些技艺精湛的工匠只能用消极的方式抵抗着皇宫的清规戒律。不过我们可以从在清宫供职的外国传教士那里听到对这种处处受制的艺术创作的抱怨，[2] 外国的传教士在乾隆皇帝的喜好面前都不得不做出妥协，不敢有所违逆，更何况中国的工匠。由此可以看出，乾隆皇帝虽然并不亲自设计、制作，但他对艺术品的鉴赏力主导着乾隆时期宫廷艺术的走向。乾隆皇帝的艺术品位对于皇宫装修风格的形成和变化起到决定性的作用，乾隆时期皇宫的内檐装修从某种方面可以说反映了乾隆对建筑及艺术品的审美。

纵观乾隆时期的皇宫建筑内檐装修，其工艺和艺术特色丰富多彩，然而仔细分析，乾隆时期的内檐装修风格呈现出明显的阶段性。即使前后模仿的建筑在形制与空间布局均相同的情况下，装修的工艺和风格也相差甚远。

例如，养性殿仿养心殿而建，其使用功能和空间格局一如养心殿，所采用的装修形式也相同。西暖阁后部各有一个长春书屋，乾隆十三年改造养心殿长春书屋，乾隆三十七年建造养性殿长春书屋，长春书屋外均安圆光门与塔院相通。

养心殿圆光门，圆光门用豆瓣楠包镶制作[3]，素面，无任何装饰。养性殿圆

1　[明]计成：《园冶》"兴造论"，张家骥著：《园冶全释》，第162页。
2　转引自江滢河：《乾隆御制诗中的西画观》，第58页。
3　《总汇》第15册，第674页。

[图 1-1] 养心殿圆光门　　　　　　　　[图 1-2] 养性殿圆光门

光门，双色竹丝龟背锦地紫檀贴雕竹梅嵌玉，工艺复杂，材料丰富。（图 1-1、1-2）

　　这也就说明，乾隆皇帝的艺术品位在他执政的六十年期间，是逐渐变化的。

　　乾隆皇帝的审美品位经历了什么样的变化？又是什么原因导致乾隆皇帝审美品位的改变呢？这都有待于我们去解决。本文将以乾隆时期地方为皇宫制作的内檐装修风格的变化为例探讨乾隆皇帝的艺术审美历程。

一、地方制作宫廷内檐装修之史料整理

　　乾隆时期，地方利用材料优势、技术力量以及中央和地方财政支持，为宫廷提供了大量所需物品：如江西是御用瓷器的供应地；三织造是御用织绣的生产地；粤海关为皇宫提供珐琅、玻璃、家具等器物；苏州、扬州为宫廷制作玉器；扬州还为皇宫制作漆器等。在宫廷建筑内檐装修中，除内务府制作的部分，各地也为宫廷定制部分精美的装修，拙文《扬州匠意：宁寿宫花园建筑内檐装修》[1]，以扬州为宁寿宫花园制作的内檐装修个案为例，试对地方

1　见第三章第二节。

制作的宫廷装修流程进行了研究。

清代档案遗存浩繁庞杂，记录宫殿建筑工程的档案主要集中在内务府的各类卷宗中，为我们研究宫廷建筑提供了大量珍贵的资料。从档案查找的情况看，乾隆年间内务府之外各地方承办宫廷装修活计，主要集中在三个地区：粤海关所在地广州，以苏州织造所在地苏州为主包括江宁和杭州的江南地区，两淮盐政所在地的扬州。

乾隆时期的档案中有关粤海关制作宫廷内檐装修的记载主要有：

乾隆十年七月二十一日，司库白世秀来说，太监胡世杰传旨：重华宫仙楼上下隔扇、横楣、栏杆、群板、绦环，俱着画宋龙样呈览，准时交粤海用紫檀木成做，其堂子交苏州用月白地透缂丝花树鸟花纹。钦此。于本日，司库白世秀将画得宋龙隔扇、横楣、栏杆、群板、绦环纸样持进，交太监胡世杰呈览。奉旨：隔扇、横楣、栏杆、群板、绦环，俱照样准两面做，交粤海用紫檀木成做，其堂子用月白地透缂丝花树鸟花纹，照样准交苏州成做。钦此。[1]

乾隆十四年正月初八日，司库白世秀来说，太监胡世杰传旨：正宜明道（按：正宜明道即漱芳斋前殿）内着做紫檀木隔扇三槽，其心子要万蝠流云，群板内雕宋龙，仍用旧绣片，先画样呈览，准时交粤海关成做。钦此。于本月十三日，司库白世秀将画得坐龙隔扇纸样一张、行龙飞罩纸样一张持进，交太监胡世杰呈览。奉旨：照样准做坐龙隔扇。钦此。于十五年四月二十三日，员外郎白世秀、库掌达子，将粤海关送到正宜明道东西北隔扇三槽、飞罩横披一槽持进，交太监胡世杰呈览。奉旨：着照怡情书史班竹隔扇上铁鋄金鹅项硼坎拔浪面叶等往细里照样成做。钦此。[2]

乾隆十四年正月初八日，司库白世秀来说，太监胡世杰传旨：重华宫东西两边着做紫檀木隔扇二槽，心子要万蝠流云、群板雕宋龙，其绣片照正宜明道隔扇上绣片一样绣做，要米色地，先画样呈览，准时隔扇交粤海关成做，绣片交南边绣做。钦此。于本月十三日，司库白世秀将画得万蝠流云群板雕宋龙纸样一张、博古隔扇纸样一张持进，交太监胡世杰呈览。奉旨：照博古

1 《总汇》第 13 册，第 723 页。

2 《总汇》第 17 册，第 96-97 页。

隔扇样准做，横楣要三个堂子。钦此。[1]

此外，粤海关还为圆明园清晖阁、奉三无私[2]、西洋水法房[3]，静明园华滋馆[4]等处制作了大量的内檐装修。粤海关为宫廷制作的内檐装修的时间基本上集中在乾隆十年（1745）至三十年（1765）之间，其中乾隆二十年（1755）以后延续之前为宫廷制作的装修，此后的记录减少，宫廷装修的制作地转向江南地区。不过，乾隆一朝，粤海关一直为宫廷建筑装修服务，乾隆五十二年（1787）仍向宫廷进贡少量装修[5]。

苏州则一直为宫廷制作匾联和建筑装饰中使用的缂丝、织绣作品等。乾隆十四年（1749），档案中首次出现江南为清宫制作装修的记载，二月记事录："二十日，司库白世秀来说，太监胡世杰传旨：新做落地罩他萨矮了，着改做与明间下坎一般高。再柏木到底不好，嗣后如做罩隔扇时，交南边用竹穰子做心子、紫檀木边框送来，在京内成做镶嵌石子。钦此。"[6]档案中的"南边"没有指明确切地点，从档案记载习惯上可以认定是苏州、杭州等江南地区。此后苏州制作的装修记载逐渐增加。

乾隆二十一年四月行文，二十九日，员外郎白世秀、金辉来说，太监胡世杰交雕竹心漆挂屏一件，传旨：将清晖阁西梢间宝座后方窗尺寸量准，发给安宁（按：安宁时任苏州织造监督）处成做。其边框要照伊所进竹丝格柜门之边框花纹一样，心子要透亮竹丝蒙的蒙上，按交出漆挂屏心内竹式花纹画给，用竹子成做，到时将现安窗户拆下换上。钦此。于五月初三日，员外郎白世秀、金辉，将画得窗户纸样一张持进，交太监胡世杰呈览。奉旨：大边准照竹式花纹成做，其心子内山石竹子要一面成做。钦此。于十一月初七日，郎中公义、穆隆阿，将瑞保送到清晖阁竹窗一件持进，交太监胡世杰呈览。

---

1 《总汇》第 17 册，第 97 页。

2 乾隆二十八年六月初四日庚寅："粤海关监督尤拨世呈为成做圆明园紫檀装修格扇等项事"，中国第一历史档案馆藏《军机处录副奏折》，缩微号 079-1308。

3 《总汇》第 18 册，第 425-426 页。

4 《总汇》第 21 册，第 456-457 页。

5 《总汇》第 50 册，第 43-44 页。

6 《总汇》第 17 册，第 178 页。

奉旨：着送往清晖阁安装。钦此。[1]

乾隆二十一年十一月行文，初八日，郎中白世秀、员外郎金辉来说，太监胡世杰传旨：凝辉堂现安方窗一扇，着将尺寸量准画样呈览，准时交安宁照新做来清晖阁铜丝竹窗一样，成做送来。钦此。于本月二十一日，郎中白世秀、员外郎金辉，将画得凝辉堂方窗小纸样一张持进，交太监胡世杰呈览。奉旨：准发于安宁，照样往文雅里放大样成造。钦此。[2]

于乾隆二十八年五月十九日，接奉兵部加封办理军机处大人文开：乾隆二十八年五月初七日，经内务府大臣三（按：指三和）等将圆明园内奉三无私、乐安和、怡情书史、清晖阁内檐装修样四座呈览。奉旨：照旧式紫檀成做者，仍交广东成做；湘妃竹成做者，交苏州成做。钦此。本月十二日，将应做湘妃竹装修画样呈览。奉旨：即交该处作速成做。钦此。钦遵。今将应做湘妃竹装修画样十五张，俱开写长短宽厚尺寸并营造尺一杆，一并发往苏州织造校对明白详细，敬谨照样成做，务期八月十五日前送到安装，不可有误。等因到苏。当经前任织造萨载照依来样购办物料，鸠工攒做，今俱完竣。于七月初五日由水路赶解进京，除备文呈送圆明园工程处应用外，相应呈明。为此，具呈。[3]

苏州还承担了一些宫廷零星装修[4]，江南的杭州[5]等地也为宫廷承办少量的装修构件。乾隆三十五年后，苏州制作的装修逐渐减少，档案中仅见于乾隆三十六年淳化轩西间"现安南来竹子包镶落地罩"[6]。

扬州也是宫廷器物的重要制作地点之一。扬州为宫廷制作装修，乾隆三十四年始见，称"两淮送到怡情书史斑竹横楣十扇"[7]。此后扬州成为宫廷装修的主要制作地。乾隆三十七年修建宁寿宫，宁寿宫花园建筑的内檐装修基本

1　《总汇》第 21 册，第 764 页。

2　《总汇》第 21 册，第 769 页。

3　乾隆二十八年七月初五日庚申："署理苏州织造高恒呈为承做圆明园湘妃竹装修物件完竣送京事"，中国第一历史档案馆藏：《军机处录副奏折》，缩微号 079-1321。

4　《总汇》第 19 册，第 393 页；《总汇》第 22 册，第 611-612 页；《总汇》第 27 册，第 459 页。

5　《总汇》第 22 册，第 736 页。

6　《总汇》第 34 册，第 444 页。

7　《总汇》第 32 册，第 358 页。

上都是由扬州承做。（档案摘录见《扬州匠意：宁寿宫花园内檐装修》一文）

乾隆晚期，两淮盐政徵瑞为圆明园定制室内的雕漆隔扇[1]。嘉庆年间，两淮盐政为圆明园建竹园和接秀山房，承办紫檀和"周制"装修大小四百余件[2]。

通过整理乾隆时期的内檐装修档案，发现一个很有趣的现象，即乾隆时期地方制作的宫廷装修因时间性而产生的地域性变化非常明显：乾隆十年出现粤海关制作的装修后，至二十年基本上都是广州一地为宫廷制作内檐装修；二十年以后，虽然粤海关继续为宫廷制作内檐装修，同时出现了江南制作的新式装修，并且数量逐渐增加。直至三十五年左右，制作地点是以苏州为主，江宁、杭州也承担少量的活计；三十五年以后，宫廷的装修活计又改由扬州承担。

产生这种现象的原因与清中期这些地方木装修技术的发展和工艺特色以及乾隆皇帝审美取向是分不开的。地方成熟精湛的装修工艺为宫廷装修的制作提供了扎实的技术基础，乾隆皇帝的审美取向决定了对地区工艺的选择并造成了宫廷装修风格的变化。

二、清代中期地方装修的工艺特色

乾隆时期，由于生产和经济的发展，全国各地的建筑业迅速推进到一个新的阶段，各地的建筑及其装饰特征越来越鲜明，内容越来越丰富。广州、苏州、扬州等地的内檐装修技术发展迅速且具有自己独特的风格。

（一）广州样

广州是岭南建筑的代表地。由于地域和气候的特点，岭南的传统建筑采用大面积的门窗装修，内部隔断也使用通透的木装修手法，木装修工艺在广东建筑中具有重要地位。

清初的广州，硬木制作刚起步，还没有形成自己的风格，屈从于"苏州样"，[3]但做工已达"穷工极巧"[4]。经过康熙、雍正朝木器工艺的发展，又加上受到西洋

1　朱家溍：《清代造办处漆器制做考》，第12页。徵瑞于乾隆五十二年左右任两淮盐运使，这批雕漆装修应该制作于乾隆五十二年左右。

2　[清]钱泳：《履园丛话》，第322页。

3　杨伯达：《从清宫藏十八世纪广东供品管窥广东工艺的特点与地位》，第353页。

4　[清]李渔：《闲情偶寄》，第165页。

建筑装饰的影响，到乾隆时期，广州形成自己的有别于京、苏的"广州样"。

广州是贵重木料的主要聚集地，南洋各国的优质木料多经由广州进口，原料充裕。广州样在用材上很讲究木质的一致性，一般一件装修都是一种木料制成，且使用贵重木材，如紫檀木、花梨木等。为了充分显示优质硬木的纹理、质地和光泽之美，广州木器在制作时不油漆里、上面漆，不上灰粉，打磨后直接揩漆，呈现出木质的色泽和纹理。

装修中的隔扇为了采光与透气，隔心用棂条组成各种图案，或施以双面透雕，图案多取自历史故事、民间传说，如渔樵耕读、福寿吉祥等，纹饰细腻、繁密。群板和绦环板施以简单的剔地雕刻，主体多为博古、花鸟。（图2）落地罩、挂落等装修，通体透雕，海水、龙凤、缠枝花卉等连绵不断，并吸收了外来纹饰，创造了花样多变的华丽的装饰纹样，带有巴洛克纹样特点。装修雕刻手法受西洋影响，浮雕、透雕纹理深厚、浑圆。另一方面，由于西方的珐琅、玻璃等产品的引进，广州装修制作上善于综合运用珐琅、玻璃、象牙、镀金、錾铜等技艺，具有绚丽的风格。（图3）

[图2] 广州陈家祠堂屏门

广州装修具有质地厚重、纹饰繁密、雕刻深厚、打磨精细的特点。

（二）苏州样

苏州建筑有悠久的传统，形成以木匠领衔的香山帮，并赢得了"江南木工巧匠皆出于香山"的盛誉。在苏州，专门营造门窗、挂落、栏杆等装折的工匠称为窗格匠，《营造法原》中提到的"花作"也是指制作装折的师傅。

苏州人特别讲究居住空间的完美，注重室内装修和布置，如明代计成在《园冶》中所谓："曲折有条，端方非额，如端方中须寻曲折，到曲折处还定端方，相间得宜，错综为妙。"[1]并在"装折"和"栏杆"两部分中对屏门、仰尘、户槅、风窗、栏杆等进行了描述。[2]文震亨在《长物志·室庐》中也记载了门、窗、栏杆、照壁的样式。这些著作反映了苏南地区当时的"流行风尚"，也说明江南地区在明代室内装修已非常盛行。发展到清代，苏州地区的内檐装修种类更加丰富，有落地罩、碧纱橱、飞罩等形式，还有各式门窗等装修。

[图 3] 广州梁园隔扇门

[图 4] 苏州网师园看松读书轩方窗

苏州地区建筑内檐装修，门窗隔罩的隔心用棂条拼接成灯笼框、万字锦

1　张家骥：《园冶全释》，第 246 页。

2　张家骥：《园冶全释》，第 206-274 页。

以及柳条纹、冰裂纹、梅花纹等；
（图4）隔扇、落地罩等群板大多纹
饰简单，以植物花鸟为主，雕刻细
腻精致、简洁雅致，如苏州狮子林
燕誉堂落地罩。（图5）飞罩纹饰采
用梅兰竹菊、缠枝花卉等图案，雕
刻玲珑剔透，运刀含蓄，风格润厚
清逸。

[图5] 苏州狮子林燕誉堂落地罩，图片取自《中国江南古建筑装修装饰图典》

苏州内檐装修采用各类硬木，
如黄杨木、红木、紫檀木、花梨木
等，不髹漆，保持木质本色。因清
代贵重木料缺乏，苏州制作的木器
中出现包镶做法，装修骨架使用稍
微差一点的木质，表面用好木料做成薄板粘贴，或用其他质地的材料拼贴，
如用湘妃竹贴面或细竹丝编织图案粘贴，造成意想不到的效果。苏式木器发
展到清代中期，包镶技艺已达到炉火纯青的地步。

苏州的建筑装修做工精细，风格柔和、典雅。苏州建筑以文震亨"宁古
无时，宁朴无巧，宁简无俗，至于萧疏雅洁"的美学思想和计成"构合适宜，
式征清赏"的结构美学结合而成，崇尚"简洁""高雅""古朴"的艺术风格。
明代自嘉靖、万历以后，市民文化的兴起，简约的审美趣味逐渐让位于繁复
雕琢的时尚追求，建筑装修的风格受到社会风尚的影响，逐渐趋于奢华、繁
缛。但根深蒂固的文化传统不会轻易改变，飘逸高远的文化内涵一直是苏南
文化的核心，因此苏南形成了古雅与华美并存的文化现象，这种文化的矛盾
性一直影响着苏南建筑小木作的表现形态，使之清雅与华丽兼而有之。[1]

（三）扬州样

扬州是江南建筑的后起之秀，扬州的建筑技术自明代中叶以后逐渐发
展。清代两淮盐政设立在扬州，盐商巨贾云集，商业繁荣，城市发展，建筑

1 石红超：《苏南浙南传统建筑小木作匠艺研究》，东南大学硕士学位论文，2005年，第99页。

业迅猛发展，钱泳称，"造屋之工，当以扬州为第一"[1]。

扬州的富家宅第和园林建筑，室内装饰极尽奢华，用各种名贵材料甚至西洋玻璃、钟表加以装饰。李斗《扬州画舫录》曾记载："怡性堂……栋宇轩豁，金铺玉锁，前敞后荫。右靠山用文楠雕密篝，上筑仙楼，陈设木榻，刻香檀为飞廉、花栏、瓦木阶砌之类。左靠山仿效西洋人制法，前设栏楯，构深屋，望之如数十百千层，一旋一折，目眩足惧，唯闻钟声，令人依声而转，盖室之中设自鸣钟，屋一折则钟一鸣，关捩与折相应。外画山河海屿，海洋道路。对面设影灯，用玻璃镜取屋内所画影。上开天窗盈尺，令天光云影相摩荡，兼以日月之光射之，晶耀绝伦……翠玲珑馆，小池规月，矮竹引风，屋内结花篱，系用赣州滩河小石子，瓮地作连环方胜式。"布置巧妙，"丛碧山房……壁间挂梅花道人山水长幅，推之则门也，门中又得屋一间，窗外多风竹声，中有小飞罩，罩中小棹，信手摸之而开，入竹间阁子"[2]。

伴随着建筑业的发展，建筑内檐装修相应得到发展，聚集了谷丽成、潘承烈等[3]一批卓越的装修匠师，装修分工细致，"工兼雕匠、水磨烫蜡匠、镶嵌匠三作"[4]。装修有落地罩、单地罩[5]、飞罩、碧纱橱、仙楼、栏杆、屏风等种类，形式多样，有月门式、八角式、帐帘式等。

扬州漆器、玉雕、珐琅、竹刻等工艺精湛。扬州制作木器装修，善用木质与多种材质相结合的装修工艺。乾隆二十七年八月十二日"两淮盐政高恒所进……文木嵌拱璧炕案成对，文木嵌拱璧琴桌成对，文木嵌拱璧炕几成对，文木嵌拱璧绣墩十二个，文木嵌拱璧炕香几成对"，所贡的家具多为楠木嵌玉工艺。《扬州画舫录》中所记载当地的"两屏风，屏上嵌塔石，塔石者，石上有纹如塔，以手摸之，平如镜面"[6]，使用木器与宝石相结合的工艺。

扬州借助于各项工艺的优势，将木器与其他材料相结合，形成了扬州建筑内檐装修特有的种类，造就了扬州装修形式多样、色彩丰富、工艺繁多的特点。

---

1 [清]钱泳：《履园丛话》，第 326 页。

2 [清]李斗：《扬州画舫录》，第 270、333 页。

3 同上，第 278 页。

4 同上，第 409-410 页。

5 同上，第 20 页。

6 同上，第 287 页。

三、地方制作的宫廷装修风格分析

清代皇宫内现存部分可以与档案对应的地方定制的内檐装修，为我们分析它们的风格提供了可靠的依据。

（一）粤海关装修

翠云馆西次间紫檀木仙楼[1]，楼上隔扇八扇，隔心夹纱折枝花卉，隔扇上安横披，栏板栏杆，楼下炕罩。隔扇、横楣、栏杆、群板、绦环均浮雕云龙纹：云纹跌宕起伏，连绵不断；龙纹凸起，行云流水，穿梭云间，流畅明快。

重华宫明间紫檀木隔扇，五抹隔扇八扇，其中间两扇为门，隔扇上方安横披三扇，隔扇门上安帘架一扇。隔扇通体使用紫檀木。隔扇心、横披心均透雕蝙蝠流云纹，花纹由几块拼接而成，蝙蝠流云浑然一体，雕工细腻，层次分明。夹纱为大臣所作的绢质书法、绘画作品。绦环板浮雕夔龙纹，群板贴雕博古纹，先用紫檀木圆雕博古纹、器皿、花卉、瓜果等，然后再雕刻细腻的花纹，将博古纹贴在群板上，纹饰突出，富有立体感。（图6-1、6-2）

广州装修使用优质的紫檀木，通体使用同一木料，木色、纹理一致，浑

[图6] 重华宫紫檀木隔扇

1　前面档案中记载"重华宫仙楼"，但重华宫内并未见有仙楼痕迹，根据纹饰、做工、位置分析应该是重华宫翠云馆西进间的仙楼。

然一体。整体结构粗壮、厚重；纹饰细密繁褥，采用云龙、蝙蝠流云、博古等纹饰。木雕工艺手法有透雕、浮雕，受西方雕刻影响，浮雕隆起较高，花纹雕刻深刻，纹饰起突明显，立体感强。刀法圆润、深邃，磨工精细，给人以厚重坚实而又华丽的感觉（图6-1、6-2）。

（二）苏杭装修

现存紫禁城内没有可以确定的苏州制作的实物可以对照，现仅就档案记载探讨其工艺特点。

建福宫凝晖堂的方窗。由于建福宫毁于大火，其具体样式不是很清楚。档案记载凝晖堂的方窗是照清晖阁方窗制作的。[1]清晖阁的方窗记载较为详细，即按照"伊所进竹丝格柜门之边框花纹一样"，将竹片剖成非常细的竹丝，拼接图案，镶嵌在木边框上；窗"心子内山石竹子"[2]，再用山石和竹子组成图案，固定在窗心上。竹丝镶嵌工艺在乾

[图 6-1] 重华宫隔扇绦环、群板

[图 6-2] 重华宫隔扇绦环、群板

隆中晚期的装修中被普遍运用，竹丝相拼成万字锦纹、龟背锦纹等，宫内现存大量实物可以参考。

苏州还为皇宫承做一批湘妃竹工艺装修，将湘妃竹片成很薄的薄片，再镶嵌在木质的装修上。（图7）从档案中了解到送到苏杭制作的几处装修，多为竹木结合装修工艺。由于南方盛产竹子，且竹子被赋予谦虚志坚的涵义，

1 《总汇》第21册，第769页。

2 《总汇》第21册，第764页。

[图7] 养心殿梅坞方窗

受到江南文人的喜爱。南方竹器、竹刻盛行，器物显得自然、雅致。装修中使用竹制品，体现出江南文人古典、质朴、雅致、妙造自然的审美情趣，正如乾隆皇帝所说"往文雅里做"[1]。

（三）扬州装修

乾隆三十四年（1769）扬州为怡情书史制作斑竹横楣时，运用的还是江南地区常用的斑竹镶嵌装修；乾隆三十八年（1773）扬州为宁寿宫花园建筑制作的装修，则表现出明显的扬州特点。

萃赏楼紫檀木隔扇，用紫檀木制作，五抹隔扇，隔心用紫檀木雕刻回文隔心框，框内用竹拼接回文，花卡子镶嵌用各种螺钿组成的花卉，隔心中间夹玻璃画，绦环板、群板髹黑漆，上面用金漆描绘花卉图案。

符望阁南面东次间开关罩博古图迎风板，采用的是扬州特有的百宝嵌工艺，以点螺为地，用青玉、白玉、玛瑙、瓷器、螺钿、铜器、硬木、树根等各种材质镶嵌博古图案。点螺致密、平滑，宝石突出、立体感强。

符望阁紫檀木落地罩，紫檀木制作，隔心、横披心用紫檀木雕刻回文灯笼框，回文内镶嵌玉片。绦环板、群板用双色竹丝拼接成万字锦地贴在楠木板上，在绦环板、群板底板上先刻回文槽，再镶嵌楠木条和玉片，玉片上雕刻细腻的云雷纹。由于楠木条和玉片高于万字锦

[图8] 符望阁装修

1 《总汇》第21册，第769页。

地，形成层次，造成立体效果。花牙子为紫檀木回文。（图8）

倦勤斋仙楼紫檀木隔扇，紫檀木雕回文嵌玉灯笼框，夹纱双面绣，槛窗用紫檀木条和花梨木条拼接成万字锦地贴在槛窗底板上，再用黄杨木、竹黄雕刻百鹿、百鸟图案贴在万字锦地上。远山树木的纹饰，用薄片竹黄雕刻；起伏明显的近景树木则用黄杨木雕刻，以补薄竹黄在厚度和立体感上的不足；竹丝适用于各种线性装饰，山鹿丰满的身体和致密的毛发则又是采用厚竹黄雕刻[1]。用多种质感的竹黄、黄杨木以及竹丝雕刻、粘贴，呈现

[图 9-1] 装修材料

[图 9-2] 装修材料

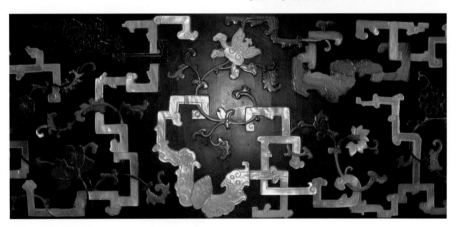

[图 9-3] 装修材料

出一派山林百鹿、鸟语花香的自然景象。（见前图）

扬州制作装修多为多种材质、工艺相结合的装修类型：一方面继承了苏杭装修使用竹木结合的工艺，采用竹丝相拼做法，并加入新的工艺种类，竹

1　竹黄、黄杨木雕刻，见刘畅等：《符望阁》，《紫禁城》2009 年第 6 期。

[图 9-4] 装修材料

[图 9-5] 装修材料

[图 9-6] 装修材料

刻和竹黄工艺；另一方面同时大量使用镶嵌工艺，在装修上镶嵌瓷片、珐琅、玻璃、铜器、宝石、螺钿等，以及扬州擅长的漆工艺如雕漆、百宝嵌、螺钿工艺等。可以说它集各种工艺、材料为一体，色彩绚丽，琳琅满目，纹饰典雅，表现出丰富多彩的装修特点。（图9）

四、乾隆皇帝审美取向变化对内檐装修的影响

我们考察一个人的艺术时，他所处的时代、受到的教育、他的鉴赏活动、他的游历，所有这些都是他品位形成的因素。

（一）乾隆早期：雍正风格的继承以及新风格的开创

乾隆皇帝登基之前生活在宫中，艺术品位受到皇宫艺术的影响。例如康熙所建的西苑的丰泽园，"园内殿宇制度惟朴不尚华丽"。乾隆评判道："瀛台之建于有明，飞阁丹楼辉煌金碧，较之此园固为美观，而极土木之功无益于国计民生，识者鄙之。行一事而合于天心，建一园而洽于民情，身率先而天

下不变，吾于是乎知皇祖皇父之为首出之圣也。"[1]他看见父亲在游园之时亦不忘稼穑："（田字房）其北则稻田数亩，嘉禾生香，蔼闻于室，盖我皇父重农之心，虽于燕闲游观之所亦未尝顷刻忘也。古昔圣王临朝视政之暇，必有怡情娱览之地。故灵台之诗，美文王也；卷阿之诗，颂成王也。今田字房所以命，意重农者，岂徒怡情娱览已哉？……而悄然以忧时，引儒臣坐而论道；或率诸王公子弟，修家人之礼，讲燕好之欢。所触目而会心者，我皇父之同忧同乐，憩息于斯。较之灵台卷阿，意更深长矣。谨为之记。"[2]祖辈父辈们的造园艺术中提倡的简朴自然的造园法则和园林景观中体现出"勤恤为先，政在养民"的治国思想深深影响着少年弘历。

雍正十三年（1735），乾隆皇帝即位，25岁的弘历满怀着理想与抱负，抱着成就一番丰功伟业的决心，开始了他的统治。他所思所想的是清朝的伟业，为使"本固邦宁"，他"惟日孜孜，宵衣旰食"，励精图治，兢兢业业，朝乾夕惕，体恤民勤，"存诚主敬，克己复礼，外王内圣"，[3]立志做一个"希贤、希圣、希天"的圣君。

在繁忙处理政务的同时，乾隆皇帝并没有忘却对艺术的爱好和追求，他"几务之暇，无他可娱，往往作为诗古文赋。文赋不数十篇，诗则托兴寄情，朝吟夕讽"[4]。而他怡情养性的活动远不止诗古文赋，建筑、园林、绘画、文玩都是他赖以寄托的雅情。他下旨整理宫中所藏的文物，编撰《秘殿珠林》《石渠宝笈》《西清古鉴》等艺术书籍。

他即位之初即对养心殿、重华宫等处进行改建，并兴修了建福宫及花园等建筑，我们可以从其早期的建筑中分析其内檐装修的风格。

乾隆元年的养心殿装修，隔扇彩绘博古[5]。乾隆五年（1740）兴修建福宫，建福宫的内檐装修均采用描金漆工艺。完成于乾隆二十年（1755）的翠云馆装修则制作了多槽洋漆、仿洋漆装修。雍正时期，"黑漆描金、描油、描漆与

---

1 《丰泽园记》，《乐善堂全集定本》卷八，《清高宗御制诗文全集》（第1册），第111页。

2 《田字房记》，《乐善堂全集定本》卷八，《清高宗御制诗文全集》（第1册），第111页。

3 《养心殿铭》，《清高宗御制文》初集卷二十七，《清高宗御制诗文全集》（第10册），第540页。

4 《初集诗小序》，《清高宗御制诗》初集，《清高宗御制诗文全集》（第1册），第329页。

5 《总汇》第7册，第89-102页。

硬木结合制作器物"[1]，出现描金漆装修[2]。乾隆早期的装修风格继承了雍正时期绚丽精致的描金漆装修风格，建福宫的金漆装修以及后来的翠云馆洋漆、仿洋漆的装修都是这种风格的延续。[3]

乾隆早期，乾隆皇帝把更多的注意力集中在国家政务中，那个时期的内檐装修基本延续了雍正时期的艺术风格。

然而，乾隆皇帝是一个自我意识强烈的人，他积极参与装修的设计与改制，在装修的技艺上也并不是一味地守成，而是不断地改进。养心殿西暖阁在乾隆朝就经历了四次重要的改造，重华宫也进行了四次改造。养心殿、重华宫一次次地修改装修，都是在不断尝试着加入新的技术，开创自己的风格。

随着各地进贡的器物的不断涌入，加之乾隆皇帝求奇求新的心理，广州木器凭借着它优质的木材、精细的雕工、华丽的纹饰和创新的形式，逐渐受到乾隆皇帝的赏识。

乾隆元年，造办处成立了广木作，由粤海关、广东巡抚遴选优秀木匠组成。这一时期有名的广木匠如罗元、林彩、冯国柱、冯国枢、黎世能、霍五、王常存、冯宗彦等。乾隆朝（造办处档案中有姓名的）广木匠合计 33 人[4]、超过了苏州、扬州和北京木工。广木作制作以小型木器、佛龛、箱柜、家具为主，也承担部分装修活计。[5]

虽然在造办处成立了广木作，但乾隆皇帝担心宫内广木匠是否能够如广州地方木匠制作得精细[6]，于是仍不断由广州进贡木器家具。由于对广东木器工艺、风格的认可，"至乾隆十年（1745）以后，尤其中期，广东木器进贡激

1　朱家溍：《清代造办处漆器制做考》，第 13 页。

2　奏销档 214-180-1，乾隆十年十二月初九日，"奏报遵旨将雍和宫存剩物品交付圆明园等处片"，其中有"彩漆雕松竹梅罩腿二件随横披一件、彩漆枋六件"，说明雍正时期已经流行金漆装修。

3　见前文：《乾隆朝漆器工艺在清宫内檐装修上的运用》。

4　杨伯达：《十八世纪清内廷广匠史料纪略》，第 308 页。

5　《总汇》第 10 册，第 225 页；第 16 册，第 114 页等。

6　"乾隆三十年如意馆，六月初九日……奉三无私换下流云百福紫檀罩一分，呈览。请在玉玲珑馆殿内改做安用。奉旨：交如意馆着广木匠照现在准尺寸纸样加意改做，务必配广东成做紫檀碧纱橱一样一致，改做安装。钦此。"《总汇》第 29 册，第 517 页。

增"。[1] 也是从乾隆十年开始粤海关为宫廷制作装修,至乾隆二十年的十年间,宫内交给地方的装修基本都是广州一地制作。

乾隆早期,乾隆皇帝忙于政务,对于艺术品的鉴赏虽然具有自己的观点,尚无暇顾及,加之艺术品技术和风格的延续性,从乾隆元年延续到乾隆二十年左右,内檐装修艺术基本上继承了康熙晚期到雍正时期的艺术风格,以描金漆和斑竹包镶工艺为主要特点;后来尝试新的风格,以摆脱传统的束缚,创立了广州风格的紫檀装修。

(二)乾隆中期:文人情趣的凸显

随着社会风尚的变化,艺术品中"新样""时样"不断涌现,乾隆皇帝对于"媚俗"的风气表达强烈的不满之意,提倡"仿古",称:"时样巧嫌俗,古图朴可尊。"[2] 在帝王的倡导下,仿古风格渗透到乾隆朝工艺品的造型、装饰、技巧、功用等各个方面。广州木器过于新奇和繁复并日渐俗气,遭到乾隆皇帝的批评:"刘山久(按:系造办处派驻粤海关人员)从前所做活计俗气,至今做的活计尤其俗气,着海望申饬,嗣后再做活计,着仿古式雕做花纹,往朴致里做。"[3] 乾隆晚期,乾隆皇帝多次传旨粤海关,不必进贡大项木器[4]。据统计,此期广东贡紫檀木器锐减。[5]

对于广东木器鉴赏热情逐渐减退之时,乾隆皇帝人生中的一件意义重大的事件——南巡开始了:"予临御五十年,凡举二大事,一曰西师,一曰南巡。"他先后六次的南巡,目的是"观民问俗,关政治之大端",同时也"眺览山川之佳秀,民物之丰美","南巡"不仅对他的统治思想产生影响,对他的艺术鉴赏力也产生了一定的影响。

在乾隆皇帝自身的文化结构中,文人文化成分占据了重要的地位。乾隆皇帝自小养育宫中,受到严格的、良好的教育,"妙选天下之英贤以教育",

---

1 杨伯达:《从清宫旧藏十八世纪广东贡品管窥广东工艺的特点与地位》,杨伯达:《中国古代艺术文物论丛》,第 352 页。

2 《咏和阗玉四环尊》,《清高宗御制诗文全集·四集》卷六十一。

3 《总汇》第 14 册,第 438 页。

4 《总汇》第 45 册,第 418 页;《总汇》第 45 册,第 421 页;《总汇》第 46 册,第 655 页;《总汇》第 46 册,第 661 页。

5 杨伯达:《中国古代艺术文物论丛》,第 352 页。

由名儒多人传授学问，得到名师的教导，接受了完整的儒家教育，"熟读诗、书、四子"，"精研易、春秋、戴氏礼、宋儒性理诸书，旁及通鉴纲目、史、汉、八家之文，莫不穷其旨趣，探其精蕴。"[1]登基之后，在他身边又聚集了大量的知识分子，他在古稀之年回顾一生，对襄助他完成勋功伟业的臣子有一番评价，并作诗纪念。有所谓三先生、五阁臣、五功臣、五词臣、五督臣，[2]南书房诸臣、大学士等，他们全都是当时最杰出的知识分子，学问优长，能诗能文，兼具书画艺术创作及鉴赏能力。他们是君主身边最重要的文学侍从，陪着乾隆皇帝进行创作、鉴赏、吟游，培养了乾隆皇帝对于艺术的爱好。"总之，他们是那个时代出类拔萃的人物，是乾隆文化事业的执行者，更重要的是他们有机会影响到皇帝的思维……（他们的）艺术品位，则承袭着自明代以来士大夫阶层的人文气息与价值观"。[3]受到中国传统文人文化和身边文化侍从的影响，乾隆皇帝对艺术的鉴赏"亦应置于深受明朝鉴赏观影响下的脉络来理解"[4]。对乾隆皇帝艺术品位影响深刻的明季文人鉴赏家，大都是生活在江南的士大夫，江南地区有着深厚的文化底蕴，明代形成了艺术团体和鉴赏风尚，他们的艺术风尚是文人艺术的典型代表。

乾隆南巡，"有助于政权的巩固，消弭种族隔阂，并且发掘地方上有才艺的人士为清廷服务，或者将地方上有特色的艺术带入内廷。如原仅流传于福建上杭的竹黄工艺，于乾隆十六年高宗第一次南巡时，因采备方物入贡，而受到皇室的青睐。也就是在第一次南巡后，因为受江南人文景观影响，雅好品茶。画家徐杨，也是清高宗在第一次南巡时发掘的画画人才。"[5]

江南文人崇尚"简洁""高雅""古朴"的艺术风格，建筑装修做工精细，轻盈柔和，淡雅宜人，正符合了乾隆皇帝文人审美意趣，受到了乾隆皇帝的

1 《乐善堂全集定本》"朱轼序"，《清高宗御制诗文全集》（第 1 册），第 41 页。

2 三先生：福敏、朱轼、蔡世远。五阁臣：鄂尔泰、张廷玉、傅恒、来保、刘统勋。五功臣：惠兆、阿里衮、明瑞、舒赫德、岳锺琪。五词臣：梁诗正、张照、汪由敦、钱陈群、沈德潜。五督臣：黄廷桂、尹继善、高斌、方观承、高晋等。见《清高宗御制诗》四集卷五十八、五十九，《清高宗御制诗文全集》（第 7 册），第 197-219 页。

3 冯明珠：《玉皇案吏王者师：论介乾隆皇帝的文化顾问》，冯明珠主编：《乾隆皇帝的文化大业》，台北故宫博物院，2002 年，第 258 页。

4 余佩瑾：《得佳趣：乾隆皇帝的陶瓷品位》，台北故宫博物院，2011 年，第 26 页。

5 嵇若昕：《从文物看乾隆皇帝》，冯明珠主编：《乾隆皇帝的文化大业》，第 232 页。

赞赏，引入到皇宫。乾隆二十二年（1757）他南巡到杭州见到小有天园的装修，回宫后即将宫内的竹丝隔罩交给杭州织造成做。[1] 乾隆二十八年（1763）他又将圆明园的湘妃竹装修部分交给苏州织造制作。[2]

　　江南秀丽典雅的园林美景和精致淡雅的装修与乾隆皇帝自身的文人气质相碰撞，催化了他的文人审美，在皇家建筑内檐装修中形成了浓郁文人意趣的鉴赏观。从乾隆二十年（1755）到三十五年（1770）这一段时间是乾隆皇帝文人情趣表现得最为明显的时期。他对于装修的艺术鉴赏力逐渐发生变化，由早期错彩镂金的风格逐渐向江南文雅精致的风格转变。

　　（三）乾隆晚期：乾隆风格的确立

　　经过多年的励精图治，清帝国到乾隆中晚期政权稳定，经济繁荣，边疆巩固。乾隆皇帝的心态也发生了变化，他在为乾隆三十七年仿照养心殿而建的养性殿题诗时，表达出了与乾隆早期不同的心理状态："养心期有为，养性保无欲。有为法动直，无欲守静淑。"他统治之初是为了成就一番丰功伟业，为此兢兢业业，从不敢有所怠慢，"伊余居养心，勤政恒自勗。久而弗肯懈，可以盟幽独"。[3] 在养心殿构筑的"三希堂"，是"为内圣外王之依，仁正符养心"。到了乾隆中晚期，离他所设定的归政之日越来越近，安宁长寿的愿望也就越强烈，怡情养性、无欲守静的心态逐渐表现出来。他希望淡泊明志，笔砚纸墨、赏玩艺文成为他人生之乐。[4] 在养性殿构建的"墨云室"，则"为含英咀华之游，艺适合养性"，符合他晚年的心态。早期的勤政亲贤至此已变为安宁长寿、怡情养性，印证"放弥与退藏，一起应一伏"的哲学含义。乾隆中晚期，归政的日期日渐临近，养性的心态日渐强烈，执政的方针变得更加温和。"存心养性"，用"养性"的手段达到"存心"的目的，正如他所崇拜

1　《总汇》第 22 册，第 736 页。

2　乾隆二十八年七月初五日庚申："署理苏州织造高恒呈为承做圆明园湘妃竹装修物件完竣送京事"，中国第一历史档案馆藏：《军机处录副奏折》，缩微号 079-1321。

3　《题养性殿》，《清高宗御制诗》四集卷三十三，《清高宗御制诗文全集》（第 6 册），第 792-793 页。

4　"养性明窗异养心（养心殿东暖阁临窗坐处颜曰'明窗'，固取窗纸通明，亦寓明目达聪之义。养性殿虽仿其制为之，然系他日归政后所居，仅取明窗本义否？亦借喻淡泊明志而已），惟应六一是知音；他年若得遂初愿，净几还欣帖背临。（欧阳修引苏舜钦之言云：明窗净几笔砚纸墨皆极精良，亦自是人生一乐。然能得此乐者甚稀，云云。余倦勤后果能坐此临帖，岂非人生大乐乎？）"《明窗》，《清高宗御制诗》四集卷三十三，《清高宗御制诗文全集》（第 6 册），第 793 页。

的皇祖康熙皇帝所言："非此无以立体齐治均平，非此无以达用。于是孜孜焉，日有程课，乐此忘疲。虽帝王之学，不专事纂组章句，顾由博而约往喆遗训，惟能网罗记载，搜讨艺文，斯足增长见闻，充益神智。"[1]

乾隆皇帝开始把更多的精力投入到文化艺术方面。大约从乾隆三十五年（1770）开始，乾隆朝的文化政策展开了新的一页，在文化艺术上进行了一系列的整理、总结的活动。

乾隆三十七年（1772）开始了一项伟大的文化工程，下令在全国征集书籍，第二年开设四库馆，进行规模浩大的《四库全书》编纂工作，对所收书籍进行鉴定、辨别真伪、考析篇章、校勘文字，"分别流派，撮其要旨，褒贬评述，指陈得失"，借此重整典籍，对中国古代文化做大规模的清理和总结。

在艺术上，乾隆三十五年（1770）以后，乾隆皇帝大举整顿清宫、重建典藏，[2] 再次整理宫中艺术品收藏。在早期编纂的《石渠宝笈》《秘殿珠林》《西清古鉴》的基础上，又编纂了《石渠宝笈》《秘殿珠林》续编和三编，《宁寿鉴古》《西清续鉴》以及《西清砚谱》等书籍，对艺术品进行整理，纠正时弊，规范艺术品的审美标准。

《四库全书》的收录、艺术书籍的编纂、重整清宫典藏这些文化艺术活动，提高了乾隆皇帝的鉴赏力，塑造着他的审美观。一方面，乾隆皇帝重树古典艺术精神，"盖古之物朴于今，今之物华于古，尚朴屏华，孰谓蹈丧厥德之失"。[3] 提倡"仿古"似乎成为此时艺术风尚的一个重点[4]，"不教俗手为新

1 《庭训格言》，《圣祖仁皇帝御制诗文集》第二集卷四十。

2 余佩瑾：《得佳趣：乾隆皇帝的陶瓷品位》，第 18 页。

3 《墨云室记》，《清高宗御制文》三集卷八，《清高宗御制诗文全集》（第 10 册），第 927 页。

4 乾隆"仿古"风尚，张丽端女士指出："从乾隆三十九年（1774）起，高宗便开始提及"新样"，并表达强烈的不满之意。乾隆皇帝除了严词批评、颁布禁令外，亦提出积极的因应之道，即倡导"仿古"——将时做玉器的风格"渐欲引之古，庶其反以初"。"其实，早在乾隆三十九年（1774）清高宗初次批评"新样残瑶瑛"之前，宫廷玉器中就已经出现仿内廷所藏上古铜器造型、纹饰的情形，但是，之前"仿古玉器"并非乾隆皇帝忠实的焦点。这个情况直至乾隆三十八年（1773），才有所改变，御制诗开始大量涌现嘉许仿古玉器的内容。"张丽端：《从"玉卮"论清乾隆中晚期盛行的语气类型与帝王品位》，《故宫学术季刊》第 18 卷第 2 期，第 78、80 页。"乾隆所作吟咏历代名窑瓷器的诗文，大部分是在乾隆三十年以后，其中赞咏五大名窑的诗句，多是集中在乾隆三十七年至乾隆五十九年间。"高晓然：《乾隆御制诗瓷器考论》，《故宫学刊》第 7 辑，第 295 页。

样，玩物仍存师古情"，[1] 透过"仿古"回归"既朴而淳纤巧泯"的典雅风格。另一方面，他是一个有着雄才大略的皇帝，一个泱泱大国的君主，还要树立皇宫艺术形象，要表现泱泱大国的风范。

苏州所代表的雅言文化艺术，虽然能够表现乾隆皇帝的文人情怀，但文人与皇帝毕竟是两个不同的角色。皇帝是国家政权的最高象征，帝王文化一定要体现出皇家的气派。帝国形象的宫殿必然表现出富丽堂皇的皇家气派，文人式的游赏布置只是简单模仿和点缀。

此时，江南另一座城市——扬州盐商豪华的气派和建筑装修风格受到乾隆皇帝的关注。扬州富商云集，崇尚奢华。他们将多种材料运用到装修中，华丽的同时不失江南的细腻、雅致。再者，乾隆时期，经过几次接驾和扬州行宫的营建，扬州地方逐渐将宫廷模式、宫廷装修技法，融入巨商富贾奢华的风尚中[2]，正是扬州这种风格更易于得到皇家的赏识。乾隆皇帝虽然善于表现自己的文人才华，但作为一个统治者，他更愿意体现的是皇家气派和大国风范。扬州的装修风格正迎合了乾隆皇帝的心理。乾隆三十五年（1770）以后，扬州制作的装修替代了其他地区，尤其是乾隆三十五年为他退位归政而修建的宁寿宫，内檐装修交给扬州制作，并一直延续到嘉庆时期。

从广州到苏州、再到扬州这一运行轨迹，反映出乾隆皇帝审美意趣的变化过程——由最初的对新奇、外来艺术品的欣赏，到对于文人艺术的青睐，最后回到帝王审美中。

五、从内檐装修所见乾隆皇帝的艺术追求

乾隆皇帝的艺术历程，表现在装修上大致经历了三个阶段的变化，是在不断地继承与创新、抛弃与吸纳的基础上，逐渐地调整自己的艺术品位，最终确立多种工艺、多种材料并存的乾隆风格。

"艺术品的目的是表现基本的或显著的特征，比实物所表现得更完全更清楚。艺术家对基本特征先构成一个观念，然后按照观念改变实物。经过这

---

1 《咏和阗玉龙尾觥》，《清高宗御制诗》四集卷九十二，《清高宗御制诗文全集》（第 7 册），第 699 页。

2 《扬州画舫录》卷十七"工段营造录"中所载内檐装修做法是摘录内务府《圆明园内工装修作则例》的内容，略有出入。

样改变的物就'与艺术家的观念相符',就是说成为'理想的'了。可见艺术家根据他的观念把事物加以改变而再现出来,事物就从现实的变为理想的"。[1] 考察乾隆时期的装修艺术,庞杂宏博,有帝王品位、有文人情趣,有皇室风范、有地方风格,有仿古、有创新,有异国意趣等。那么,通过这些装修艺术他试图表达一种什么样的艺术理想呢?仅仅是为了表现丰富的材质和精湛的工艺吗?其实,"皇室的风格中,有重要的政治面向;他加强了专制主义的气氛,使帝王专断的权力既有具体的展现,又有隐喻的作用"。[2] 那么它是否还表达政治的意向呢?

乾隆皇帝是一个皇权意识极强的人,牢牢地控制着皇权,"我朝纲纪肃清,皇祖皇考至朕躬百余年来,皆亲揽庶务,大权在握,威福之柄"。[3] 他的一生都在追寻古代帝王踪迹,他的龙潜之地"重华"之名取自上古舜继尧位,后人以尧天舜日比喻理想的太平盛世。以此为名,意在颂扬乾隆皇帝有舜之德,继位名正言顺,也希望成为舜一样伟大的帝王,使国家有尧舜之治。他建三希堂则是对"希贤、希圣、希天"境界的企求,追求"内圣外王"的理想。宁寿宫是乾隆皇帝为实行代表中国封建历史上最高品德"禅让"制度的太上皇颐养天年准备的,实现尧舜禹的权力更替,"尧舜传心是所钦"[4],将封建帝国最高品德的"禅让"制度传承下来。从"重华"到"三希"以至"宁寿",乾隆皇帝不外乎借助古代圣君为楷模的统治模式,宣示以德治理天下的理想,营造了一个象征尧舜禹盛世的辉煌年代。借由建筑所传达出来追求与圣人同其功的想法,于无形中加强宣导乾隆皇帝的个人形象。另一方面,乾隆皇帝从小接受汉文化教育,研经习史,作文吟诗,又酷爱书法、绘画、文物,精娴音律,全面通晓中国文化。美国汉学家魏斐德(Frederic Wakeman)概括乾隆皇帝文艺风雅说:"他对于书籍的爱好和艺术收藏的狂热,二者代表优雅士大夫的特质达到无以复加的地步。"他的士人特质影响了他的艺术审

1 [法]丹纳著,傅雷译:《艺术哲学》,第337页。

2 [美]康无为:《读史偶得:学术演讲三篇》,台北:中央研究院近代史研究所,1993年,第57页。

3 《清实录》乾隆四十三年二月己酉。

4 《宁寿宫落成联句召大学士及内廷翰林等至重华宫茶宴即席成什》,《清高宗御制诗》四集卷三十三,《清高宗御制诗文全集》(第6册),第798页。

美，因此在塑造他自己的形象时，俨然就是个文人雅士的皇帝。[1]（图 10）

　　帝王和文人毕竟是两个不同的角色，代表着各自的艺术品位，让一般人产生敬畏感是皇家艺术所追求的目的，它必须支持宏伟、壮丽以及仪式性的美学品位，文人的艺术则追求清雅。乾隆皇帝作为一个帝王，与生俱来的文人气质以及"三友""四美""兰亭"等典型的文人雅好又是他不忍放弃的，

[图 10]　清人画《乾隆帝写字像屏》，故宫博物院藏

1　"康熙帝便有《康熙帝读书图》或《玄烨便服写字像》等图传世，图中康熙帝一本正经，背后或以书斋或以五爪金龙屏风为背景，显示一国之君便服书写字时，亦有君临天下的气势，雍正也有《雍正帝观书像》，甚至着黄色龙袍在书斋出现，其严肃庄重可知，到了乾隆，不管在《是一是二图》或《乾隆帝写字像》中，他不复康熙、雍正般严肃。他不但以汉装出现，背后有画屏，书桌上不似康熙、雍正仅有一函书或一个笔筒般的简单，除了笔墨纸砚，还有梅瓶、各色古董等洋洋大观，俨然就是个文人雅士的皇帝。乾隆这种文人情怀在清朝王室显然是特例，描绘道光皇帝（1782-1850）手持书本的《情殷鉴古图》中，道光又恢复了满人衣冠，也不再以文人自许，这种情形一直延续到清末的同治（1856-1875）、光绪（1871-1908）读书图中。"冯幼衡：《皇太后、政治、艺术——慈禧太后肖像画解读》，《故宫学术季刊》第 30 卷第 2 期，第 106-107 页。

他一生的艺术追求就是在两者之间转化、融合。他所兴建的"三希堂",珍藏《快雪时晴帖》《中秋帖》《伯远帖》。对于古代书画的鉴赏,是典型的文人雅好。乾隆皇帝通过文人的鉴赏活动,做到"内圣外王",达到希贤、希圣、希天的圣君的境界,将文人与帝王合二为一,实现了两者的结合。(图11)乾隆时期的内檐装修也反映了这一过程,早期继承雍正的风格,后又极力显现文人清雅喜好。然而文人的雅好不足以显示皇家的辉煌气势,乾隆中后期装修将文人风格逐渐融入皇家的风格中,两者统一起来,通过文人题材显示出皇家气派,形成精致、富丽的独特艺术特点。

松竹梅合绘的岁寒三友,松、梅花、竹纹这些蕴含着文人高洁情操的纹饰,表现出文人气息。(图12)宁寿宫花园三友轩圆光罩,竹丝镶嵌万字锦地,紫檀玉石镶嵌松竹梅图案,丰富而珍贵的材料制作的圆光罩与一般文人崇尚的清雅风格完全不同。乾隆皇帝要通过的"三友"题材表达其"乃得高闲恒乐斯"的文人心态。然而,他并没有停留在文人的"高闲""清赏"中,而是"因苏溯孔志未逮,高山景仰深长思",将"三友"的含义引申,"我将

[图11] 青玉《三希堂记》

[图 12] 三友轩松竹梅窗

触类引申之，苍松自具直之性，梅传春信谅也宜，从金敲玉时多闻，妙喻舍竹其复谁"转化为孔子的"益者三友，损者三友"，达到"直谅多闻益德资"，[1]更好地治理天下。

以帝王的视野和胸怀，融入中国传统文人的意趣，是乾隆皇帝的艺术品位。

---

1 《三友轩》，《清高宗御制诗》五集卷六十二，《清高宗御制诗文全集》（第 9 册），第 308 页；《题三友轩》，《清高宗御制诗》初集卷三十八，《清高宗御制诗文全集》（第 1 册），第 893-894 页。

乾隆皇帝与所有的帝王一样有着根深蒂固的"普天之下莫非王土，率土之滨莫非王臣"观念，对于地方有着强烈的掌控欲望。

乾隆时期的地方装修受到乾隆皇帝的认可，但是乾隆皇帝对于地方工匠的艺术品位，并没表现出完全的信任。他下旨交给地方制作的装修，除了个别是按照地方的装修制作的，其他都是在宫内设计图样、制作烫样，发给地方，地方按照图纸来样加工。[1]毕竟统治者的审美情趣与地方工匠不会完全一致，皇宫建筑需要隆重和皇家气派，要有厚重的体量和气势。统治者的奢侈生活喜欢高贵、华丽和雕琢，使装修显得五彩缤纷、富丽堂皇。虽然是地方制作，却大有"内廷恭造式样"，而非"外造之气"，它只不过是利用了地方的技术和材料，把皇宫风格和地方的技术融合在一起，表现皇宫与地方的共同风格，也显示出帝王君临天下、"移天缩地在君怀"的皇家艺术气派。清朝的皇帝加倍地"利用各种手段，力求将举国乃至举世的知识与万物悉数收入彀中，旨在加固政治权力的塔尖"。[2]乾隆皇帝极有成效地利用地方的技术和财力为宫廷服务。

1 　见前文：《扬州匠意：宁寿宫花园内檐装修》。
2 　薛凤：《追求技艺：清代技术知识之传播网络》，故宫博物院、柏林马普学会科学史所编：《宫廷与地方：十七至十八世纪的技术交流》，第 14 页。

乾隆皇帝不仅吸收国内各地方的资源为其服务，也将外来的文化艺术纳入到宫廷中以体现皇宫艺术的博大。乾隆时期宫廷装修中夹杂着明显的外来因素，例如：描金漆装修中带有明显的日本莳绘风格，甚至直接应用洋漆制品制作装修；西洋的珐琅、玻璃等工艺品作为装修上的饰品；装修纹样中出现了西洋纹饰，《圆明园内工装修作则例》中记载了"栏杆柱子（上做西洋头）""楠木栏杆柱上雕西洋宝鼎头""楠木毗卢帽三块起香草如意线雕西洋莲瓣藏字金铃宝杵""紫檀花梨木西洋宝鼎头栏杆柱子""楠木西洋券墙柱子长四尺至长三尺见方三寸通起西洋线""楠木柱头花长八寸宽四寸厚三寸五分三面满雕连珠西洋草""椴木券头上花墙板三块满雕西洋花草""椴木落堂看墙花板二块满雕西洋花草""楠柏木西洋柱子""雕叠落西洋岔角香草"，栏杆"雕做西洋净瓶番荷叶"[1]等西洋柱子、西洋纹饰的做法。特别是乾隆时期盛行的室内通景画，直接来源于西洋的建筑装饰手法。

即便如此，西洋纹饰在乾隆时期的装修则例中虽已有记载，不过很难在装修中看到明显的西洋纹饰，尤其是到乾隆中晚期装修上的花纹似乎有点西洋花的味道，又带有些许中国传统花纹的特点，通景画也已"看不出有欧洲风格的画法"[2]。也即是说，乾隆时期对于东西洋艺术的吸收具有强烈的主动性。它经历了选择、改造、利用以及不断儒化的过程。乾隆皇帝对于外来艺术的利用和改造，是纯粹出于视觉和艺术品位上的考虑，还是将他们转化为中国艺术体系之中，从而构建起控制和被控制的新型权力关系呢？或许兼而有之。乾隆朝内檐装修中东西洋艺术的影响，作为中国文化进程的一个点，反映文化进程中的态度和实践，也反映出中西文化的交流与冲突。

乾隆皇帝一生建立"十全武功"，自命为"十全老人"，他的艺术品位在经过继承和创新、吸收和抛弃、整理和总结之后，他把皇家、文人及地方、中国、外国的艺术杂糅在一起并加以提升，建立了兼收并蓄、气象万千的艺术风格。他将对于艺术的追求融入到内檐装修的建造中，乾隆晚期所建宁寿宫建筑装修材料丰富，工艺复杂。奢侈而精致的风格可以说是乾隆皇帝所追求的最终品位，并且借装修艺术表达出帝王的政治意向。（图13）

1　《圆明园内工装修作则例》，《清代匠作则例》第一卷《内庭圆明园内工诸作现行则例》，第53-110页。

2　李启乐：《通景画与郎世宁遗产研究》，第92页。

[图 13] 清人画《弘历岁朝行乐图》，故宫博物院藏

总　结

乾隆时期的地方制作的装修从广州到苏州、再到扬州，几乎贯穿了乾隆朝内檐装修风格的变化。早期，乾隆皇帝对于艺术品的鉴赏虽然具有自己的观点，尚无暇顾及，受到康熙雍正皇宫风格的影响以及艺术品技术和风格的延续性，内檐装修艺术基本上继承了康熙晚期到雍正时期的艺术风格，以描金漆为主要特点；同时尝试新的风格，以摆脱传统的束缚，开创了厚重的紫檀雕刻的广州风格。中期，乾隆南巡所见江南秀丽典雅的园林美景和精致淡雅的装修，与乾隆皇帝自身的文人气质相碰撞，催化了他的文人审美，江南制作的文雅精细内檐装修中表现出浓郁文人意趣和风格。晚期，经过对中国传统文化和艺术的总结，乾隆皇帝自身艺术品位不断调整，追求扬州装修工艺复杂、镶嵌繁多、富丽堂皇的艺术风格。这些工艺、风格的变化不仅反映了乾隆时期皇宫建筑内檐装修工艺的发展和变化过程，也反映了乾隆皇帝艺术品位的调整和变化的过程。

运用物质文化来表现皇帝的世界观和艺术观，在乾隆皇帝那里得到了强化。内檐装修中所蕴含的皇家风范、文人情趣，宫廷设计、地方制作，中国风格、外来影响这些元素，乾隆皇帝将它们有机融合，形成自己独特的艺术品位。他所追求的理想的艺术是一个大国皇帝的品位，综合涵盖帝王与文人文化、宫廷与地方技艺以及中国与外国艺术的泱泱大国的风范。

第二节　权力与艺术
——考察慈禧居室空间的内檐装修

导言：慈禧皇太后与内檐装修

清代晚期的同治光绪时期，是中国历史上皇权统治的特殊时期，慈禧太后垂帘听政，独揽晚清政权近半世纪。在她执政期间，紫禁城经历了多次大的修缮工程，其中为她居住而修改的建筑就有养心殿后殿西耳房平安室、长春宫、储秀宫、宁寿宫等建筑。（图1）

慈禧太后直接参与她居住的建筑空间的设计，修缮平安室、长春宫时"圣母皇太后下小太监龄山传旨""安灵山传旨""圣母皇太后下太监刘生传旨"等档案大量出现，反映出她直接参与的深度。圆明园天地一家春设计中，"同治皇帝虽然是工程的监督者和决策者，慈禧常常与他一起参与建筑设计事宜并直接发号她的旨意，同治皇帝往往先要征得慈禧的同意后再下谕旨"[1]。

储秀宫的修缮更是在她的直接指导下进行。宁寿宫修缮工程的内务府官

[图 1] 慈禧太后照片

1　Ying-chen Peng: "A Palace of Her Own: Empress Dowager CiXi(1835-1908) and the Reconstruction of the Wanchun Yuan". *Nan Nü 14 (2012)*, p.58.

员所上折单，大多数所奉为"懿旨"，即慈禧太后的旨意，懿旨中对工程提出了具体要求，有时还亲自查看，而同样折件递给光绪帝，所奉之旨往往为"知道了"，光绪皇帝不过是履行了一个皇帝形式上的职责，而实际的决定和指导权掌握在慈禧太后手上。

清代末期建造西苑海晏堂，据德龄回忆："她（慈禧）又说她先前本来嫌这殿的样子不好看，现在正计划在原地重新建造一所大殿，因为现在的大殿，在新年里外国人来贺年的时候，还是觉得太小，容纳不下。因此她就命工部照她的意思，打起图样来……于是一切图样就照着太后的意志，开始设计了，这是一幢木头的模型，各物齐备，即窗格、天花板和嵌板上的雕刻也无不完备。然而我知道太后永远不会对一件事完全满意的，这次当然也没有例外，她各方面打量了一番，便说这间屋子要大些，那间要小些，这个窗移到那里去等等，于是模型不得不带回去重做。做好了再拿来时，人人都称赞比上次的好多了，太后也觉得很满意……建筑工程就立时开始，太后对于工作的进展也很关切。"[1] 从这些修缮工程档案和回忆看来，慈禧太后对于自己的居所要求是很高的，并且直接参与居室的设计，提出看法。她对自己居住的建筑空间的设计起着决定性的作用，这也体现出慈禧太后的意愿和审美品位。

皇宫一直是男性占主导地位的地区，它的室内空间的布局、装修以及陈设无不代表着男性的审美，即使是后妃们居住的东西六宫，从它的空间布局和装修陈设的一致性来看[2]，女性似乎也无权加以干涉。男性空间被视为彰显男性角色和品位的重要展示平台[3]，而女性空间则可以理解为一个人造的世界，包括景观、植物、建筑、大气、气候、色彩、香味、光影和声音的空间实体。[4] 慈禧太后作为一位有着强烈参与欲望的女性居住者，她居住的空间与

1　德龄著，顾秋心译：《慈禧御前女官德龄回忆录》，第 360 页。

2　朱家溍：《明清室内陈设》，紫禁城出版社，2004 年，第 55 页。

3　"Gentlemen's space has been regarded as a critical venue to demonstrate male persona and taste." Ying-chen Peng: "A Palace of Her Own: Empress Dowager CiXi(1835-1908) and the Reconstruction of the Wanchun Yuan". *Nan Nü 14 (2012)*, p.51.

4　Feminine space can be understood as "a spatial entity——an artificial world comprised of landscape, vegetation, architecture, atmosphere, climate, color, fragrance, light and sound." Ying-chen Peng: "A Palace of Her Own: Empress Dowager CiXi(1835-1908) and the Reconstruction of the Wanchun Yuan". *Nan Nü 14 (2012)*, p.50.

以往的皇帝会有什么不同吗？从这些建筑的内檐装修中是否能够显示出作为女性统治者的审美爱好呢？

慈禧太后是一位政治欲望强烈的统治者，然而她与皇帝们不同，皇帝们本身就是"天下之尊"，并不需要过分地强调这一身份，慈禧太后则不同，她并不是皇帝，甚至不是皇后，不过是个母以子贵而登上了权力顶峰的女人。在她的内心一直都存在着嫡庶、男女的不平的不甘，在她居室建筑的设计上，是否也显示出了她对于权力的控制、地位的彰显呢？

本文试图通过这些慈禧太后居住过的建筑修缮和空间的设计，探讨她的艺术审美和权力欲望。

一、慈禧垂帘听政最初的寝宫：平安室

咸丰十一年（1861），咸丰皇帝去世，同治即位。咸丰皇后钮钴禄氏和懿贵妃叶赫那拉氏分别被封为"慈安""慈禧"太后。咸丰皇帝去世前，遗诏皇长子御名立为皇太子，八大臣赞襄小皇帝，两宫皇太后分别掌握"御赏"和"同道堂"印，共同辅佐小皇帝。由于同治皇帝年龄尚小，需要慈安、慈禧照顾和辅佐，两宫皇太后亦住进养心殿，慈安居住在养心殿后殿东耳房绥履殿，慈禧居住在养心殿后殿西耳房平安室。

养心殿是清代雍正以后皇帝处理日常政务和燕寝之宫殿。养心殿后殿，《明宫史》记载曰"涵春室"，是清代皇帝燕寝、起居之处。养心殿后殿东西耳房，《明宫史》记载："东曰'隆禧馆'，西曰'臻祥馆'"。两座建筑体量、结构相同，面阔五间。雍正初年修缮使用，"从设置及装修上看，后殿东西耳房及围房当时应是后、妃、嫔们侍值的处所，但没有命名"。[1]乾隆时有"养心殿后殿东耳房皇后宫内"的记载，明确了东耳房为皇后所居，嘉庆七年（1802）《养心殿东西耳房、东西围房陈设册》中看也应为皇后居室。西耳房则是嫔妃寝宫。咸丰二年（1852），咸丰皇帝册立皇后及嫔妃，并修缮养心殿后殿东西耳房为皇后、嫔妃们居住，增挂御笔匾额，东耳房名"绥履殿"，西耳房名"平安室"。[2]东耳房传统上是皇后居住的地方，冠以"殿"名，"古者

1　傅连仲：《清代养心殿室内装修及使用情况》，《故宫博物院院刊》1986年第2期，第47页。
2　咸丰二年正月初八日，《活计档》胶片29。

屋之高严，通呼殿"，高大而庄严的宫殿称为殿，以示其尊贵；西耳房则是妃嫔侍值的处所，以"室"命之。"室，实也，窗户之内也，城郭之宅也，妻之所居也。"[1]室是指普通的房间，妻子居住的地方。

同治元年（1862），慈安、慈禧太后垂帘听政，入住养心殿，根据慈安和慈禧的地位，慈安居绥履殿，慈禧居平安室。

为了居住的需要，咸丰十一年（1861）八月对养心殿、养心殿后殿皇帝寝宫以及绥履殿和平安室加以修缮[2]。绥履殿将原位于东进间的宝座床挪安在明间，符合皇太后受礼的需求，东次间后檐床挪安前檐，东进间制作顺山床一张，后檐安床。西间原本就是皇后的寝宫，

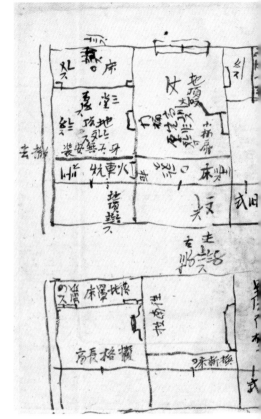

[图 2]　平安室旧式、新式图，国家图书馆藏

能够满足使用的需求，因此未加修改。平安室原为嫔妃侍寝的宫殿，根据现存图纸看来应为两名嫔妃居住场所，东西两边对称，不适合一人长期居住的要求，改变较大。明间后檐隔断板撤去，东西缝安冰裂梅八方门。东次间前檐床改窄床，东次间与东进间之间隔断板撤去，安栏杆罩。东进间后檐床罩炕撤去，安扶手栏杆床一张，前檐床改窄床。西进间是寝宫，前檐飞罩一槽撤去，改安小床一座，后檐安寝宫，寝宫床来不及制作，用的是从养心殿后殿能见室撤下来的寝宫床。[3]

1　《中华大字典》，中华书局，1978 年，第 346 页。

2　"咸丰十一年八月二十三日甲辰，总管内务府呈为养心殿等处工程估需工料银两清单。"中国第一历史档案馆藏：《奏案》，05-0808-054 号。

3　"咸丰十一年八月二十三日甲辰，总管内务府呈为养心殿等处工程估需工料银两清单。"中国第一历史档案馆藏：《奏案》，05-0808-054 号。

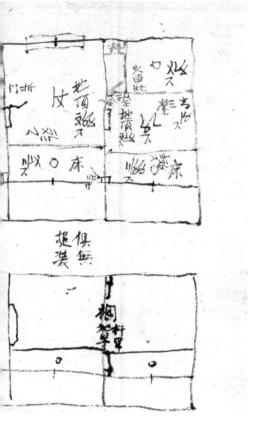

改造后的平安室与绥履殿格局基本相同。(图2)再结合制作铺设坐褥、帘幔等档案来看[1]，两座建筑明间为礼仪性空间，东次、进间是休息、接待宾客之处，西进间为寝宫，次间为起居处。然而室内装修还是存在明显的不同，绥履殿明间安设宝座，平安室则无；绥履殿寝宫挂匾"敬顺斋"，平安室寝宫无匾；绥履殿东进间是顺山床和北小床，平安室东进间则是南北床，没有顺山床。由此看来，虽然慈安、慈禧同授为皇太后，而慈安居住的绥履殿装修较为复杂，等级较高，慈禧居住的平安室的装修稍微简单一些，嫡庶之别显而易见。

咸丰十一年（1861）八月修缮养心殿及绥履殿、平安室的时候，还是八大臣掌握实际的权力，当时皇帝、皇太后和八大臣尚在热河，寄给负责修缮养心殿工程内务府大臣全庆、宝鋆的信是由肃顺托付的，这时的修缮计划应该是八大臣和两宫皇太后共同商议决定的，为赶工期，一切从简。八月二十三日工程奏折，按规定九月二十三日从热河出发，九月二十九日到京，仅一个多月的时间，因此制作的装修仅为必要且工艺简单的，寝宫床来不及制作只好用能见室的旧床。再说此时肃顺等人力推慈安，根本就没有把慈禧放在眼里，平安室的装修也就将就了事。慈禧此时刚因同治的原因当上皇太后，地位尚不稳固，也没有心思考虑自己的居室。绥履殿和平安室既讲求平衡，同时也兼顾了地位的不同。

---

1 "八月二十三日甲辰，总管内务府呈为养心殿等处陈设数目清单。"中国第一历史档案馆藏：《奏案》，05-0808-055 号。

辛酉政变之后，八大臣被查办，两宫皇太后正式"垂帘听政"。慈禧太后对于自己的地位要求越来越高，对自己居住的平安室的装修很不满意。同治二年（1863）底丧期一满，慈禧太后就开始重新装修她的平安室，她亲自下达旨意撤换掉能见室的旧寝宫床，制作新的寝宫床[1]，"里外间棚壁墙壁糊饰本纸，隔扇横楣均糊月白纱"。[2]

尽管慈禧太后在居室的布置希望能与慈安太后有相同的待遇，但由于居住者地位的不同，室内装修似乎也有一定的区别。同治三年（1864）的一则档案记载："六月初一日，库掌英俊、懋勤殿太监崔进玉传旨：造办处六月初二日清早赴养心殿绥履殿贴挂臣工画十四件、隔眼二十三件，平安室臣工画十二件、隔眼十二件。"[3]慈安太后居住的绥履殿内檐装修更为丰富，而慈禧太后居住的平安室的室内装饰品稍微少一些。

同治初年，两宫太后垂帘听政，慈禧太后对于平安室的改造，主要还是力求争得与慈安太后相同的地位，在装修式样和规格上都模仿绥履殿。然而慈禧太后刚刚掌握政权，还要顾及嫡庶之分，按照传统和地位装饰居室空间。她对于装修艺术和风格的追求表现尚不明显。

同治成人后，两宫皇太后离开养心殿，迁居它处。慈禧太后移居长春宫，慈安太后移居钟粹宫，将绥履殿和平安室腾出，重新装修改造。同治九年（1870）绥履殿改名为"同和殿"、平安室易名为"燕喜堂"，[4]一个仍为"殿"，一个升为"堂"。"堂，殿也，明也，高也，世称母曰堂"[5]，堂也是高大明亮的房子，与殿基本相同，而且慈禧太后是同治的母亲，她居住的宫室称为"堂"非常贴切。然以"殿"和"堂"区分，两耳房的地位高下之分尚在。同治十一年（1872）两殿再次装修，两殿明间均改用碧纱橱，"传旨：同

1　同治三年四月初七日："夹堂床罩一槽、前檐床一张，俱要楠柏木成做，花活要细、要快，其床俱要结实纯厚，先画纸样呈览。"《活计档》胶片35。

2　同治三年四月初七日，《活计档》胶片35。

3　《活计档》胶片35。

4　同治九年："十月初六日，员外郎广英、懋勤殿太监史进升交同和殿、燕喜堂匾二面，各净高一尺八寸、宽四尺，均二寸金万字边；字对一副，千祥天作合，百顺福攸同，净长三尺七寸二分、宽七寸二分，用一寸四分万字边在外。传旨：俱着做骚青地铜金字。钦此。铜錽作、油木作、金玉作呈稿。"《活计档》胶片38。

5　《中华大字典》，中华书局，1978年，第531页。

[图 3-1] 燕喜堂碧纱橱

和殿、燕喜堂殿内隔扇四分，共三十二扇，着造办处添配铁錽金錾龙凤呈祥加双喜字面叶、鹅项、海窝等四分”，[1] 采用了同样的装修种类，（图 3、图 4）纹饰上稍有所区别，燕喜堂用蝶恋花纹饰，也许是为了强调慈禧与咸丰皇帝的情爱，同和殿用的是松竹梅。在花费上“同和殿添安楠柏木碧纱橱罩、挂檐等工程，用银一万九千余两”。[2] 燕喜堂“室内添安楠柏木碧纱橱罩、挂檐等工程，比同和殿稍差，亦用银一

[图 3-2] 燕喜堂碧纱橱局部

1　同治十一年二月初六日，《活计档》胶片 38。

2　傅连仲：《清代养心殿室内装修及使用情况》，第 47 页。

[图 4-1] 体顺堂碧纱橱

[图 4-2] 体顺堂碧纱橱局部

万五千余两"。[1]从殿堂的定名和装修所费金额看，此时的慈禧虽然权力不断地上升，然慈安尚在，还要保守着传统，终究不敢超越皇后的地位。光绪大婚又改同和殿为"体顺堂"，燕喜堂则未改，所改拟的"体顺堂"匾，还钤用"慈禧皇太后御笔之宝"，沿用至今。盖此时，慈禧太后已大权在握，慈安太后已去世，慈禧太后虽已不在养心殿居住，对往事仍耿耿于怀，不甘心自己以往居于次要地位，要与皇后平起平坐。然而慈禧太后不是正统的皇后，不敢僭越使用"殿"名，因此只能将东耳房的"殿"降为"堂"，至此东西耳房的地位相同。

1　傅连仲：《清代养心殿室内装修及使用情况》，第48页。

二、几经改造的寝宫：长春宫

长春宫位于养心殿后，为紫禁城西六宫之一。

同治皇帝长大后，慈安和慈禧太后离开绥履殿和平安室，另择新居，慈安选择了原来居住的东六宫中的钟粹宫，慈禧则选择了西六宫中的长春宫。

慈禧太后为何选择长春宫而没有选择她曾居住过的储秀宫，其中含义深刻。在咸丰九年（1859）时长春宫进行了一次大规模的颠覆传统的改造工程，把启祥宫和长春宫两个院落相连，[1] 形成由围墙外门、长春门（原启祥宫）、体元殿（穿堂殿，原启祥宫后殿）、长春宫、怡情书史组成的"东西六宫中规制最高的一处四进院落"。"长春宫门有'御门听政'的作用，体元殿可以充作'御门听政'前稍歇处"，[2] 长春宫内檐装修也进行了彻底的改变，明间东西缝各安碧纱橱一槽，后檐设屏门，前安宝座屏风，西梢间后檐设床，床上毗卢帽，是就寝之处，把长春宫改成了寝宫。"新长春宫是供皇帝处理政务又能寝居"的处所。[3] 慈禧太后在选择居住宫殿时，不甘于在慈安太后之下，处处争强。经过咸丰皇帝的改造，长春宫面积远远大于钟粹宫，规格远高于钟粹宫，慈禧太后不仅要挑战慈安的地位，并要向皇帝看齐，要使用咸丰皇帝为他自己修缮的宫殿，因而选择长春宫。

同治年间慈禧太后为居住的需要，多次对长春宫进行修缮，具有重要意义的修缮有三次：

一次是同治六年（1867）长春宫改造工程，或许是两宫皇太后嫌弃养心殿的绥履殿和平安室空间太小、光线太暗，同治初年就居住在长春宫，"四月廿七日（5月30日），长春宫在养心殿后，东为履绥殿，西为平安宫，两宫所居"。[4] 此时的长春宫是作为养心殿后殿的替代物，居住长春宫是按照养心殿后殿东西耳房的模式，并将匾名也用到此处。翁同龢记载的"东为履绥殿，西为平安宫"与养心殿的"绥履殿""平安室"有所差异，是失误所致，还是

1 刘畅、王时伟：《从现存图样看清代晚期长春宫改造工程》，《故宫博物院院刊》2005 年第 5 期。

2 杨文溉：《奕䜣并长春宫启祥宫为一宫的前因后果》，中国紫禁城学会编《中国紫禁城学会论文集》第 6 辑（上），紫禁城出版社，2011 年，第 221 页。

3 杨文溉：《奕䜣并长春宫启祥宫为一宫的前因后果》，第 221 页。

4 《翁同龢日记》，第 1 册，第 535 页。

殿名确有变化尚不清楚。同治六年为使两宫皇太后居住舒适 [1]，在体元殿后添加平台、游廊，平台及东西配殿挂字对 [2]，游廊上画画 [3]，重新制作体元殿内檐装修 [4]，外檐镶安玻璃 [5]，体元殿、长春宫等处画线法画 [6]。

一次是同治九年（1870）为慈禧居住长春宫而进行的修缮工程。同治八年（1869），同治皇帝将要大婚，躬亲大政，慈安太后和慈禧太后必须正式离开养心殿，谋划自己的新居。慈安太后选择了东六宫中的钟粹宫（因她入宫时便住在钟粹宫），慈禧太后则选择了继续留在西六宫中的长春宫。同治十年（1871）慈禧太后正式移居长春宫，[7] 居住在长春宫正殿。

同治九年（1870）慈禧太后在她搬进长春宫居住前又进行了一次修缮，这次的修缮范围仍然是长春宫、体元殿及其所围合的区域，体元殿后平台游廊添建屋顶，[8] 东配殿而拆换装修 [9]，在院内搭建暖棚戏台 [10]，所有殿座油饰见新。

一次是为了庆祝她的 40 岁寿辰，于同治十二年（1873）左右再次大规模改建长春宫。

---

1 《活计档》胶片 36；国家图书馆所藏的样式雷图档"同治六年二月十八日奏准底"的《长春宫添盖平台游廊烫样》；同治六年："五月廿六日（6 月 27 日）自本月十七起宫中土木之工繁兴，春杵邪许之声如海潮音，或云长春宫添造戏台，无稽之言不敢凭也。是日内务府大臣于未刻叩头，意者工将毕，赏赉。"《翁同龢日记》，第 1 册，第 541 页。

2 "（同治六年）五月十六日，库掌庆桂懋勤殿太监王禄交抱月字对二副，'万象皆春调凤琯，麟游凤舞中天瑞''八方向化转鸿钧，日朗风和大地春'。俱净长五尺五寸、宽一尺三寸，挂长春宫前殿东西配殿外檐。字对一副，'西山浓翠迎朝爽，南陆微薰送午凉（有黑头）'，做净长五尺七寸、宽一尺一寸，挂体元殿后平台明间两边方柱上。传旨：交造办处俱做金漆地篮字，一寸五分蓝万万不遏边托钉、倒环，宝填珠。先做样呈览。钦此。"《活计档》胶片 36。

3 同治六年五月十六日，五月二十四日，《活计档》胶片 36；同治七年六月十二日，《活计档》胶片 37。

4 同治六年："四月二十日，库掌恩福、太监张得禄来说，圣母皇太后下太监安灵山传旨：体元殿东西间冰纹式元光门架堂隔扇二槽，隔扇共十六扇，横楣窗十四扇，元光门二扇，俱安广片玻璃。钦此。于四月二十二日，进匠将体元殿冰纹式元光门隔扇夹堂窗添安玻璃，俱已厢安妥协。随圣母皇太后下小太监安灵山传旨：着造办处照元光门夹堂窗二扇备用广片玻璃二分。钦此。金玉作呈稿。"《活计档》胶片 36。

5 《活计档》胶片 36。

6 同治六年正月初五日，正月二十一日，二月初八日，《活计档》胶片 36。

7 "同治九年十二月庚寅（31 日）酉刻，诣绥履殿慈安皇太后前行礼，平安室慈禧皇太后前行礼。同治十年正月壬辰（初二），上诣钟粹宫问慈安皇太后安，长春宫问慈禧皇太后安。"

8 刘畅、王时伟：《从现存图样看清代晚期长春宫改造工程》。

9 同治九年九月初九日，《活计档》胶片 37。

10 同治九年二月十三日，《活计档》胶片 37。

同治十二年（1873）修缮的范围包括整个长春宫区域。修改长春宫门，加盖屉窗板墙[1]，把原来的殿式门改造成宫殿（应该已改名为"太极殿"，但由于同治皇帝去世，有些工程停止，档案中首次看见太极殿名是在光绪四年[2]），长春宫区域所有建筑油饰见新，加陇捉节，挑换地面砖、归安石料、并挑换椽望、换安角门木料、找补门窗等[3]，重新油饰"漆匾对"[4]；长春宫外檐装修改，体元殿前后窗着造办处成做楠木屉窗，[5]"长春宫正殿前后窗上扇着造办处成做楠木屉万字地边加元寿字九个"[6]，并安装洋玻璃[7]；内檐装修和家具方面，制作了宝座、屏风、匾额、家具和床张等[8]。还根据自己的喜好改变了长春宫室内空间的布局，重新制作承禧殿内檐装修[9]。为了满足慈禧太后听戏的需要，改建体元殿后游廊抱厦，并在后抱厦搭建室内戏台[10]。

在长春宫的修缮过程中，慈禧太后逐渐显露出她对权力的欲望和对居住环境的要求，把自己的审美加入到室内装修中。

同治六年（1876）和九年（1870）的长春宫的改造范围都是体元殿及之北的长春宫建筑群，基于对先帝的崇敬和怀念，咸丰皇帝用于"御门听政"的长春门并没有涉及，应该是慑于地位的关系，尚不敢使用如此重要的场所。

同治八年（1869）慈安太后选择的钟粹宫也开始修缮，钟粹宫完全模仿长春宫，钟粹宫游廊、外檐装修，匾对、内檐装修（国家图书馆藏"同治八年样式雷钟粹宫内檐装修改造图"纸上标注"以上装修仿照长春宫式样"）完全按照长春宫制作。此时的慈禧太后要顾及慈安和自己的身份，"慈禧慑于嫡

1 同治十三年十月十八日，《活计档》胶片 41。

2 光绪四年十一月十九日，《活计档》胶片 42。

3 同治十三年七月初八日 "奏为踏勘长春宫等处修理工程事折，附工程所用切模单"，中国第一历史档案馆藏：《奏销档》754-107。

4 同治十一年十一月初三日《活计档》胶片 38。

5 同治十二年正月二十四日，《活计档》胶片 39。

6 同治十二年八月十三日，十二月初四日，十二月初六日，《活计档》胶片 40。

7 同治十二年正月二十四日，二月初十日，《活计档》胶片 39。

8 同治十一年十二月初六日，十二月三月初一日，《活计档》胶片 39；同治十二年八月初九日，《活计档》胶片 40；同治十三年十月十九日，《活计档》胶片 41。

9 同治十二年十二月十六日，《活计档》胶片 40。

10 同治十二年十月初十日，《活计档》胶片 40。

庶之分，亦恂恂不敢逾越"。长春宫和钟粹宫在建筑等级、装修、装饰等方面都尽量讲求平衡。[1] 不过慈禧已经不像居住在平安室时居于次要的地位，而是与慈安平起平坐，甚至超出了慈安的地位。长春宫建筑区域空间远大于钟粹宫，钟粹宫的装修反过来要以长春宫为样本。

同治十二年（1873）长春宫的改造，慈禧、慈安两宫太后垂帘听政十余年，慈禧逐渐淡化慈安的影响，权力不断上升，成为实际的执政者，她的表现欲望更加强烈。她不顾自身的后妃地位，也不顾忌与慈安的平衡性，把咸丰用来作为"御门听政"的长春门改成宫殿太极殿，形成太极殿、长春宫区域，进一步扩大了她的使用范围，远远超出慈安的钟粹宫的规格，突破了后妃的限制，向咸丰皇帝靠近。

由于长春宫的多次改造都是在咸丰皇帝改造的基础上进行的，长春宫正殿基本保留了原本的格局，同治八年（1869）钟粹宫内檐装修改造图纸上标注"以上装修仿照长春宫式样"，这张图的装修格局和式样与咸丰九年（1859）的长春宫装修图一样，由此可以说明同治八年之前的长春宫内檐装修基本没有变动。同治十二年（1873）才稍有变化。长春宫的每次修缮工程，慈禧太后都参与其中，档案中"圣母皇太后下太监××传旨"也就是慈禧亲自传旨的记载就有多条，慈禧把她的意愿渗透到改造工程中，基本上表现了她的审美品位。

长春宫的室内装饰大量运用绘画装饰墙体。同治六年（1867）正月，按照慈禧太后的旨意体元殿后墙绘制了五幅线法画[2]，东墙和西墙也绘制线法画二张，"各高一丈八寸五分、宽一丈九尺五寸"[3]；长春宫"东墙、北墙用线法画二张，各高一丈零八寸五分、宽一丈三尺七寸五分"。[4] "线法画"也就是通景画，通景画装饰效果很强，从清代中期就被皇宫大量用来装饰宫殿，慈禧太后在体元殿一座建筑内绘制了七幅通景画，也就是体元殿内凡有正面墙体如后、东、西山墙上都绘制了通景画，她对于线法画的爱好一直延续下去，在天地一家春的设计中，"后卷东山墙里面镶柜，外面板墙酌拟洋线法山水，

1　刘畅、赵雯雯、蒋张：《从长春宫说到钟粹宫》。

2　同治六年正月初五日，《活计档》胶片 36。

3　同治六年正月二十一日，《活计档》胶片 36。

4　同治六年正月二十一日，《活计档》胶片 36。

转弯格闪亭座楼式样"。[1] 同治时期宫廷内已无西洋画家，体元殿和长春宫的线法画应该是如意馆的中国画家绘制的。

后来搭建的长春宫戏台顶棚糊饰藤萝花（图6），修缮的储秀宫后殿丽景轩戏台的墙壁、顶棚糊制藤萝花作为戏台布景的装饰[2]。绘制藤萝花作为戏台顶棚的装饰从乾隆时期就开始了，建福宫的敬胜斋、宁寿宫的倦勤斋都采用藤萝花装饰戏台顶棚，丽景轩的室内戏台顶棚、墙壁继承了清中期的藤萝花装饰[3]。

同治六年（1867）体元殿和长春宫之间用游廊连接起来，游廊墙上用绢画装饰，"长春宫廊内板墙桶子门画画，用白绢长十八丈宽一丈二尺"，[4] 游廊上沈振麟等人绘制"画屏十六张，门口六件计十八条"；[5] 同治七年（1868），又在"长春宫正殿东西配殿画门桶子，用白绢六张"，[6] "着如意馆沈振麟等画长春宫东西配殿门桶画对匾四分，正殿画对二副"[7]，这些画是造办处如意馆的画家沈振麟等人画的。沈振麟是清代晚期如意馆重要的宫廷画家，生卒年月不

[图6] 长春宫戏台烫样顶棚

1 《圆明园》，第1123页。

2 光绪九年十月初二日，《活计档》胶片44。

3 光绪九年十月初二日，《活计档》胶片44。

4 同治六年五月十六日，《活计档》胶片36。

5 同治六年五月二十四日，《活计档》胶片36。

6 同治七年闰四月初四日，《活计档》胶片37

7 同治七年六月十二日，《活计档》胶片37。

详，创作题材广泛，花鸟虫鱼人物山水各臻其妙，笔法工细写实，任如意馆画作首领数十年，留下了大量绘画作品。沈振麟是慈禧非常喜欢和信任的画家，他为慈禧居住房间的内檐装修绘制大量隔眼[1]。（图7）慈禧还让他为自己绘制御容，"着沈振麟在长春宫恭绘慈禧皇太后御容，着在本宫添画衣纹景致"。[2]还曾"赐御笔'传神妙手'扁额一方"。[3]用于装饰长春宫游廊的画都是像宫殿室内的绢画一样贴落在游廊板墙上。[4]同治九年（1870）体元殿后檐开窗，同治六年（1867）体元殿后墙绘制的线法画，由于开窗不得不抛弃，改用沈振麟的绢画，[5]这延续了她对于沈振麟绘画风格的喜爱。

慈禧太后喜爱书画，除观赏名家书画外，还亲自书写绘画，尤其爱以自己所作的书画赏赐群臣。慈禧太后留下的作品有几百件之多，其中不乏代笔之作，除了用以修身养性外，大多数为慈禧颁赐品，赐给御前王公大臣或亲僚以志恩宠。

[图 7-1] 沈振麟绘制的隔眼

[图 7-2] 沈振麟绘制的隔眼

1　同治七年六月十二日，《活计档》胶片37。

2　同治六年五月二十四日，《活计档》胶片36。

3　李湜：《晚清宫廷绘画》，《故宫博物院八十华诞暨国际清史学术研讨会论文集》，第569页。

4　同治六年十月十七日，《活计档》胶片36。

5　同治九年八月初九日，《活计档》胶片37。

绘画内容多为表现吉祥寓意的题材，如牡丹、松鹤、梅兰竹菊以及福禄等，画风淡雅秀逸，设色淡彩晕染，色调和谐，雅而不俗，但不失喜庆富丽之气（图8）。长春宫体元殿建筑装饰采用大量的绘画作品也正反映了慈禧太后对于绘画的喜爱，可惜的是这些通景画和条幅都已无处可寻。

装修构件采用了慈禧太后喜爱的形式。同治六年（1867）体元殿室内安置"冰纹式元光门夹堂隔扇二槽"，[1] 也就是在东西间对称地各安装一槽装修，中间是圆光门，两边各四扇隔扇共八扇，上面七堂横披窗，隔扇和横披窗为夹堂做法，纹饰是冰裂纹。圆光门是宫廷内常见的装修形式，圆光门两边用隔扇的做法在清代中期很少见，是清代晚期较为流行的做法，常见的还有八方门、瓶式门等（图9）。制作体元殿这二槽装修的旨意是慈禧太后亲自下达的，慈禧太后很喜欢这样的装修类型，在后来的"天地一家春"中也采用了这种形式。这两槽装修的隔扇和横披上安装了玻璃以替代以往的夹纱。

在长春宫的改造中，室内陆续添置了宝座及家具。同治七年（1868）长春宫制作的宝座和两个炕桌、炕案上"雕做万福万寿花样"。[2] 同治十二年（1873）为长春宫制作的宝座上"二面雕半彩地万福万寿"[3]，矮床"前面雕万字八吉祥加元寿字花样"。[4] "福""寿"字作为装饰艺术很早就在民间使用，中国书法的美观性、装饰性很强，既有吉祥的含义，又具有装饰的效果，常用在宫廷的器物上以及室内装饰甚至装修上。康熙时期紫檀嵌螺钿皇孙祝寿诗屏风，是康熙的三十二位皇孙为其祝寿所作，屏风背面绣一万个"寿"字。乾隆时期的家具红漆嵌螺钿百寿字炕桌在桌面中间描金"寿"字一百二十个，红漆嵌螺钿百寿字炕桌上也嵌螺钿"寿"字一百二十个，乐寿堂装修上的卡子花珐琅镶嵌两边如意形蝙蝠纹中夹"寿"字。慈禧太后似乎很喜欢这样的吉祥字体，指定要在宝座等家具上雕刻"万福万寿"纹饰。她还把这种装修

---

1 "同治六年，四月二十日，库掌恩福、太监张得禄来说，圣母皇太后下太监安灵山传旨：体元殿东西间冰纹式元光门夹堂隔扇二槽，隔扇共十六扇，横楣窗十四扇，元光门二扇，俱安广片玻璃。钦此。于四月二十二日，进匠将体元殿冰纹式元光门隔扇夹堂窗添安玻璃，俱已厢安妥协。随圣母皇太后下小太监安灵山传旨：着造办处照元光门夹堂窗二扇备用广片玻璃二分。钦此。金玉作呈稿。"《活计档》胶片36。

2 同治七年三月二十九日，《活计档》胶片37。

3 同治十二年十月初十日，《活计档》胶片40。

4 同治十一年十二月初六日，《活计档》胶片39。

[图 8] 慈禧太后《富贵天香》轴，故宫博物院藏

[图 9] 圆光门图样

纹样发扬光大，广而用之，把"福寿"图案扩展到建筑上。

同治十二年（1873），"长春宫正殿前后窗上扇，着造办处成做楠木屉万字地边加元寿字九个"[1]，临时搭建的木棚的"棚外玻璃嵌扇，俱要红地绿万字金寿字"[2]，突出了"寿"的装饰题材。在外檐装修上雕刻"寿"字文，以往很少见到，慈禧太后在同年设计的天地一家春的外墙上菱形格内写满了"寿"字文，下减使用"黄地绿琉璃万字锦"。（图 10）长春宫的窗户上"万字地边加圆寿字"这种更图案化的万寿纹饰，如此频繁地使用万寿字，表达出了她对万福长寿吉祥寓意的追求，以及对于万寿图案的喜爱。

每一次的长春宫改造中，体元殿、长春宫都有安装玻璃的记载。同治六年（1867）修缮长春宫的时候，档案记载体元殿隔扇安"广片玻璃"，广片玻璃是广东生产的平板玻璃，但透明度不如进口玻璃。同治十二年（1873）重

1　同治十二年八月十三日，十二月初四日，《活计档》胶片 40。
2　同治十三年四月初二日，《活计档》胶片 41。

新制作外檐玻璃窗，体元殿、长春宫的门窗都换上质量上乘透明度更强的"洋玻璃"[1]，这样就使得室内的透光性更好。玻璃在清代晚期的宫廷建筑中虽已经大量使用，仍然是珍贵的建筑材料，内檐装修的隔罩中使用较少，还是以传统的夹纱为主，体元殿的圆光门用玻璃镶嵌，同治十二年体元殿后抱厦内戏院安装"厢安洋玻璃隔扇"[2]。用玻璃替代传统的夹纱，建筑内部的透光性也加强了，更加明亮。

长春宫明间东西缝原均为碧纱橱，东次间东缝为栏杆罩，同治十二年将明间东缝的碧纱橱拆除

[图 10] 天地一家春烫样局部，故宫博物院古建部藏

（明间西缝碧纱橱于光绪十一年拆除[3]，换安栏杆罩），将东间的栏杆罩换安在明间东缝[4]，栏杆罩的通透性强，它虽起到间隔的作用却不会像碧纱橱一样将空间完全封闭，是一种隔而不断的装修构件，在长春宫明间东缝把原来的碧纱橱改成栏杆罩，就将明间和东次间练成了一个通透的空间，扩大了长春宫明间的面积，也使得室内空间更为敞亮、开放。

从外檐的玻璃门窗到内檐的家玻璃隔罩的运用，在建筑中逐渐用玻璃替代了传统的纸和纱。室内空间的开放式处理一反乾隆时期皇宫建筑室内空间小型化、复杂化的习惯，表明慈禧太后喜爱豁亮的室内环境。

历次的长春宫改造都是在咸丰皇帝改造的基础上进行的，在几次陆续的

1　同治十二年正月二十四日，二月初十日《活计档》胶片 39。

2　同治十二年十月初十日，《活计档》胶片 40。

3　光绪十一年十二月初十日，《活计档》胶片 46

4　同治十三年九月十二日，"太监史进升交佛爷朱笔匾一面，内长春宫殿内东次间西栏杆罩向东用匾一面"。
　　《活计档》胶片 41。

改造中，虽然受到原有建筑装修的限制，慈禧太后无法完全按她的喜好装修，但她还是一点点地将自己的爱好加入到装修中，表现出她的一定的艺术审美特性。她喜欢明亮的空间，外檐装修全部换成了玻璃，内檐装修中也尽量用玻璃替代传统的夹纱；她还喜欢宽敞的房间，用栏杆罩替换碧纱橱，使得室内空间更加开阔；特别钟情于沈振麟的花鸟植物绢画以及具有透视效果的线法画装饰墙面；对于"福""寿"等吉祥文字纹样也表现出特别的偏爱。

虽然在宫中慈禧太后受到一定的限制，但是同治十二年（1783）在宫外进行的一项宏大的建筑工程——重建圆明园工程，给了她一个很好的表现自己的机会。

同治十二年，同治皇帝亲政，九月二十八日下谕"择要兴修"圆明园[1]，在原绮春园清夏斋、敷春堂旧址重建清夏堂、天地一家春[2]，作为慈安、慈禧两宫皇太后的园居之所。天地一家春是在敷春堂旧址上修建的，原建筑已基本不存，重新设计建筑和内檐装修，这与长春宫的改造有很大的区别，它不受原建筑格局和装修的限制。慈禧皇太后指导、监督并控制天地一家春的规划和设计，还直接参与了设计，因此天地一家春的建筑特别是内檐装修的设计方案充分表现出慈禧太后的权力欲望和艺术品位。

"万春园重建项目代表了慈禧在建筑和空间格局设计上权力表达的早期版本，从地址的选择和建筑的设计都表现出胜过慈安的优越感，而对内檐

1 《晚清宫廷实纪》，《圆明园》，第 626-627 页。

2 《内务府档》"为绮春园等处改名谕"，同治十二年十月初一日，《圆明园》，第 628 页。

装修的指导又表现出她对于权力和宗教的热情"。[1] 关于慈禧太后与天地一家春内檐装修设计的相关问题研究，彭盈真 "A Palace of Her Own: Empress Dowager Cixi(1835-1908) and the Reconstruction of the Wanchun Yuan"[2] 对慈禧太后与圆明园天地一家春的设计和装修作了详尽的分析，笔者也在《装修图样：清代皇宫建筑内檐装修设计媒介》一文中详细叙述了天地一家春的设计媒介，在此不再赘述。

天地一家春的工程最后没有得以实施，她的主张和审美品位也没有得到实现，不过这一次的重建方案给慈禧太后一个充分展示的平台，在之后的储秀宫修缮工程中则付诸实施。

三、慈禧太后自我展示的空间：储秀宫

储秀宫为紫禁城西六宫之一，始建于永乐十八年（1420），储秀宫初曰寿昌宫，嘉靖十四年（1535）改曰储秀宫，为后妃居住的宫殿，清沿明制。

"慈禧入宫，自初封兰贵人，即晋封为懿嫔、懿贵妃，俱居储秀宫"，[3] 并"生同治于储秀宫"。[4]

慈禧太后入宫后储秀宫居住并在此生下了同治皇帝，为她日后执政晚清奠定基础，她对储秀宫有着深厚的感情。慈禧太后垂帘听政后，居住过养心殿后殿西耳房平安室，后移居长春宫，但对储秀宫仍不能忘却。因此，她决定于 50 岁寿辰时重新居住到储秀宫去，于光绪十年（1884）九月廿六日"皇太后于长春宫移储秀宫，上龙袍褂，递如意，内府官花衣进如意，有戏，廷臣无礼节。"[5] 在此之前的光绪九年（1883）开始为了这次移居大规模修缮储秀宫。

1　Ying-chen Peng: "A Palace of Her Own: Empress Dowager CiXi(1835-1908) and the Reconstruction of the Wanchun Yuan". *Nan Nü 14 (2012)*, p.58.

2　Ying-chen Peng: "A Palace of Her Own: Empress Dowager CiXi(1835-1908) and the Reconstruction of the Wanchun Yuan". *Nan Nü 14 (2012)*, pp.47-74.

3　《翁文恭日记》，转引自《清宫述闻》，第 751 页。

4　《清宫述闻》，第 747 页。

5　《翁同龢日记》，第 1880-1881 页。

光绪九年慈安太后已经去世，"孝贞皇后既崩，西太后独当国"，[1]慈禧再也不必受嫡庶的约束。光绪皇帝年岁尚小，这时已经没有能够与她抗衡的力量，她成为真正唯我独尊的女主了，可以完全按照她的需要和喜好进行改造。

没有改造之前的储秀宫与其他东西六宫一样，由前殿、后殿组成的二进院落，前殿为升座受礼之所，后殿为寝宫。光绪九年改造的储秀宫，并不是在原有的储秀宫基础上加以修改，而是以咸丰皇帝改造的长春宫为蓝本，将翊坤宫和储秀宫两个院落连接起来，形成了翊坤门、翊坤宫、体和殿、储秀宫、丽景轩相连的四进院落。储秀宫改为寝宫，起居、休息、睡觉都在这里，皇太后的寝宫规格得到提升，面积扩大。原翊坤宫后殿改为体和殿，并由原寝宫的功能改为储秀宫的外书房和餐厅。原储秀宫后殿改称丽景轩，变成慈禧太后看戏的地方。储秀宫区域改造之后，形成以储秀宫为中心的集受贺、就餐、休息、娱乐为一体的生活建筑群，实际上形成前朝后寝的帝王模式。储秀宫的改造按照长春宫的模式，其目的很明显，就是要比照咸丰皇帝的规模、格局布置她的宫殿，这在后妃里是没有先例的，慈禧太后修缮储秀宫成为她向传统、地位挑战的舞台，也是她向人们展示权力的机会。

其次是建筑本体的修缮。翊坤宫、体和殿、储秀宫前檐出廊，所有殿宇房间满錾坎油画见新，头停揭瓦夹陇捉节，储秀宫、翊坤宫更换宝匣。[2]外檐装修全部重新制作。[3]匾额、楹联全部予以更换，新做斗匾、各式花匾以及抱月字对。[4]她甚至还更换了长春宫区域一些殿座的匾额，体元殿东西配殿"怡性轩""乐道堂"的以及怡情书史东西配"益寿斋""乐志轩"的书卷式匾[5]都是在这次修缮过程中改造的。

再次，这一次的修缮还有一个重要的变化就是翊坤宫和储秀宫连通后重新调整各殿座的使用功能。为适应新的使用功能，各殿座室内装修全部予以

1 赵尔巽等撰：《清史稿》卷二百十四《后妃列传》。

2 光绪九年三月初七日、光绪九年六月十五日，《活计档》胶片44。

3 光绪九年四月十一日、光绪九年五月二十四日，《活计档》胶片44。

4 光绪九年三月初十日、光绪九年三月十三日、光绪九年三月二十三日、光绪九年四月二十五日、光绪九年四月二十九日《翊坤储秀等处题头清档》，《活计档》胶片44。

5 光绪九年三月二十三日《翊坤储秀等处题头清档》，《活计档》胶片44。

更换。光绪九年修缮档案的记录[1]与现在原状中的装修基本相符。用碧纱橱、罩背、天然罩、天然栏杆罩、天然八方罩、天然式飞罩、隔断玻璃板墙、炕罩、毗卢帽等装修语汇分隔室内空间。

储秀宫几乎都是用花梨木制作内檐装修，少量采用楠木作为装修材质。

慈禧太后出于装修品质的追求，储秀宫并没有使用清晚期常用的楠柏木制作内檐装修构件，而是几乎全部以花梨木为之。花梨木是硬木的一种，虽没有紫檀、黄花梨珍贵，在当时属较为珍贵的硬木材料，色泽沉着，有紫檀的效果。皇家偏爱紫檀装修和家具，慈禧太后也不例外，无奈清代晚期紫檀稀缺，只能用花梨替代，是为了突出储秀宫的特殊性和其尊贵的地位，显示出装修的高贵。

储秀宫装修种类以碧纱橱、落地花罩、栏杆罩、几腿罩、炕罩为主要的装修种类。

碧纱橱是清代内檐装修中常用的装修构件，储秀宫碧纱橱隔心和横披心蝙蝠岔角形式。（图 11）清代留存的图档中在同治晚年的工程中，已经出现了夹玻璃的隔心形式。储秀宫区域建筑内的碧纱橱隔心横披心蝙蝠岔角镶玻璃的形式是目前能够确定的实物遗存中所见最早的。慈禧太后非常喜爱这种框架形式，不仅用在隔心、横披心上，画框、镜框上也常用这样的装饰，"现藏美国哈佛大学佛各美术馆的《慈禧太后肖像》，据说目前四角镶有蝙蝠的巨型木制画框系慈禧赠送给画家的"。[2]由于玻璃在当时尚属较为珍贵的材料，不能做到普遍使用，因此也仅在储秀宫区域的装修中见到蝙蝠岔角镶玻璃横披心、隔心形式。

储秀宫内檐装修中的罩几乎都是"天然罩"，有"天然罩""天然栏杆罩""天然八方罩""天然式飞罩"等等。（图 12）慈禧太后在之前的长春宫改造中，同治十三年（1874）的档案中出现了制作"紫檀木雕花天然式加白檀香葡萄三屏风宝座足踏"[3]的记载。同年的天地一家春装修设计，慈禧太后下旨使用"天然罩"[4]，旨意档以及图纸、烫样遗存都表明天地一家春内檐装修

1　光绪九年二月至十月《翊坤储秀等处题头清档》，《活计档》胶片 44。

2　冯幼衡：《皇太后、政治、艺术：慈禧太后肖像画解读》，第 130 页。

3　同治十三年十月十九日，《活计档》胶片 41。

4　《圆明园》，第 1124 页。

[图11] 储秀宫花梨木镶玻璃臣工书画碧纱橱

的大量天然式罩设计[1]。慈禧太后很喜欢这种新颖、通透、活泼的装修形式，可惜的是天地一家春修建工程并未实施，她的理想也未实现。修缮储秀宫时，她终于可以将这些想法付诸实践，于是在储秀宫区域建筑的内檐装修中几乎都是用了透雕的各种花罩。清代早中期使用最多的落地罩在储秀宫再也没有出现，落地罩的由棂条组成的隔心和绦环板、群板组成，一般不采用透雕的手法，装饰效果不强，因此被慈禧太后弃置不用。

毗卢帽多用于佛堂神龛。作为宗教装饰物，宫殿内佛堂的入口也装饰毗卢帽，如崇敬殿东西间、东西六宫前殿的东西间；宫殿建筑也常用毗卢帽，重要殿宇室内的东西暖阁，多用毗卢帽作为出入口的装饰，太和殿、保和殿、乾清宫内都使用了毗卢帽，养心殿、养性殿的东西暖阁门上加毗卢帽以表示尊贵；毗卢帽还用于炕罩上，在清宫内现存的带毗卢帽的炕一般都是皇帝的寝宫床，养心殿后殿入口处上方安置一顶毗卢帽，以表明进入到了皇帝的寝宫，坤宁宫皇帝皇后的婚床上安置一顶龙凤双喜毗卢帽，重华宫乾隆的寝宫

---

1 《圆明园》，第 1118-1119 页；《圆明园》，页 1123-1124；故宫博物院古建部藏天地一家春烫样。

[图 12] 储秀宫花梨木透雕竹纹天然罩

床上也有一顶毗卢帽。慈禧太后在她居住的长春宫寝宫于咸丰九年修改时寝床上安置了毗卢帽（见咸丰九年图纸），那是咸丰皇帝为自己建造的宫殿，她顺理成章地接替下来，现存长春宫东西梢间的寝床上都安了毗卢帽，一顶上面雕刻夔龙纹，一顶上面雕刻云龙花卉。

天地一家春的装修中有背对背的两个寝床，上面也都安置毗卢帽，一个上面写着"佛"字，一顶上面写着"福"字。储秀宫的建筑装修沿用了这一爱好，储秀宫西梢间后檐安床，床上安花梨木鸡腿罩，罩外加安花梨木雕双凤捧圣毗卢帽。[1]现存的储秀宫毗卢帽是楠木雕刻缠蔓葫芦毗卢帽（图13），不知是否后来改过。在后来的宁寿宫区域改造后的颐和轩内也安置了一顶毗卢帽，中海的仪銮殿、颐和园的排云殿内也都有安了毗卢帽装饰的寝床。

至于毗卢帽用于炕罩上，何人、何种类型的床上以及何时开始使用，至今几乎无人研究。雍正时期的档案中只见在佛龛上用毗卢帽，乾隆时期乾隆皇

1　光绪九年四月初九日《翊坤储秀等处题头清档》，《活计档》胶片 44。

帝的寝宫床上就已安设毗卢帽。在寝床上用毗卢帽是否仅与宗教信仰有关，以表示与"佛"有关？乾隆皇帝自认为是"佛"吗？还是与礼制有关，带毗卢帽的床是否只是皇帝的寝床？皇太后的寝床上是否可以用毗卢帽？尚无明确的答案。后妃的寝宫是否能用呢？光绪九年拆除储秀宫后殿时，里面就拆

[图 13] 储秀宫楠木浮雕缠蔓葫芦毗卢帽炕罩

出了一座带有毗卢帽的床，这是原有的还是慈禧太后后来加安的尚不清楚。

目前所见的清宫遗存中后妃的寝宫几乎都没有安毗卢帽。慈安太后在同治八年改造的钟粹宫寝宫时在西梢间的寝床上加毗卢帽，那可能是为了仿照长春宫，与长春宫的装修保持一致。而在同治十二年的圆明园清夏堂的设计中却没有了毗卢帽装修。[1] 慈禧太后如此喜爱毗卢帽，是否显示她的宗教热情、她把自己当做佛的化身以及和"老佛爷"的称谓有关呢？还是表明她与皇帝的地位相同呢？这一系列的问题都有待今后解决。

慈禧太后很喜欢通透、明亮的空间，天然式罩无论是落地花罩、飞罩还是栏杆罩，下部基本落空，花纹所占面积较大，又采用通透的雕刻手法，它们虽然起到间隔空间的作用，却不像碧纱橱封闭性强，使得居室空间隔而不断，使得空间更加开阔、通透、流动。

每一次的宫廷修缮工程都把外檐窗户换安玻璃，使得室内的透光性更强，更加明亮起来。内檐装修上也逐渐使用玻璃代替夹纱。同治六年体元殿内的"冰纹式元光门夹堂隔扇"用玻璃替代了夹纱；同治十二年体元殿后抱厦戏台室内用玻璃装修。天地一家春的室内大量采用玻璃、玻璃镜装饰。[2] 储秀宫的内外檐装修几乎全部"厢安洋玻璃"，甚至在她卧室与外间的隔断墙也安装了玻璃[3]，而非封闭的隔断，这样不仅使寝宫更加亮堂，也能方便"洞察到外头的一切"。[4]（图 14）

她不仅喜欢明亮透明的玻璃，对于玻璃制作的产品也都很喜欢，玻璃镜是她喜爱的家居用品。慈禧太后非常爱美，注重化妆和穿着，在她的居室中有很多的镜子，有小型化妆镜，也有大型的穿衣镜。在丽景轩东梢间有一个

1　Ying-chen Peng: "A Palace of Her Own: Empress Dowager CiXi(1835-1908) and the Reconstruction of the Wanchun Yuan". *Nan Nü 14 (2012)*, p.73.

2　《圆明园》，第 1118-1119 页。

3　光绪九年四月初九《翊坤储秀等处题头清档》，《活计档》胶片 44。

4　金易、沈义羚：《宫女谈往录》，紫禁城出版社，1992 年，第 33 页。

[图 14] 储秀宫楠木雕万字蝙蝠圆寿字镶玻璃隔断

别致的装修式样，即东山墙中间宝座床，南北对称安设插屏镜，[1] 南边是插屏镜，北边实则为一座小门，可以通往东耳房，把门做成插屏镜式。两边看起来却是一样的插屏镜。天地一家春的档案记载中卷明间"西缝中安窗户，两边安玻璃穿衣镜"。[2] 再看天地一家春的烫样，中卷明间西缝有一个小门通往西次间，两边的"玻璃穿衣镜"中的一个实际上也是插屏镜式门口，与丽景轩的做法相同。这种对称的、一真一假的插屏镜装修，并不是慈禧太后的独创，在清代中期宫廷内就已流行了，乾隆皇帝喜欢玩这种真假的游戏，插屏镜和插屏镜门一真一假迷惑着人们的视觉，慈禧太后对于这种对称的真假的装饰手法是十分喜爱的。

在储秀宫的内檐装修上，装饰纹样一改 18 世纪文人式的风格，而是采用

1 光绪九年五月二十五日，"储秀宫后殿东进间东山墙南边添安紫榆木雕竹式花万福万寿八吉祥摆锡玻璃厢墙插屏镜一座，北边添安紫榆木雕竹式花万福万寿八吉祥摆锡玻璃厢墙插屏镜式门口一座，高六尺六寸四分、宽三尺七寸二分，随铁镀金荷叶拨楞。中间添安花梨木边腿花梨木雕竹式花迎手靠背杉木床板楠木抽屉宝座床一张，随西洋锁纶高一尺四寸二分、进深五尺二寸、面宽七尺二寸。先做小样呈览。钦此"。《活计档》胶片 44。

2 《圆明园》，第 1123 页。

了大量的吉祥花鸟纹。

凤凰图案是慈禧太后喜爱的具有象征意义的纹饰，例如她在天地一家春中的落地花罩上雕刻了"鸣凤在梧"图案，即凤凰落在梧桐树上，以及在她的陵寝的御路石上雕刻的"凤在上龙在下"的图案。凤凰象征着太平也象征着女性权力，表现出她对权力的极度渴望。储秀宫寝宫床上毗卢帽为"双凤捧圣"图案，毗卢帽上浮雕缠蔓葫芦中间圆寿字，挂檐板上透雕凤凰流云，体和殿安挂一面"翔凤为林"的匾，象征着她的高贵和权力。

兰花在中国传统文化中被誉为四君子之一，并衍生出"兰兆""兰梦"之意，指怀孕生男之兆。兰花对于慈禧太后来说有着特殊的含义，她进宫时被封为"兰贵人"，又生下了同治皇帝，暗合"兰花"之意。在她 40 岁寿辰的衣服样中兰花纹样是主要纹饰之一。寿石象征着长寿，兰花与寿石组合，寓意"宜男宜寿"，也是祝寿的纹饰题材，兰花和寿石结合正契合了慈禧太后的寿辰。（图 15）

除兰花纹样外，竹纹大概是慈禧太后最喜欢的纹饰了，同治六年长春宫、体元殿内的线法画没有提到绘画的内容，仅说"要多画花草

[图 15-1] 兰花寿石隔心

[图 15-2] **兰花寿石绦环板**

竹子"，同治十二年慈禧太后为长春宫东次间佛堂制作的宝座做"竹式宝座"[1]，体元殿后抱厦内的内檐装修"隔扇横楣窗，着如意馆画着色各式花卉横楣窗竹子兰花，俱两面画"。长春宫明间屏风装饰着竹纹（图16），长春宫的前檐隔扇门和怡情书史的前门和彩画用竹纹装饰，绛雪轩的外檐彩画在慈禧太后听政时期也改用竹纹装饰，储秀宫安竹文落地花罩。慈禧太后留下来的照片中"慈禧插花立像""慈禧太后接见外国公使夫人""慈禧与后妃""慈禧扮观音"以及华士·胡博为她绘制的画像的背景上的画就是竹子。据胡博记忆，慈禧太后的"宝座背后是一道屏风，垂挂着绘有竹林图案的帘子"，就是在这一场景前留下了慈禧太后生前的很多照片，可见慈禧太后非常喜欢这个竹林园景。慈禧太后70岁寿辰时绘制的六件马甲衣样无一例外都是竹纹花样。（图17）

富贵吉祥的牡丹，子孙绵延的葡萄、葫芦，表达祝寿的寿石、芝仙、云鹤等吉祥纹饰，是储秀宫装修上常见的纹样。

改造储秀宫是为了慈禧移居至此，也是为了庆祝她的寿辰，她指定在外檐门窗、室内隔断门、罩背上装饰万寿字。这一喜好始于同治中期的长春宫改造，储秀宫的装修将这一爱好发挥得淋漓尽致。储秀宫的内檐装修罩背、隔断门、群板浅浮雕万字锦地圆寿字。储秀宫区域建筑外檐装修隔扇门全部改为"楠木雕万福万寿大边雕万福万寿玻璃边五福捧寿群板玻璃

1　同治十二年三月初一日，《活计档》胶片39。

[图 16] 长春宫内景

隔扇"（图 18），外檐支摘窗则为"楠木万字嵌九寿雕万福万寿边纱屉窗，楠
木雕万福万寿玻璃屉"。皇宫的外檐装修用菱花，规格高的建筑用三交六椀、
双交四椀菱花门窗，居室建筑多用步步锦菱花门窗，这是建筑常规。慈禧太
后极力反传统，改变了建筑的常规，把自己对"福寿"字的偏好明确表现在
建筑外观上。同治十二年重建天地一家春，外墙上装饰"福寿"字纹样。储
秀宫游廊墙上虽然没有装饰"寿"字纹样，却保留了天地一家春设计中的下

[图 17] 慈禧太后 70 寿辰衣样

[图 18] 储秀宫隔扇门

减"琉璃万字锦"装饰。(图 19)如此频繁地使用万寿字,表达出了她对万福长寿吉祥寓意的追求,以及对于万寿图案的喜爱。

储秀宫后殿也就是慈禧太后以前的寝宫,慈禧太后喜欢看戏,便把这里改为一个室内小戏院以满足她看戏的愿望。

从储秀宫的装修特点来看,储秀宫的内檐装修设计从装修种类到纹样的选择以及装修风格与天地一家春的内檐装修设计基本一致,几乎没有跳出天地一家春的框框,也应该说明了天地一家春的设计是慈禧太后的艺术品位的体现,在天地一家春中没能实现的愿望终于在储秀宫得到了实施。储秀宫的内檐装修也有更胜一筹之处。天地一家春设计之时,慈禧太后尚要顾及同治皇帝和慈安太后,不能独断专权,在装修上也要顾全大局,虽然是为自己设计的宫殿,还要和圆明园其他建筑的内檐装修风格相统一。修缮储秀宫时,慈禧太后大权在握,尽力展示自己的权力和审美品位,在材料的选择上使用了硬木花梨木而不是楠木,使得装修更显华贵。储秀宫的改造又为后来的颐和园的复建积累了经验和素材。

储秀宫参照咸丰皇帝所改造的长春宫为模版,将西六宫中翊坤宫、储秀宫原本独立的两个院落相连,不仅扩大了建筑面积、提高建筑规格,形成一个大集居住、餐饮、娱乐为一体的生活区域,而且超越了后妃的规格,直逼皇帝,使其成为清晚期的皇宫权力中心,充分地显示了她日渐强大的权力。

在清晚期装修风格的影响和慈禧太后的强烈的干预下,储秀宫的装修突出展现了慈禧太后的审美趣味。采用优质花梨木,镶嵌珍贵的玻璃,新颖的式样,优良的品质,表现出她于居室空间布置的讲究和奢华的追求。她喜欢明亮开阔的空间,用天然式栏杆罩、落地花罩、飞罩等大面透雕花纹的设计加上玻璃制品的装饰和点缀,使得房间更加明亮、开敞;大量的写实吉祥花鸟纹样和福寿文字装饰,表现出她的花鸟情结和对吉祥寓意的追求。

四、紫禁城内最后的寝宫乐寿堂

光绪十三年正月十五日(1887 年 2 月 7 日),慈禧太后为光绪皇帝举行了亲政典礼。从此光绪亲政,而实际上则是皇太后训政。光绪十五年正月二十七日(1889 年 2 月 26 日),光绪皇帝大婚礼成。按照清朝祖制,大婚后即应归政。二月初三日,光绪帝举行了亲政大殿,标志着慈禧太后取消了训政。

[图 19] 储秀宫琉璃裙墙

慈禧于光绪十四年（1888）重修颐和园，归政后搬到颐和园常住。

但她并没有放弃权力。当时在清政府中实际形成了两个权力中心：一个是以光绪皇帝居住地养心殿为中心的帝党，一个则是以远离紫禁城慈禧太后居住的颐和园为中心的后党。当慈禧太后 60 岁寿辰时，她的机会来了。在紫禁城内虽然她已经有了储秀宫，并在储秀宫修缮工程中，尽情地展示了她的权力欲望与艺术品位，修建了一处非常满意的居所。但是，她的野心并不仅仅停留在艺术的品鉴上，权力才是她最想得到的。之前她虽然在宫室的修缮和改造中极力表现她的权力和欲望，但终究没有离开后妃的区域。她并不甘心于后妃和皇太后的地位，还要向皇帝靠拢，"老太后（慈禧）自命为古今中外第一人，无论做什么事，处处比着乾隆"。[1] 甚至攀升最高极限的太上皇地位。光绪二十年（1894）十月初十日是慈禧太后的 60 岁大寿，她利用光绪皇帝为她隆重举办 60 岁寿辰庆典的机会，在紫禁城内另外选择修缮乾隆皇帝为自己做太上皇而修建的宁寿宫作为她的居室。

宁寿宫是乾隆三十七年（1772）为自己做太上皇而预建的建筑群[2]。宁寿宫为长方形，大体分为前后两部分，前半部以皇极殿、宁寿宫为主，后半部

1 《宫女谈往录》，第 176 页。

2 [清] 庆桂等编纂：《国朝宫史续编》，第 478 页。

分三路。按照乾隆的设计，前部皇极殿居中，为太上皇临朝受贺之正殿，虽言仿保和殿[1]，实则一如太和殿之制（太和殿在明嘉靖时曾改称"皇极殿"）；宁寿宫仿坤宁宫，为满族萨满教祭祀场所。前部集紫禁城中轴前朝后寝之制。后部中路养性殿为前殿，制如养心殿，乐寿堂则为寝宫和读书堂。东部畅音阁、阅是楼是大型戏场，梵华、佛日为佛堂，后部东路是看戏和礼佛之处；西部宁寿宫花园是游憩之处。[2]整个宁寿宫集临朝、理政、燕寝、娱乐、礼佛、游憩为一体，就是整个紫禁城的缩影。

慈禧太后在她60岁寿辰时修缮宁寿宫，其目的很明确。虽然她大权在握，是清朝政府的实际统治者，慑于对传统的敬畏和地位的限制，她不敢越制。之前她居住的宫殿都没有超出后妃们的居住区域。作为一个贵妃、皇太后，按照祖制是没有资格入住到乾清宫、养心殿这些大清皇帝的入住的宫殿的。她似乎不甘心住到皇太后的慈宁宫、寿康宫，那是远离权力中心的标志。宁寿宫是乾隆皇帝为自己做太上皇修建的，乾隆皇帝并没有在这里住过，他对于权力的欲望并没有减退，归政后仍居住在养心殿，开始训政生涯。慈禧太后与他如出一辙。慈禧太后选择宁寿宫居住，突破了后宫的限制，她也想像乾隆皇帝一样，继续掌握国家权力。

宁寿宫是一组政治意向非常显著的建筑群。慈禧太后作为后妃，即使她大权在握，按照祖制也不能如皇帝一样，在前朝举行盛大活动。按照皇太后的节庆日受贺规制，节庆日慈禧太后一直都是在慈宁宫接受皇上和百官的朝贺。为了满足她的愿望，只能选择迂回的方式，选择宁寿宫则不受这些限制，她也就可以登临具有前朝意向的皇极殿、宁寿宫，实现她的临朝梦想。慈禧太后这一行为是否有违礼制？光绪帝也曾私下问过翁同龢，[3]然而此时的慈禧太

1　"皇极殿仿保和殿一座计十九间。""乾隆三十八年十一月十九日，臣福隆安、英廉、刘浩、四格谨奏，为奏闻估需工料银两数目事。"《内务府奏销档》。

2　"稽彼中垣，实维正位，前临皇极，构崇檐而御以受朝；后仿坤宁，循旧榜而莅因修祀；养性端宜弥性即契；知仁颐和，雅称导和。爰申祺祉，列敬胜之新，刻效淳化之重，摹廊缦回而石墨流香，阅旁通而壸天辟境；东则面文峰而臻景福，翼畅音者楼阁岩亭；西则倚邃洞而启邃初，揾符望者轩斋栉比，乃若或铭或颂，各有取材，以及一咏一吟，无非适兴。"《新葺宁寿宫落成，新正恭侍皇太后宴，因召廷臣即事联句有序》，《清高宗御制诗》四集卷三十三（丙申）。

3　《翁同龢日记》第5册，第2772页。

后已经是不可一世的女主了。光绪二十年（1894）她60岁寿辰的庆典，十月初二日"入皇极门、宁寿门，先至阅是楼，后还乐寿堂"，进入乐寿堂居住。十月初十是慈禧的60岁大寿正日。翁同龢记："同诣皇极门外敬俟，第一层皇极门，第二层宁寿门。王公在宁寿门阶下，皇上于慈宁门门外。巳初（9时许）驾至，步行由西门入，升东阶。皇太后御皇极殿，先宣表。上捧表入宁寿门授内侍，退出门，率群臣三跪九叩，退至新盖他达换衣。巳正二刻（10时30分）入座听戏，刻许遂退。"60岁大寿时，她终于登临上象征着紫禁城太和殿的皇极殿受贺（图20），这是皇帝之外的人所能够达到的最高荣誉。

为了慈禧移居宁寿宫乐寿堂，清廷对宁寿宫区域进行了全面的修缮。"工程浩大，需款甚殷"。[1] 皇上以及满朝文武整整一年都在为她的寿辰忙碌。

慈禧太后选择乐寿堂作为她的居室，根据使用功能进行改造。这次内檐装修的改造主要是后路的居室空间，前路的礼仪性建筑内檐装修基本保持了乾隆时期的原样，改变较少。后路建筑内檐装修修改得较多，养性殿东西暖阁管扇槛柜门座用朱红油见新，画金万福流云花样，东暖阁前檐安三面挂檐床一座，养性殿百鹿书格隔板撤去改换博古两面隔断，并在养性殿东阁安挂洋灯。乐寿堂是慈禧太后的寝宫，修改面较广，乐寿堂明殿两边偏北隔扇各撤去八扇，改为上安玻璃，下安板墙；明殿西间安前檐床；西暖阁连后暗间改为寝宫，撤去隔断，安落地罩，安对面床；其暗间有山子，窗户撤去，改安玻璃窗户；西夹道门及玻璃斜门均点去，用木板棚平；西寝宫后间将楼梯隔断全行撤去，安三面玻璃窗户；东寝宫撤去隔扇，改安落地罩。颐和轩内明间，系隔断前檐门口改移中间，门座按吉安分位；西进间寝宫，后檐安设宝座床，前檐安设如意床。遂初堂、阅是楼的内檐装修基本更换，以及围房内加装修以便使用。

根据这些档案记载，结合现存的实物，慈禧太后时期宁寿宫内檐装修的修改主要有以下的特点。

---

1 方裕瑾《光绪十八年至二十年宁寿宫改建工程述略》，第260-264页；光绪十六年九月一日戊辰，《军机处录副奏折》，缩微号534-1559；光绪十六年九月一日戊辰，《军机处录副奏折》，缩微号534-1561；光绪十八年六月，《内务府新整杂件》373卷；光绪十八年十二月二十一日《奏为宁寿宫工程请由部库筹发银两折》，《奏销档》839-147。

[图 20] 皇极殿

　　其一，宁寿宫区域建筑内檐装修的修改规模并不大，主要是明间的使用空间加以扩展，西间加盖炕，以便就寝。大范围地保留乾隆时期的室内格局和装修。内檐装修材质和工艺无法与乾隆时期相比拟，尤其是宁寿宫区域的装修，新颖而古朴，富丽而雅致，丰富而奢华，达到了后人难以企及的高度。

慈禧太后对此非常明白，清代后期的装修无论是材质和工艺都无法达到乾隆水准，因此在修改内檐装修时尽量保留乾隆时期的装修，仅在必须修改之处添加新的装修。

例如颐和轩，西进间改为寝宫，进出的门是将原明间西缝的隔断墙"前檐门口改移中间"，在装修上仍然利用原有的装修隔断墙，仅将门口移到中间位置。养性殿东暖阁安床，东暖阁仙楼、隔断都利用原有旧物。乐寿堂明间两边各拆掉八扇隔扇，改安玻璃墙，改安寝宫床，大量保留乾隆装修。宁寿宫内檐装修从整体范围而言基本保留乾隆时期的装修。

其二，尽量利用旧有装修构件。乐寿堂为了居住的需要撤去一些隔扇，添加落地罩和床张。

西进间的寝宫床是慈禧太后时期添加的，简单的炕罩，横披心楠木雕龟背锦地回纹，炕沿板贴花卉嵌板，床及炕沿板是新做的，而横披心具有乾隆时期的装修工艺和风格，应该是利用了旧有的装修构件，新的炕与旧的横披心拼合而成。

西梢间现存的一张炕和两槽落地罩、一槽碧纱橱新旧结合的痕迹更为明显。前檐床安落地罩式床罩，棱纹隔扇心、竹丝镶嵌龟背锦地嵌玉竹纹绦环板、群板床罩明显小于床体。为了适应床的体量，在落地罩与抱框之间两边各又加了一根抱框，炕沿板下部也又加了一层炕沿板。装修的工艺和艺术风格也呈现不同的特点，床罩采用竹丝镶嵌龟背锦地嵌玉竹的工艺，炕沿板添加的下部则采用木质挖槽嵌木夔龙纹饰。床罩的工艺是明显的乾隆风格，炕沿板下部是光绪时期改造时添加的，使用木质透雕、浮雕等工艺，具有光绪时期的装修特点。后檐两槽落地罩也是如此，鸡翅木雕锁子锦隔心贴雕回纹嵌玉绦环板、群板和鸡翅木雕锁子锦横披心，制作规整、精细，镶嵌碧玉，是典型的乾隆风格。由于隔扇体量较小，抱框外又

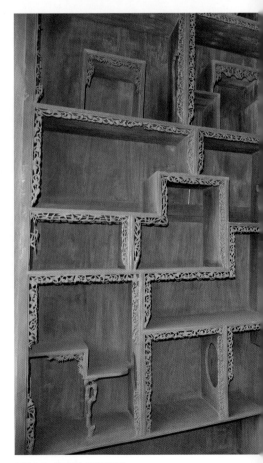

[图21] 乐寿堂多宝格墙

加边框，也是利用旧落地罩新作的。西梢间的碧纱橱，紫檀回纹灯笼框嵌珐琅卡子花隔心嵌珐琅铜镏金夔龙绦环板珐琅铜镏金云龙团群板隔扇，与乐寿堂明间使用的隔扇一样，而楠木雕回纹横披心与隔扇的风格完全不一样，应该是为配合碧纱橱的使用新制作的。

由此可以得出，光绪十九年（1893）添建的这张些床、碧纱橱和落地罩，是利用了宁寿宫区域其他地方拆下了的装修再加以改造重新安装的。

其三，这次修缮宁寿宫区域新制作了一些装修。遂初堂、阅是楼的装修几乎全部更换，颐和轩添加了一些新装修：遂初堂楠木雕蝙蝠寿桃卡子花灯笼框横披心隔心楠木贴雕寿桃绦环板楠木贴雕寿桃团寿字群板碧纱橱，颐和轩楠木雕蝙蝠寿桃团寿字卡子花横披心楠木雕寿桃花牙几腿罩炕罩。新制作的装修使用楠木材质，装修形式较为简单，横披心隔心为灯笼框，绦环板群板贴雕花板，纹饰是蝙蝠和寿桃组成"蝠寿"纹样，与养心殿东西围房纹样相似，有些在纹样中添加了"万"字、"寿"字或双"喜"字，为祝寿、贺喜的常见纹样，寓意万福万寿。

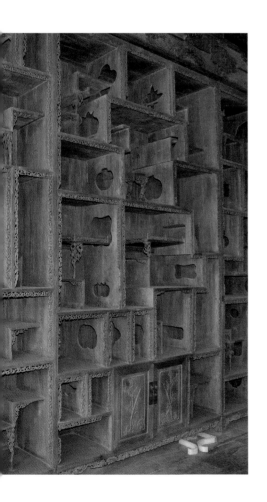

多宝格隔断墙则是慈禧太后所喜爱的，也许是受到《红楼梦》的影响，她把乾隆时期制作养性殿书格隔断改成了多宝格隔断，乐寿堂的寝宫外间添加了一堵多宝格墙。（图21）

新制作的装修除了个别的之外基本都是清代晚期常见的装修形式、工艺和材质。

其四，光绪十八年（1892）修缮宁寿宫，时处清代晚期，西洋器具大量涌入，皇宫内也开始采用西洋用具，"养性殿东阁安挂洋灯深重，比原尺寸再放长一尺并添配玻璃灯罩"，养性殿内使用了洋灯。

乐寿堂寝床前一槽落地花罩，（图22）楠木透雕绣球锦地缠枝牡丹葡萄。牡丹葡萄是中国传统的吉祥纹饰，这个落地花罩在传统的纹饰中加入了大型的西洋卷草纹，面积大、醒目，图案呈现出西洋风格。雕刻工艺与中国传统工艺不同，雕刻深邃，纹饰层次丰富，先透雕绣球锦地，再高浮雕卷草花卉，花纹凸起，立体感很强，使用西洋雕刻手法。大型卷草花卉纹样的造型和透雕加上高浮雕手法具有典型的西洋洛可可风格。

从档案记载、现存实物来看，光绪十八年为慈禧太后60岁寿辰而修缮的宁寿宫，主要的修缮工程是修理、油饰见新，个别建筑有所改变。内部结构根据居住的需要而重新装修，内檐装修基本保留了乾隆原样，添加的装修尽量利用旧的装修构建重新组装，新制作的装修与同时代皇宫其他装修基本相同。慈禧太后在施工日期的选择和床张、门罩的尺寸、方位上非常注重吉祥含义，在装修的制作上并未倾注太多的精力。

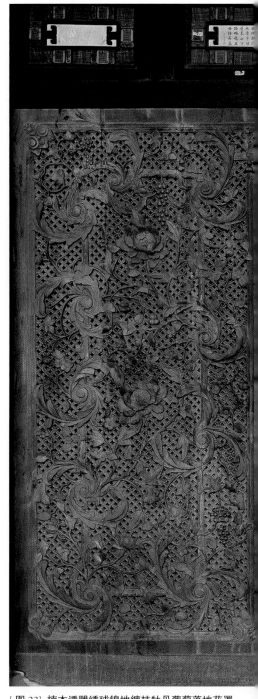

[图 22] 楠木透雕绣球锦地缠枝牡丹葡萄落地花罩

这一次的装修政治意向大于艺术的追求，修缮之后，她移居乐寿堂，又一次登上权力的顶点，清代后期很多著名的事件都是在这里发生或决策的。

总　结

从平安室到长春宫，再到储秀宫，最后是宁寿宫，慈禧太后自垂帘听政之后经历了一系列的寝宫的变换以及改造工程，在这些寝宫改造的过程中，可以反映出她欲望的上升和权力的扩张。

最初的平安室在内檐装修和室内布置上都不及东边慈安太后居住的绥履殿，慈禧太后并不甘心，掌权之后重新装修平安室，力求与绥履殿保持一致，在装修上模仿绥履殿，然嫡庶之别仍然存在。同治大婚后，慈安、慈禧太后离开养心殿，慈禧太后选择咸丰皇帝改造过的长春宫作为她的寝宫，慈安太后居住在钟粹宫，两宫装修上保持平衡，在装修形式、工艺以及匾联上都力求一致，然而长春宫的院落规模和建筑规制则远远地超过了钟粹宫，慈禧太后逐渐占据了主导地位。慈安太后去世之后，慈禧50岁寿辰时移居储秀宫。储秀宫是她入宫时的居所，也是她发迹之地。此时，她权力在握，已不用顾及嫡庶之别。储秀宫的修缮以她的个人喜好为核心，不仅扩大了储秀宫的规模，丰富了储秀宫的建筑功能，超出了后妃们的居住范围。"甲申易枢"之后，慈禧太后的权力达到顶峰，她不甘心居住在后妃的宫殿，在她60岁寿辰的时候，把寝宫搬到了乾隆太上皇的宫殿宁寿宫的乐寿堂，登上了象征着太和殿的皇极殿，她的权力达到了清代制度所能允许的极点。纵观她所居住的寝宫的变化，反映出她与命运的抗争和对清代传统的挑战，也是她权力不断上升过程的写照。

通过这一系列寝宫的内檐装修的改造，她的艺术鉴赏品位也一步步得到体现。平安室改造时期，她的艺术鉴赏品味表现得尚不明显；长春宫的多次改造逐渐显现出她在室内空间布局上的偏好；经过同治末年天地一家春的设计，到光绪九年储秀宫改造，在内檐装修上采用珍贵的材料、时尚的款式，精工细作，充分地体现了她在室内装修方面的艺术鉴赏水平。

慈禧太后喜欢开放、明亮空间。外檐门窗大量改用玻璃，室内利用通透性强的天然式落地花罩、栏杆罩逐渐将封闭的室内打开，隔扇上的夹纱用玻璃替代了原来的贴落，使得室内宽敞而明亮。

慈禧太后寝宫的装修表现出与帝王宫室不同的风格：帝王的宫室体现帝王的风格，随处可见的龙纹、几何形图像，显示出豪华恢宏、富丽庄严的气派；慈禧的寝宫开敞、活泼，花鸟和福寿图案更具居家风格。慈禧太后纵然大权在握，而在她的心里明白，她终究受着某种限制，不是名正言顺的统治者，在她的装修中，也不能堂而皇之地使用帝王的纹饰、使用帝王的规格，她仍然是要向传统低头，她还是逃脱不了自古以来女性的宿命——只有环绕着"妇德""贤淑""悠闲"等主题打转，使用后妃的纹饰如"吉祥富贵""喜鹊登梅""子孙绵延"等传统的女性题材。

慈禧太后毕竟是女性，在审美中仍然受到女性审美的局限，花草、娃娃等图案是女性最为喜爱的主题。慈禧太后很喜欢花草，"太后生平，酷爱鲜花，足见其性情之高尚，与外间一般人传述之言，迥乎不侔矣。凡太后之寝宫朝堂戏厅及大殿等处，名花点缀，常终年不绝，而太后每日头上之插戴，亦大都以鲜花为之。每当闲暇之时，又往往手拈名花，对之嫣然作笑，以鼻微亲其花容，似花真能解人之意者……太后爱花之癖，既为宫内外人所深悉"。[1]

慈禧的文化水平和艺术水准在清代后妃中也许首屈一指，但也非常有限，"虽说尚能读书识字，批阅奏折也没问题，但是从 1865 年她手书罢免奕䜣的硃谕看来，终究写的错字连篇，字体也歪曲可矣"。[2] 她喜爱作画，也有些绘画作品流传下来，"但凡是那些工整或有水准的，多半还是代笔所为，她自己亲为的，都极不成熟也水平不高"。[3] 从她把养性殿明间乾隆时期制作的"百鹿书格隔板撤去改换博古两面隔断"就能看出，她对于书籍爱好远远比不上以前清代的帝王们。她虽然处处都想与乾隆皇帝相比，但是她的艺术水准和审美品位与乾隆皇帝还有一定的距离。清朝皇帝们"依文游艺"，而她只能做到"花草游艺"，不免显得世俗一些。

1　[美国] 卡尔女士著，陈霆锐译：《慈禧写照记》，第 34 页。

2　冯幼衡：《皇太后、政治、艺术：慈禧太后肖像画解读》，第 105-106 页。

3　同上，第 106 页。

第七章 个案举例

清代皇宫建筑内檐装修种类丰富多彩，装修工艺精益求精，装修风格异彩纷呈，代表了中国古代内檐装修的最高水平。尤其是乾隆时期的建筑内檐装修遗存精美绝伦，三希堂、长春书屋、倦勤斋等代表了乾隆时期的装修特点，也体现了乾隆皇帝的装修品位。室内戏台的建造是清宫演剧不可分割的一部分，戏台形式各异，装修布景与建筑本体风格相统一，构成了清宫室内装修的一大特点。

第一节　三希堂的空间构思

三希堂位于养心殿西暖阁，此处原为温室，乾隆十一年（1746）因"内府秘笈王羲之快雪帖，王獻之中秋帖，近又得王珣伯远帖（图1），皆希世之珍也，因就养心殿温室易其名曰三希堂"[1]。乾隆皇帝御笔亲书"三希堂"匾额，悬于御座上方。（图2）他还撰写了《三希堂记》，又下旨让董邦达绘制

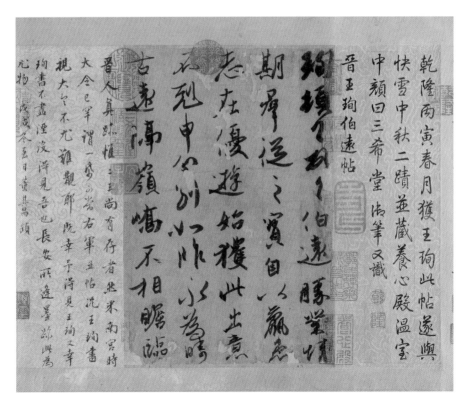

[图1] 东晋王珣《伯远帖》（局部），故宫博物院藏

1 《三希堂记》。

[图 2] 三希堂匾

"三希堂记山水画"贴在三希堂内。[1]（图 3）

三希堂是乾隆皇帝赏画、读书的地方，乾隆皇帝曾说道："朕自幼生长宫中，讲诵二十年，未尝稍辍，实一书生也。"看书赏画是他的爱好，他尤其喜爱王羲之的书法，他认为王羲之的墨迹字势雄逸，如龙跃天门、虎卧凤阁，欣赏王羲之《快雪时晴帖》后曾跋云："王右军《快雪帖》为千古妙迹，收入大内养心殿有年矣。予几暇临仿不止数十百过，而爱玩未已，因合子敬《中秋》、元琳《伯远》二帖，贮之温室中，颜曰'三希堂'，以志稀世神物，非寻常什袭可并云。"[2]因此辟室以赏之。冠以"三希"之名并非仅因藏有名帖，乾隆皇帝的老师蔡世远先生的堂号曰"二希堂"，蔡世远曾说"士希贤，贤希圣，圣希天（周敦颐语）。或者谓予不敢希天，予之意非若是也"，而是敬仰北宋范仲淹（希文）、南宋至德秀（希元）的为人。乾隆皇帝则云："若必士且希贤，既贤而后希圣，已圣而后希天，则是教人自画终无可至圣贤之

1　乾隆十一年："二月表作，初五日，七品首领萨木哈来说，太监胡世杰传旨：三希堂画一张，着镶五分髓万字文锦边出瓷青小线。钦此。于本月初六日，太监赵近玉持出御题董邦达画三希堂山水大画一张。于本月初八日，七品首领萨木哈将御题董邦达画三希堂记山水画一张，镶得锦边小线持进贴。讫。"《总汇》）第 14 册，第 567 页。

2　《石渠宝笈》。

[图 3] 清董邦达《三希堂记图轴》，故宫博物院藏

时也。"[1] 作为一位文人皇帝,儒家"内圣外王"的思想更是他人生的追求,以修养心性而达"内圣"是他的理想。因此,尽管他将三帖视为"虽丰城之剑、合浦之珠,无以逾此",但最终还在于"三希为内圣外王之依,正符养心",以此实现"希贤、希圣、希天"之志。

为了符合乾隆皇帝赏画读书、以物言志的需求,他对三希堂进行改造,修改窗户、隔扇及室内陈设,绘制通景画。[2] 乾隆二十八年(1763),乾隆皇帝觉得原来的三希堂室内装饰不尽如人意,于是重新装修,三希堂地面铺设瓷砖,重绘通景画,室内安曲尺壁子,制作家具及陈设,绘制贴落,裱糊窗户、墙壁。[3] 至此,三希堂的内檐装修和陈设除了后来拆除了曲尺壁子外基本定型,直至清末。

一、空间分割

三希堂内部面宽 2100 毫米,进深 6000 毫米,高 2100 毫米。东墙中部开小门与勤政亲贤殿相通,东墙北部开一小门,折入"自强不息"。三希堂内部空间狭小,陈设丰富。乾隆皇帝是如何在狭小的三希堂进行他的空间构思,利用装修构件及墙面装饰,使室内空间精致典雅、趣味无穷而又从视觉上克服狭小空间的限制呢?

从勤政亲贤进入三希堂,乾隆时期安设了一个凹形曲尺壁子,壁子用紫檀木包镶,中间开门,悬挂门帘。

乾隆三十年,油木作,十一月,十七日催长四德、笔帖式五德来说,太监胡世杰传旨:养心殿西暖阁三希堂现安曲尺上着做包镶紫檀木三面壁子一件,再做二面红猩猩毡软帘一件,沿石青缎大小边。钦此。于本月十八日,催长四德将做得包镶紫檀木壁一件,二面猩猩毡软帘一件,持进安讫。[4]

三希堂是乾隆皇帝的私人空间,他不愿意让受到召见的大臣窥视他的秘

1 《三希堂记》。

2 《总汇》第 14 册,第 495 页;《总汇》第 14 册,第 497-499 页;《总汇》第 16 册,第 588 页等。

3 《总汇》第 28、29 册。

4 《总汇》第 29 册,第 632-633 页。

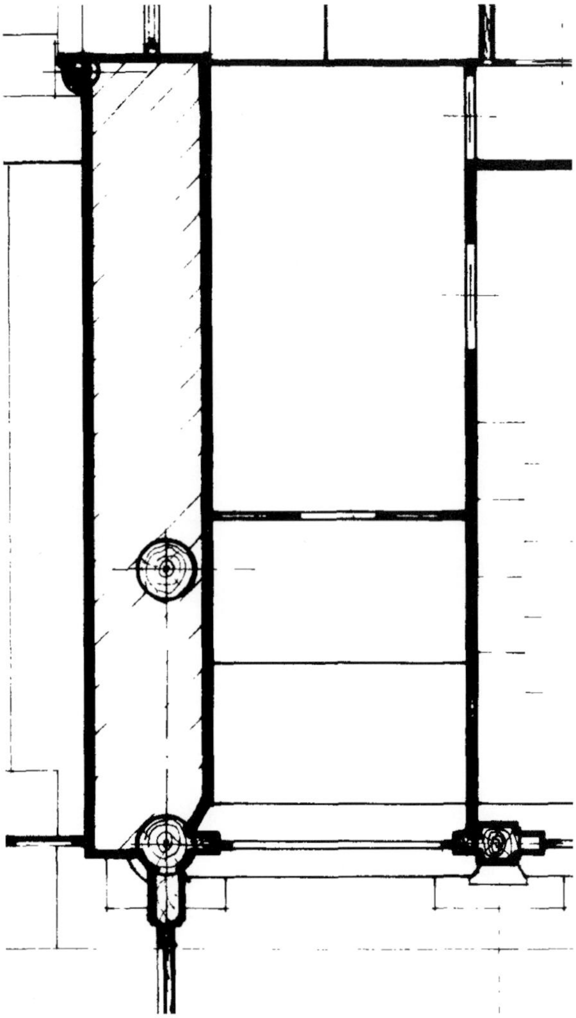

[图4] 三希堂平面图

密空间，因此在门外安置一座曲尺壁子[1]，以阻挡视线的直视。

三希堂分为前后两部分，前部长 2300 毫米，后部长 3700 毫米。在空间的分割上，前后部分没有平均分割，而是基本符合 0.618 的黄金分割比例。黄金分割是西方的美学概念，清朝的统治者并不知晓，不过黄金分割的比例关系是在长期的实践和视觉感受中总结出来的。东西方虽然对于美学所使用词汇和概念不同，而对于美的认知几乎是相同的，黄金比例是空间分割最合乎科学和

1　乾隆三十九年十二月二十日："员外郎四德、库掌五德、笔帖式福庆来说，太监胡世杰传旨：养性殿三希堂照养心殿三希堂门外曲尺一样配曲尺，其闲余板不必成做。钦此。"《总汇》第 37 册，第 699 页。

[图 5] 三希堂宝座床

视觉美学的比例关系。这样一来前后间的空间分割，视觉感受非常舒适，没有头重脚轻或头轻脚重的不稳定感，视觉美在空间分割中自然产生出来。（图 4）

南部安设高矮炕，乾隆皇帝的坐榻就安在这里，炕沿镶嵌楠木双螭虎纹炕沿板。（图 5）

乾隆三十年，油木作，十一月初二日，催长四德笔帖式五德来说，太监胡世杰传旨：养心殿西暖阁着做双螭虎楠木床挂面板一块。钦此。于本月初三日，催长四德、笔帖式五德，将画得西暖阁双螭虎床挂面板纸样一张，持进交太监胡世杰呈览。奉旨：照样准做，其双螭虎头要对着做。钦此。于本月初五日，催长海升将做得楠木双螭虎挂面板一块持进安在西暖阁。讫。[1]

炕沿板上雕刻螭虎纹，虎头螭尾，双头相对，虎目圆睁，螭尾卷曲，威武严肃，苍劲有力，具有王者风范。

前后间之间用槛窗相隔，楠木隔扇雕刻玲珑剔透的金线如意纹，夹纱，玲珑窗格让室内隔断无厚重死板之感，而显得轻盈精巧，适合装修小型空间。不透光的里间也能透过薄纱窗格隐约见到光线，槛窗中间的门和窗格薄纱的透视使得内外空间合为一体。（图 6）

1 《总汇》第 29 册，第 629-630 页。

[图6] 三希堂（复制场景）

　　槛窗上安设二块闲余板。

　　乾隆三十一年，油木作，十月，十二日，催长四德、笔帖式五德来说，太监胡世杰交旨：三希堂坎窗上着做紫檀木半圆闲余板二件，先做样呈览。钦此。于本月十四日，催长四德、笔帖式五德将做得半圆竹式闲余板木样一件，持进交太监胡世杰呈览。奉旨：照样准做。钦此。于本月二十三日，催长四德、笔帖式五德将做得紫檀木竹式半圆闲余板二件持进安讫。[1]

　　闲余板，顾名思义是闲置多余的木板，其实不然，闲余板是搭置在墙壁、隔扇群板或窗台下的板子，正如现代的墙上安装的格板，悬置在墙壁上，利用纵向空间，不占横向空间面积。三希堂空间很小，没有地方放置桌案，为了放置物品制作了两块小巧的半圆形闲余板，镶嵌在坎窗上，可放置小型器皿，起到桌几的作用。紫檀木雕刻竹节纹饰，深沉的紫檀色闲余板和浅棕的楠木色坎窗，深浅搭配，相得益彰。

　　房间内安装了三重轻盈的紫檀飞罩，透雕夔龙花牙，一槽位于前间炕沿上方，作为炕的炕罩，二槽位于后间门的南部和北部，中间西墙装饰通景画。

1 《总汇》第30册，第398页。

三槽飞罩分别各处不同的装饰空间，而细小的夔龙花牙安在房间顶部，若隐若现，虽起到空间虚隔的象征作用，又不阻挡视线，既可装饰空间，又可营造重重帷幕的视觉效果，加强了空间的进深感和层次感。

二、通景线法画

进入三希堂，迎面用夔龙飞罩隔出一间小小的房间，地面贴着青花八宝瓷砖，墙壁和顶棚糊饰团花纹壁纸，两面墙上各四扇金线如意棂花隔扇窗，顶棚、地面、坎窗、飞罩均与三希堂相同。正中一座圆洞门通往室外的花园，花园中，古树瘦石，梅花绽开，远处层峦叠嶂，一长一少两名男子漫步走来，少年手持折枝梅花，长者向少年传递着某种信息。这个由三希堂延伸出去的空间实则是一幅绘画，它是中国宫廷画家金廷标和西洋画师郎世宁共同绘制的通景线法画。

乾隆三十年如意馆，十一月十二日，接得郎中德魁等押帖一件，内开本月初八日太监胡世杰传旨：养心殿西暖阁三希堂向西画门，着金廷标起稿，郎世宁画脸，得时仍着金廷标画。[1]

通景线法画是清宫用于建筑装饰的一种绘画形式，它源自于西方建筑装饰方式，运用西方绘画技法。通景线法画就是与建筑的室内地面、顶棚装修相呼应的具有西方绘画透视效果的整面墙或顶棚、墙壁相连的绘画。

三希堂东西墙相隔仅 2100 毫米，进门眼前就是一堵封闭的墙壁限制了人们的视线，为了解决视觉上的压抑感，乾隆皇帝要求在西墙上绘制一幅通景线法画。（图 7）

通景画将人们的视线从室内空间延伸到了外面，通过圆洞门伸向了花园，再透过花园伸向了无限的远方。画中迎面而来的二位男子，传达了深刻的寓意，突破了视觉和心理的双重局限，更加深了画面的无限感受。（图 8）

三、镜子

三希堂高矮炕空间南边有窗户直接面对室外，光线充足，内外对景，高炕上放宝座，宝座对面西墙有一幅贴落画，矮炕采用怎样的装饰手法构造空间

1 《总汇》第 29 册，第 539 页。

[图 7]　三希堂小门及通景画

意境并使狭小空间得到延伸呢？如果再用一幅通景画营造扩大空间的效果，就与外间的通景画重复，容易产生视觉疲劳和零乱的感觉，从心理的角度看也不利于聚精会神地欣赏字画和思考。乾隆皇帝采用了另一种空间构思，就是在西墙上安置了一面满墙的镜子。

乾隆三十年，油木作，十月十七日，催长四德、笔帖式五德来说，太监胡世杰传旨：着查造办处库贮摆锡大玻璃有几块，查明尺寸呈览，准时在养心殿西暖阁镶墙用。钦此。于本日，催长四德、笔帖式五德，将查得库贮摆

[图 8] 通景画局部

锡玻璃二块，内长七尺一寸、宽三尺四寸八分一块，长六尺一寸五分、宽三尺一块，缮写数目单持进，交太监胡世杰呈览。奉旨：准用长六尺一寸五分宽三尺玻璃一块，钦此。于十月十九日，催长四德、笔帖式五德来说，太监胡世杰传旨：养心殿西暖阁镶墙用玻璃一块长六尺一寸五分搭去八寸五分，高要五尺三寸，添配三寸宽紫檀木边，其搭下玻璃有用处用。钦此。赶二十二日要得。于本月二十四日，催长四德、笔帖式五德来说，太监胡世杰传旨：圆明园慈珠宫西间现挂楠木边玻璃镜一件，着取来在养心殿西暖阁用。钦此……于本月二十六日，郎中达子、金辉带领本作人员将慈珠宫取来玻璃镜一件，配得紫檀木边框，持进养心殿西暖阁安挂讫。[1]

1 《总汇》第 29 册，第 624-625 页。

三希堂西墙现存紫檀木边镜子高 1940 毫米，宽 1150 毫米，档案记载镜子高五尺三寸，宽三尺，紫檀木边框三寸，通高五尺九寸，约合 1888 毫米，宽三尺六寸，约合 1152 毫米，与现存镜子相符。三希堂现存的镜子是乾隆三十年（1765）再次装修时安装的，原计划从库里取用，后来改用圆明园慈珠宫的楠木边镜子换成紫檀木边框，挂在养心殿西暖阁。

利用镜子将室内的空间镜像到镜子里，似乎在镜子里又营造了另一个相同的空间，以镜面的这堵墙为中线，东西各为一个相同的空间，室内空间延展了一倍。又可以从镜子里看到身后的景象，让乾隆皇帝尽览室内的布置。（图 9）

利用镜子延展空间的构思在乾隆时期很时尚，也很盛行。三希堂后部长春书屋炕的两边都安置镜子，长春书屋外间的圆光门内也安置了一面墙的大镜子。镜子在空间上与通景画一样起到扩展空间的作用，不同的是镜子镜像的是室内的真实景象，通景画则可以绘制虚拟的空间景象，给人更多的想

[图 9] 从镜子里看三希堂

象空间。三希堂前间和后间分别用镜子和通景画使室内空间在视觉上得到延伸，解决了空间狭小给人们带来的压抑之感，也丰富了室内装饰，同时镜子和通景画都是虚拟的景象，又造成亦真亦假的幻象。

四、室内装饰

三希堂地面青花八宝纹瓷砖铺墁，青花瓷砖那白色的瓷、蓝色的花使地面干净美观，也提高了地面的亮度，使原本灰暗的里间显得明亮了许多。瓷砖虽华美，但造价高，在紫禁城内很少见到，仅见于碧琳馆和三希堂，这两

[图 10]　三希堂壁瓶

处是乾隆二十八年同时铺设的，[1] 可见乾隆皇帝对三希堂的喜爱。

　　三希堂的墙壁上布满了装饰，有对联、匾额、绘画、挂屏、壁瓶等。

　　坐榻宝座上方悬挂乾隆御笔"三希堂"匾额，两边贴落"怀抱观古今，深心托豪素"对联。其北面墙上玻璃镜的对面悬挂了几只精致的小壁瓶，壁瓶各式各样，有葫芦瓶、胆瓶、双耳瓶、橄榄瓶、凤尾瓶等式样，釉色又有粉青、釉里红、粉彩、斗彩之别，五彩纷呈，里面插上杂宝制作的花朵，挂在墙上，增加了室内的趣味性和立体效果。（图 10）这些美丽的壁瓶是乾隆二十八年由景德镇制作的。

　　乾隆三十年，匣表作，十一月，初三日，催长四德、笔帖式五德来说，太监胡世杰传旨：养心殿西暖阁三希堂对玻璃镜东板墙上，着画各式瓷半圆瓶样十四件呈览，准时发往江西照样烧造送来。钦此。于本月初十日，催长四德、笔帖式五德将画得养心殿西暖阁各式半圆瓷瓶十四件纸样一张，持进交太监胡世杰呈览。奉旨：着烫合牌样呈览。钦此。于三十一年正月初八日，催长四德、笔帖式五德将做得合牌瓷半圆瓶十四件，持进交太监胡世杰呈览。

1　乾隆二十九年十二月二十七日："奏销养心殿院内改砌砖墙等工所用银两片"，《奏销档》272-333；乾隆二十九年十二月二十七日："奏为养心殿拆改围房砖墙工程销算银两事"，《奏案》05-0222-062。

奉旨：准照样发往江西，将花纹釉水往细致里烧造。钦此。[1]

如意馆的画家为三希堂绘制了多幅绘画。

乾隆三十年，如意馆，十一月，十二日接得郎中德魁等押帖一件，内开本月初八日太监胡世杰传旨：养心殿西暖阁三希堂……曲尺南面着金廷标画人物，北面着杨大章画花卉，东西二面着方琮、王炳画山水。三希堂对宝座西墙着金廷标画人物。[2]

金廷标、杨大章、方琮、王炳等人都是如意馆著名的画家，为宫廷绘制了大量的绘画作品。

宝座对面西墙上贴了一幅山水人物画，是金廷标绘制的，画上乾隆御题的诗句。金廷标是乾隆二十二年（1757）由南方官员送进宫内的画家，善画人物、花卉及肖像，为乾隆朝出色的画家，乾隆皇帝称其画"七情毕写皆得

[图11] 三希堂前间西墙金廷标画山水人物贴落

1 《总汇》第29册，第713页。

2 《总汇》第29册，第539页。

神，顾陆以后今几人"。（图 11）

三希堂北墙上贴了一幅布满整面墙的大画，画面层峦竞秀，万壑争锋，是另一位著名的宫廷画家方琮绘制的《仿王蒙松路仙岩图》。方琮师从张宗苍，由其师引荐入宫作画，善画山水。画面上大臣于敏中书写乾隆御制诗《题方琮仿王蒙松路仙岩图》。这是一幅由皇帝、大臣、画家合力而作的山水画。

地上、炕几、闲余板上放置各类器皿。

三希堂用通透的装修、通景画和镜子扩大了空间的感受，加以墙面绘画、挂件等装饰，把室内装点的精致而巧妙。"室雅何须大"，天地尽纵横，乾隆皇帝在这个小巧玲珑、布置精妙的房间里鉴赏着书圣墨宝，"托兴名物，以识弗忘"，追求着"希贤""希圣""希天"的帝王理想。

第二节　养心殿长春书屋古玩墙的起源和演变

2015 年底故宫博物院实施"养心殿研究性保护项目"，对养心殿进行全面修缮。在养心殿的长春书屋南墙发现了一堵别具一格的墙面，宝座床的南、北墙面各镶嵌一个满床的大镜子，南墙西半边墙面糊饰壁纸，透过破败不堪的壁纸隐约露出一些形状不同的凹槽。将破烂糟朽的墙纸揭下，惊奇地发现隔断墙为楠木制作的双层板墙，内层为平板，外层板上满开形状各异的空槽，有瓶形、花瓣形、方形、圆形、椭圆形等，空槽的尺寸大小不等。其中一个方形的槽长 314 毫米，高 286 毫米；瓶形的槽高 512 毫米，腹宽 270 毫米；花瓣形的槽宽 355 毫米，高 315 毫米等。（图 1）

[图 1] 长春书屋南墙

空槽的形状与各类器物相似，瓶形挖出了圈足及瓶口处蒜头形状，槽的大小亦与实际器物相当，很像是将实体器物镶嵌在墙上。然而，槽面至后层板壁的厚度仅为37毫米，且背板是平的，没有弧度，立体器物无法固定。如果是悬挂背面为平面的壁瓶之类的器物又没有必要开槽。这一发现引起了笔者的注意，联想到文学作品《红楼梦》中一段怡红院室内墙壁装饰的描述："满墙满壁，皆系随依古董玩器之形抠成的槽子。诸如琴、剑、悬瓶、桌屏之类，虽悬于壁，却都是与壁相平的。"[1]器物悬于壁上为何要开槽？又怎能与壁相平？这与长春书屋布满空槽的板壁又有何关联？《红楼梦》毕竟是文学作品，不能作为现实物质文化的确切证据。带着这些疑问查阅雍正乾隆时期的造办处档案，发现其中有为数不少的制作书格、板壁镶嵌"古董片""古玩片"的记载，又在大维德基金会所藏雍正《古玩图》中见到画满古玩的屏风图，它们之间是否存在某种内在的联系？同时考察养心殿三希堂的壁瓶装饰，它们与长春书屋的墙面装饰又是否存在着关于18世纪皇宫建筑一种墙面装饰的流变关系？本文根据档案记载、文物遗存，探究古玩墙的装饰手法以及它的演变途径。

一、档案所见古董片装饰

翻阅雍正、乾隆时期的造办处档案发现宫殿里多处在书格、板墙上使用古玩画片或古玩片（亦称"古董合牌片""古董片"）作为室内装修及家具的装饰，以下摘录几条以示说明。

雍正三年，漆作，六月十九日，员外郎海望奉旨：尔做书格一架，先做样呈览。钦此。于本月二十二日，做得合牌书格样一件，员外郎海望呈览。奉旨：此书格做杉木胎外用漆做，前面安玻璃片，格内着郎石宁画各式陈设物件，背面画书格，顶上壁子按柱中安书格，后面依壁子平。尔等将书格上用的玻璃与保德商议妥当再做。钦此。于八月二十二日做得杉木胎退光漆书格一件，内安画各样陈设片，背面画假书，员外郎海望呈进讫。[2]

雍正四年，裱作附画作刻字作，四月，初四日，郎中保德说总管太监李德传旨：着竹子院书格上画各样假古董片，两面俱画透的。钦此。于七年八

1　[清]曹雪芹等著：《红楼梦》，第231页。

2　《总汇》第2册，第266页。

月十一日，画得各样假古董片二百三十片，郎中海望呈进讫。

雍正六年，画作，六月，二十日，据圆明园来帖内称，五月十九日画得新添房内平头案样一张，撬头案样一张，郎中海望呈览。奉旨：准平头案式样一张，着郎石宁放大样画西洋画，其案上陈设古董八件，画完剁下来用合牌托平，若不能平用铜片掐边。钦此。于八月初六日，画得西洋案画一张，并托合牌假古董画八件，郎中海望持进贴在西峰秀色屋内。讫。于十月十一日，据圆明园来帖内称，十月初十日郎海望画得西峰秀色画案板墙背面荷花横披画一张，呈览。奉旨：不必用荷花，仍照前面画案好。钦此。于十一月二十日，画得西洋案画一张，郎中海望持进贴在西峰秀色画案板墙背面。讫。于十二月初七日，为本月初四日郎中海望、保德奉旨：西峰秀色屋内外面板墙上贴的平头画案上，何必安走槽古董？板墙满糊画绢上面画古董，其应留透眼处于搭色时酌量留透眼，板墙里面画案上的古董仍安走槽。钦此。于七年五月二十日，西峰秀色屋内板墙上面满糊画绢上画古董画片完，郎中海望奏闻。奉旨：好。钦此。[1]

雍正七年，库贮，六月初八日，郎中海望持出九州清晏东暖阁内御笔十思疏一张、山水画一张、书格上假古董画片六十六片。传旨：着收讫。记此。[2]

雍正十一年，九月十四日催总吴花资来说，内大臣海望传：安宁宫板房后开一门，再平台板房下亦开一门，门上贴画假古玩书格画。钦此。于二十九日画得假古玩书格画一张，催总吴花资持进贴讫。[3]

多条档案记载说明雍正时期古董画或古董画片、古玩画片装饰甚为流行，它有两种表现方式：一种是直接绘制在绢或纸上，贴在板面上；一种则是先绘制古玩，再把古玩从画中"剁下来"，制作成合牌片。

合牌片即是先用裱料纸层层粘合，做成较硬的板料，根据式样和大小裁剪成型，粘合成具有一定厚度的模型。然后在板壁或书格贴落相应的位置挖槽即"走槽"，将合牌片嵌在槽内，合牌片是平面的，因此与板壁等平，若不平则用铜片掐边固定。槽一般是通透的，即两面"俱画透的"，镶嵌古董合牌

---

1 《总汇》第 3 册，第 305-306 页。

2 《总汇》第 4 册，第 178-179 页。

3 《总汇》第 5 册，第 742 页。

片填充于木板的两面,两面均可观赏。档案中记载的"假古董画片""古董合牌画片""古玩片""陈设片"等,都采用的是在板面上挖槽嵌镶古玩画片的方法。

雍正年间出现的古董片、古玩片装饰手法在乾隆早期继续流行。

乾隆三年三月如意馆,二十六日,员外郎常保来说,总管刘沧州传旨:照五福堂楼梯书橱现安古玩画片,令郎世宁徒弟戴正等画一分,得时安在万方安和床前面拉门书格上。钦此。于五月十五日,司库刘山久、七品首领萨木哈、催总白世秀将画得包绢古玩画片纸样一张,交总管刘沧州呈览。奉旨:照样准画。钦此。二十七日,总管刘沧州传旨:万字房绿尘心墙里橱子,着张维邦照五福堂画假古董画片。钦此。[1]

乾隆四年,三月如意馆,二十日,画画人戴正来说,三月十四日太监毛团传旨:慎修思永西洋戏台北床两傍书格顶上,着王幼学画水画古董片十片。钦此。于本月二十三日王幼学带颜料进内画讫。[2]

乾隆七年,如意馆,三月二十五日,副催总六十七持来司库郎正培押贴一件,内开为正月二十八日太监毛团传旨:方壶胜景大宝座隔内,着郎世宁酌量配画古玩起稿呈览。钦此。于三月二十四日,郎世宁起得古玩稿并做法应用轮簧木胎等处奏览。奉旨:准做各件应用轮簧处,俱着沙如玉做。再该做铜木胎等件,俱着造办处家内匠役进如意馆承做。钦此。[3]

乾隆八年,九月如意馆,初二日,副催总六十七持来司库郎正培、骑都尉巴尔党、催总花善押帖一件,内开为乾隆七年二月初五日太监胡世杰传旨:坦坦荡荡仙楼上书格内着王幼学画古玩片三十片。钦此。[4]

乾隆八年,九月如意馆,二十七日……本月初四日太监胡世杰传旨:常山峪表后书格一张,着王幼学酌量配合画古玩片,照汤山的做法,俱用木片、铅铊。钦此。[5]

乾隆时期古玩片的做法,比起雍正朝的合牌片,乾隆则将画上的古玩用

1 《总汇》第 8 册,第 212 页。

2 《总汇》第 9 册,第 168 页。

3 《总汇》第 11 册,第 123 页。

4 《总汇》第 11 册,第 386 页。

5 《总汇》第 11 册,第 388 页。

木片并衬以铅砣使之更厚实更具有质感。

古董片、古玩画都是郎世宁等西洋画家或者他们的徒弟们绘制的，他们运用西方绘画的透视法，绘制的古玩立体逼真，光影凸现，镶嵌在板壁上虽与板壁相平，却造成满墙悬挂着古董的凹凸错觉。

雍正乾隆造办处档案中所记载的古玩合牌样嵌入板壁中的装修手法，与曹雪芹《红楼梦》里所描述的看似悬于墙壁上的瓶炉琴剑等物"随依古董玩器之形抠成的槽子""却都是与壁相平的"正好相符，应该是当时新出现的室内墙面装修艺术，无怪众人看完会发出"好精致想头，难为怎么想来"的感慨。

二、大维德基金会所藏《古玩图》

档案的记载和小说的描述虽然详细、生动，但是具体呈现出来的面貌则难以想象。

在英国大维德基金会（Percival David Foundation of Chinese Art）的收

[图2] 大维德基金会所藏《古玩图》

藏中，藏品编号为PDF, X.01的是一幅《古玩图》手卷（图2），手卷高度为62.5厘米，长度达近20米。手卷绘制了包括近250件含括从新石器时代到雍正年间精选的各个时期、不同材质、大小不同的陶瓷、玉器、青铜器和其他古物，大部分古物都有定制的木质或糊锦、染色象牙或其他材料底托。卷首标签为"古玩图"，"雍正六年（1728年）"，"卷六"。

维多利亚和艾伯特博物馆收藏有一个类似的标示为"雍正七年"（1729年）和"卷八""下"的手卷。内务府造办处"活计清档"中记载雍正八年（1730）还绘制了一幅《古玩图》手卷："六月十五日，据圆明园来帖内称，本月十三日太监刘希文、王守贵传旨：着画西洋画人来圆明园画古玩，不必着郎世宁来。钦此。于七月初一日，画得绢古玩册页二册。内务府总管海望呈览。奉旨：不必用绢画，用纸画手卷。钦此。"[1]这些材料表明《古玩图》是雍正时期绘制的一个系列手卷，共有多少卷，绘制了多少器物，目前尚不清楚。它们是由清宫

[图3]《古玩图》之屏风宝座

1 《总汇》第4册，第552页。

内的西洋画师或画西洋画的画师运用欧洲绘画技巧如阴影和透视，采用各色彩料按照实物精心绘制，立体感很强，而且绘制的是宫廷收藏的真实器物。

《古玩图》卷尾有一个皇帝的宝座、屏风。（图3）屏风共五扇，每扇上糊锦画绢上绘满了古玩图，屏风上绘制的古玩与古玩图中的其他古玩一样都带有底座衬托。由于大维德收藏的《古玩图》本身就是一幅画作，其屏风上的古玩图是贴落，还是制作成古董合牌镶嵌在屏风上，我们并不清楚。不过它展示了满墙满壁古玩器物的视觉形象遗存。

三、养心殿长春书屋古玩墙及其意义

档案记载雍正的《古玩图》以及《红楼梦》中的描写，都证实了在雍正乾隆时期建筑中存在着这样一种装修艺术，然而实物遗存以往从未发现。正是"养心殿研究性保护"项目的实施，使得长久被覆盖的长春书屋板壁镶嵌艺术被挖掘出来。

长春书屋南墙是双层楠木板墙，内层板墙下部为群板，上部板壁上开满通透的槽，正所谓档案中的"走槽"。每个空槽中依形状大小不同各挖榫眼若干且内外对称（图4），榫眼的外面包有铜片，正是档案中所记载的用铜片掐边，既能固定古玩合牌片，又可遮住榫眼。（图5）内外榫眼符合"两面俱透的"的

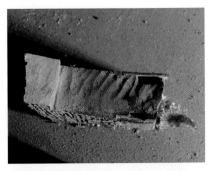

[图4] 古玩槽榫眼

[图5] 古玩掐边铜片

记载，古玩合牌片镶嵌在板壁中两面都可以观看。板壁上残留了零星的锦纹壁纸，板壁原是裱糊了锦纹壁纸，正如大维德基金会《古玩图》中屏风的古玩画的锦纹背景，空槽内也残留了壁纸，说明板壁的空槽内也裱糊了壁纸。当年长春书屋南墙内层是一堵整面墙都布满各种凹槽的板墙，按照各种器物

的实际大小形状纹饰绘制成图片，再制作成合牌片，镶嵌在板墙的槽内，即古玩墙。长春书屋南墙与雍正六年（1728）档案记载的西峰秀色的古玩墙一样，双层板墙，一面走槽嵌古玩片，一面平板贴画。

长春书屋用以镶嵌在这些空槽中的古玩片，仔细分析应该是用纸片制作的，而非乾隆后来所使用的木片。因为有些凹槽内加钉了木条，是为了裱糊时保证墙纸的平整，如果是木片古玩有一定的硬度，外面糊壁纸的时候没有必要将它拆去，另钉木条；另外，木片插入槽的榫眼中的材质为木榫，拆除的时候很费劲，一定会将掐边的铜片一并拆掉，目前大多数的铜片完好地保留在原处。因此古玩片一定是用纸板制作的，年久失修，破烂不堪，覆盖的时候轻易地将它们拆掉了。

凹槽内镶嵌的古玩片根据形状推断，有蒜头瓶，长条形的为琮式瓶，方形的为方盒或书匣，圆形的是玉环、玉璧或圆盘等圆形器，花形的可能是玉雕玩器，形状各异的器皿增添了墙面的活泼性和装饰性。

长春书屋古玩墙的发现具有重大的意义：第一，它是目前为止紫禁城内所发现的唯一一处内嵌古玩的板墙，具有唯一性的特点。第二，它的发现证实了文献中所记载的古董片、古玩片、古董合牌片装修方法的存在，它保留的现状完全符合档案记载的制作方法。第三，古玩墙被覆盖的现状也表明了这种装修方法的短暂性，以致最终被抛弃的历史现象，它不像通景线法画那样受到帝王们的普遍喜爱，一直被绘制，直至清末。第四，长春书屋古玩墙的发现，也为皇宫建筑的内檐装修提出了一个新的研究问题。

古董收藏和绘制向来是皇家的传统，从宋朝《宣和博古图》，至清代雍正时期的系列《古玩图卷》，乾隆《石渠宝笈》《秘殿珠林》《西清古鉴》《宁寿鉴古》《西清续鉴》《西清砚谱》《珍陶萃美》《精陶韫古》《埏埴流光》《燔功彰色》等古物图册、手卷、书籍等，绘制出皇家收藏的古玩器物，也作为仿制的范本。然而，古董陈设在中国古代一般是放置在榻上、案上以及格架上，清代多宝格依古董的形状放置在高低不等形状不同的格子里，虽创造出奇异的意境，依然是摆放着观赏。然而将古玩图制作成古玩片镶嵌在屏风、书格以及板墙上，这种有别于中国传统古董展示的方法是否受到了西方室内墙面镶嵌器物装饰手法的影响？这一问题有待于进一步探讨。

四、长春书屋古玩墙存世时间分析

养心殿始建于明代嘉靖十六年（1537）。清代雍正开始以养心殿为"宵旰寝兴之所"，直至清终。长春书屋位于养心殿前殿后部下层西边。养心殿在雍正乾隆时期经过多次内部修改和装修，长春书屋古玩墙的制作年代分析则是我们应该解决的问题。

养心殿自雍正时开始正式作为勤政燕寝之所，雍正时期的档案记载，西暖阁曾供奉斗坛[1]，档案记载未见有仙楼。乾隆皇帝登基后，乾隆元年即将西暖阁原有宝座床张陈设全部拆除，下旨装修仙楼。档案记载的┏形仙楼，楼下明间、东间和西寝宫与现存仙楼的格局基本相同。仙楼的装修、长春书屋做红蝠流云边匾和装置如圆光门、圆光门内抽屉床以及拉钟线（图6）等遗存现都保留着，说明乾隆元年（1736）建造的仙楼格局已基本定型。[2]

长春书屋的古玩墙位于分隔养心殿西暖阁前后两部分的隔断墙北面，上下两层即仙楼的下层墙。中国古建筑室内隔断虽不承重，可随意拆卸，然而由于长春书屋古玩墙的分隔前后、承接上下的特殊位置，一经搭建不会轻易

[图6] 西暖阁拉钟线

1 《总汇》第4册，第381-382页；第4册，第393页；第4册，第627页等。

2 《总汇》第7册，第89-102页。

[图 7] 长春书屋

拆卸，从空槽内钉的木条糊纸看来也能够说明这点。乾隆元年养心殿西暖阁改造之后，又进行了几次重新装修。乾隆十一年（1746），西暖阁功能改变，设置"三希堂"，后部楼下供奉"紫檀木大塔"[1]，原位于楼上的长春书屋移至楼

---

1 《总汇》第 15 册，第 677 页。

[图 8] 长春书屋落地罩及圆光门

下西间寝宫内，(图7) 乾隆十三年重新装修，重做圆光门 [1]，制作落地罩 [2]，安装围屏 [3]。(图8) 乾隆三十八年 (1773) 长春书屋与梅坞连通，西墙开门，拆搭地炕，南墙未见改动记载 [4]。之后没有进行大规模的改造。这几次的改造重新制作了门罩等可拆卸的装修构件，床、墙体及内部格局几乎没有变动。由

1　《总汇》第15册，第674页。

2　《总汇》第15册，第675-676页。

3　《总汇》第15册，第683-684页。

4　《总汇》第36册，第616-617页。

此推测，长春书屋现存南边楠木古玩墙应该是乾隆元年装修仙楼时制作的。

现存古玩墙西部裱糊墙纸，东部炕的南边装饰着镜子，东半边古玩槽还被压在了镜子下面，长春书屋的古玩墙是何时被覆盖的？

乾隆十三年（1748）重新装修长春书屋的时候，这堵古玩墙应该不会被覆盖，因为与此同时，与长春书屋一墙之隔南面的三希堂也正在重新装修，三希堂的西墙绘制了一幅通景画。[1] 这幅通景画，描绘了一幅室内小景，画上的坎窗、墙面、顶棚都与实际建筑的室内装修相同，与房间形成了通景的效果。中间为一幅画的画案，案上画古玩，案子上的古玩内衬铜片，画上古玩是无需铜片的，这幅画中的古玩就是如上面所说的镶嵌古玩片的装饰手法。由此说明至乾隆十四年（1749），古玩片装饰仍在流行。

档案记载乾隆四十二年（1777）四月二十九日，"员外郎四德、五德来说，太监鄂鲁里交紫檀木边座插屏玻璃镜二件，俱系宁寿宫库贮。传旨：将玻璃镜边收窄，在养心殿长春书屋床上两面板墙上安，将床罩横楣里面夹堂扇拆去，安壁子糊白纸，其插屏座二件收贮有用处用。钦此"。"六月初四日，员外郎四德将宁寿宫查来紫檀木边玻璃插屏一对，玻璃拆下已在长春书屋镶墙用"。[2] 长春书屋宝座床的两面板墙上安装了镜子，可以确定至迟在乾隆四十二年，长春书屋的古玩墙彻底被覆盖了。

通过以上的分析，古董片镶嵌书格、屏风、板墙等的装饰方式是雍正及乾隆早期所流行的装饰手法，具有制作简单、别出心裁、成本低廉的特点。不过也存在着弱点，不能经久，时间一长绘制的古董合牌片容易退色，纸片脱落、破损。再者，尽管古玩片是西洋画家绘制的具有立体效果的画片，毕竟不是真实器物，真实感差。乾隆皇帝最终放弃了古玩片的装饰手法。

结　语

养心殿长春书屋南墙凹槽的发现，揭开了一种曾经风行一时的墙面装饰方式——古玩墙。

17-18世纪，西方传教士来到清宫，把西方绘画技艺带到宫廷，西方绘

---

1 《总汇》第 16 册，第 586 页。

2 《总汇》第 40 册，第 806-807 页。

画运用焦点透视，表现出凹凸、阴影的逼真的视觉效果，引起中国人的好奇。雍正时期，西方绘画技法与古董画结合，绘制古玩图手卷，将古玩图贴在书格、屏风等家具上，并绘制了一些与真实器物等大的古玩图，裁剪制作成"假古玩"镶嵌在书格、壁板上。"假古玩"采用了西方的立体绘制手法，造成古玩悬挂于墙上的神奇效果，它那种似画非画、似物非物的亦真亦假的视觉感受，欺骗了人们的眼睛，受到皇家和民间的喜爱，成为盛行一时的装饰方法。乾隆早期延续了雍正时期的古玩墙的装修手法，并进一步发展，将画上的古玩用木片制作使之更厚实更具有质感，更贴近真品，也更向"虽由人作，宛自天开"的"真"的美学接近。

　　然而由于古玩片不能经久，时间一长绘制的古董合牌片容易退色、纸片脱落；再者，尽管古玩片是西洋画家绘制的具有立体效果的画片，即使再真切，毕竟与实物有差距，绘画所产生的错觉，只有在特定的角度才能观察到"立体"效果。这些看起来凸出墙面的绘画作品其实是利用微妙的透视原理，

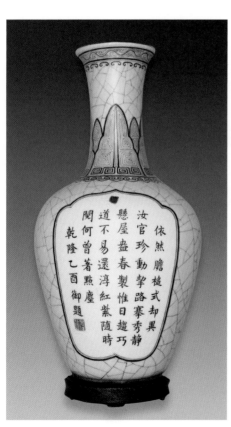

[图 9-1] 壁瓶

[图 9-2] 壁瓶

加上人们视觉之差而产生的"古玩"，初次见到的时候会产生惊奇的感受，多看几次之后这种视觉感受便会消失，乾隆皇帝逐渐对此失去了兴趣，放弃了古董片的装饰手法。

旧的形式的消亡往往伴随着新事物的出现。古玩墙装饰消失之后，另一种新的墙面装饰方式出现了，就是用壁瓶装饰墙面。壁瓶虽早已出现，故宫博物院藏有"大明万历年制"青花壁瓶，在稍早的龙泉窑青瓷中也有同类器物，直至乾隆七年（1742）之后才数量大增，制作瓷器、珐琅、漆器、金银等质地的各式壁瓶，并逐渐发展成满墙悬挂。乾隆三十年（1765）重新装修三希堂，景德镇为三希堂制作了"各式半圆瓷瓶十四件"[1]（见前图）。与此同时，三希堂西墙的古玩片通景画也被替换成了现存的金廷标等人绘制的通景画[2]。乾隆三十九年（1774）装修宁寿宫养性殿仿养心殿三希堂制作"瓷半圆挂瓶"。[3]壁瓶装饰形式受到乾隆皇帝的喜爱，他逐渐放弃了古董片装饰。壁瓶凸出于墙面，突破了平面的墙体，使得平面中出现了起伏凹凸的质感，再加上壁瓶可以随意换挂，灵活性强，色彩丰富，且经久耐用，为室内空间增加了绚丽的视觉享受，最终替代了古玩墙而成为一种新的墙面装饰。（图9）

[**图 9-3**] 壁瓶

从长春书屋古玩墙到三希堂壁瓶，揭示了清代室内一种墙面装饰的发展历程，也反映了受到西方立体绘画影响下的中国装饰所发生的变革和尝试。

1 《总汇》第 29 册，第 713 页。

2 张淑娴：《从三希堂通景画看乾隆时期皇宫通景画的演变》，《故宫学刊》第 11 辑，第 205-224 页。

3 《总汇》第 37 册，第 447-448 页。

第三节 倦勤斋建筑略考

一、关于倦勤斋的修建年代

宁寿宫是乾隆皇帝为其归政后做太上皇而预建的。乾隆皇帝即位之初即声言："至乾隆六十年乙卯，予寿跻八十有五，即当传位皇子，归政退闲。"[1] 于是，他修建了宁寿宫，"待归政后，备万年尊养之所"[2]。宁寿宫花园作为宁寿宫的一部分，是与宁寿宫同期修建的。

宁寿宫是在康熙的旧宁寿宫地址上修建的，"康熙创其端，乾隆竟其绪"[3] 乾隆二十六年（1761）编的京城全图中仅有宁寿门、宁寿宫、景福宫、东宫、西宫及衍祺门等。乾隆三十四年（1769）编撰的《国朝宫史》中所载与京城全图中名称一样，但不见东宫、西宫之名。嘉庆十一年（1806）编撰的《国朝宫史续编》中详细记载的宁寿宫与现存的宁寿宫相符。那么宁寿宫是什么时候修建的呢？

据档案记载，乾隆皇帝于乾隆三十五年（1770）下旨内务府修建宁寿宫，大臣福隆安、三和、英廉、刘浩、四格、和珅等主持修建，开始了修建的准备工作，清理旧宫，筹办"所有明岁应用石料灰斤绳麻集料山石等项"[4]，"节次烫样呈览"[5]，乾隆三十六年（1771）开始正式修建。

宁寿宫的建造是分期进行的，"先修后路各殿座"[6]，包括宁寿宫中路以及

---

1 《清高宗实录》卷一千零六十七。

2 ［清］庆桂等编纂：《国朝宫史续编》卷五十九宫殿九。

3 《清宫述闻》初续编合编本，第841页。

4 《内务府奏销档》胶片94，乾隆三十五年十一月二十六日："奴才三和英廉四格谨奏，奴才等遵旨修理宁寿宫工程，现今通盘查估，务将旧料抵对清楚新料始无浮糜，但一时难得确数，所有明岁应用石料灰斤绳麻集料山石等项。现值冬令道涂易行之际，应及时备办，方得应手。"

5 《内务府奏销档》胶片99，第315页："乾隆三十七年十一月初六日，奴才福隆安三和英廉刘浩四格谨奏，为奏闻估需工料钱粮数目事。乾隆三十五年十一月内奴才等遵旨修建宁寿宫殿宇房屋，节次烫样呈览，荷蒙圣明指示，钦遵办理。复经奴才等奏明，修建宁寿宫工程殿宇高大所需大件物料甚多，非经年可能告竣，拟分年次第修理。请先修建后路殿座，各归各款，随于工竣后奏销庶钱粮易于查核，尤昭慎重，等因奏准在案……转角楼仿玉壶冰六间，重檐符望阁二十五间，后檐倦勤斋九间，西边玉萃轩三间，叠落楼竹香馆三间……所有各座内里装修除交两淮盐政办造……"

6 同上。

[图1] 倦勤斋

西路宁寿宫花园一区,于乾隆三十九年（1774）再修前殿各座殿宇[1],至乾隆四十一年（1776）全部工程基本完成。修建工作历时5年,耗用银数约1434000余两。

倦勤斋位于宁寿宫西区的宁寿宫花园内（图1）,其工程与这一区域的修建工程同时进行,三十八年与宁寿宫后路及西路同时建成。建筑的外部工作完成之后,即开始内部的装修工作。木隔断装修乾隆三十八年开始制作,三十九年完成。墙面的贴落画和通景画也于乾隆三十九年开始交与内务府如意馆的画家绘制。东间各房的贴落画是乾隆时期的如意馆画家和宫中大臣们所画,有徐扬、杨大章、顾全、贾全等画的画。这些材料散记在乾隆四十年（1775）、四十三年（1778）《内务府活计档》中。乾隆三十九年开始绘制西

---

1 "乾隆三十八年十一月十九日,臣福隆安、英廉、刘浩、四格谨奏,为奏闻估需工料银两数目事。恭查修建宁寿宫殿宇房座,业经节次烫样呈览,荷蒙圣明指示钦遵办理。复经臣等奏明,修建宁寿宫工程殿座高大所需大件物料甚多,非一二年可能告竣,酌请先修后路殿座,各归各款,随于工竣后奏销庶钱粮易于查核,尤昭慎重,等因奏准在案。"《内务府奏销档》乾隆三十八年十一月,胶片101。

间的"四面墙、柱子、棚顶、坎墙等"[1]，通景画包括了两面墙和顶棚，面积大，难度高，绘制时间长。宁寿宫全宫建成之后，这幅画还没有完成，直至乾隆四十四年完成[2]。至此，经历了八个年头，倦勤斋的建筑工程全部结束。

倦勤斋在嘉庆、光绪两朝进行过修缮，"衍祺门以内俱为乾隆三十七年添建，嘉庆七年修，光绪十七年重修"[3]，但改变甚少，基本上保留了乾隆时期的式样。

二、关于倦勤斋的建筑形制

倦勤斋为硬山卷棚式顶，绿琉璃瓦黄剪边。前有回廊，东西廊分别与符望阁东西廊相连。建筑面阔九间，由东五间（明殿）、西四间（戏院）两部分组成。东五间部分前廊辟为明廊，西四间前檐装修推至廊步，扩大了室内空间。斋门开设在东五间部分的明间，并在西四间部分的东端前廊处设有向东和向南的二扇小门。

参照倦勤斋实测档案所提供的数据，体现在倦勤斋平面面阔丈尺变化上的地盘设计有如下特点（以下计算误差系数均小于1%）：

1. 东五间明间面阔3840毫米，按照1营造尺=320毫米计算，折合1丈2尺；东西次间各面阔3510毫米，约折合营造尺1丈1尺；东西进间分别面阔3220毫米和3200毫米，约合1丈。

2. 而西四间部分则并未遵循明间、次间的布置规律，而可以分成东西两个二间，东二间面阔分别为3410毫米和3390毫米，约折合应在尺1丈6寸；再西二间面阔分别为3180毫米和3200毫米，约合1丈。

---

1 《各作成做活计清档》，乾隆三十九年二月如意馆，胶片127："二十日，接得郎中德魁等押帖一件，内开本月十一日太监胡世杰传旨，宁寿宫倦勤斋西三间内，四面墙、柱子、棚顶、坎墙俱着王幼学等照德日新殿内画法一样画，钦此。"

2 《各作成做活计清档》，胶片138，乾隆四十四年："如意馆，十一月初二日，接得郎中保成押贴，内开十月十四日奏准，倦勤斋通景画已得九成，未完者一成，本月可以完工。但贴落画片计需二十余日方能完毕。今拟请将已画得通景棚顶画片，今伊兰泰、赵士恒带学手佰唐阿等敬谨持往倦勤斋，先期如式贴落。其现画未完风窗、药栏、门座已画得均有五六成，未完者四五成，着王儒学、黄明询、陈玺带学手佰唐阿等如期赴崩，庶可误续贴落。其贴落画片需用脚手架子向由工程处搭做，奏明照例交工程处预备妥协，即前往贴落等。因于本年十月十四日交太监厄鲁里转奏。奉旨：知道了。钦此。"

3 《清宫述闻》初续编合编本，第891页。

根据同样的依据，我们可以考察斋平面进深丈尺设计特点：

1. 斋前廊进深 1630 毫米，折合 5 尺 1 寸，参考见于清代图文档案的建筑进深尺寸记载和廊柱侧脚尺寸，可推测设计廊深为 5 尺（相关系数为 98.16%）。

2. 斋廊后进深 7040 毫米，折合 2 丈 2 尺。大木结构系采用六架梁、四架梁加月梁的抬梁体系，顶步 1100 毫米，折合 3.4375 尺，明显大于一般的大式建筑月梁三倍于檩径（倦勤斋檩径 1 尺）的规定[1]，下金步和上金步也未平均分配长短，分别大致折合 4 尺 3 寸和 5 尺 5 分。反观其进深步架设计，似用五架梁体系分步更为简练，每步可均匀分配，长短适中合 5 尺 5 寸。推测采用月梁体系的目的大致是要采用较小的举架，以降低建筑总高度。

可以说，尽管从外观上看倦勤斋 9 间建筑是一个统一的整体，但若仔细考察其平面尺寸就会发现，地盘平面应和了室内空间功能的变化，也按照东五间、西四间分为两个不同的丈尺布置。更进一步讲，西四间的丈尺设计变化比较特殊，值得我们研究其原因和来源。而建筑的进深丈尺设计则可以反映设计者希望控制建筑体量的设计意图（图 2）。

三、倦勤斋内檐装修的特点

倦勤斋建筑中最具特色的是它的内檐装修部分，包括顶棚、墙面、木隔断装修等都具有独到之处。倦勤斋内部的东五间用内檐装修隔成凹字形仙楼，围合了门厅空间。西四间是一个室内戏院，包括小戏台和看戏场所。（图 3）

东五间上下两层仙楼由落地罩、群墙、槛窗、栏杆、挂檐、碧纱橱围合而成，上下共隔成十余间，明间各内设宝座床。内檐装修罩槅大框以紫檀为之，板面多用鸡翅木或镶嵌竹丝，板面装饰做乌木镶嵌，格心以回纹嵌玉，并采用缠枝花卉双面绣作为双面夹纱材料。仙楼上层下层的群墙分别贴雕竹黄花鸟、山林百鹿；其他位置还点缀有还有楠木、湘妃竹、漆作等制成各种图案的装饰。其中为突出的是双面绣织品和贴雕竹黄作品。（图 4）

贴雕竹黄是倦勤斋特有的一种室内木装修手法。竹黄，又称翻黄、贴黄、

---

1 《工程做法》："（大式）八檩卷棚大木做法"："凡月梁以檩径三分定长短。"见王璞子：《工程做法注释》，
第 103 页。

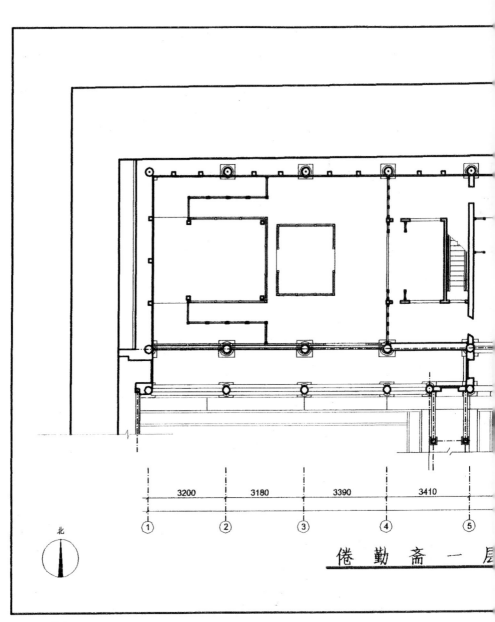

3200　　　3180　　　3390　　　3410

北

倦　勤　斋　一　層

[图 2] 倦勤斋平面图

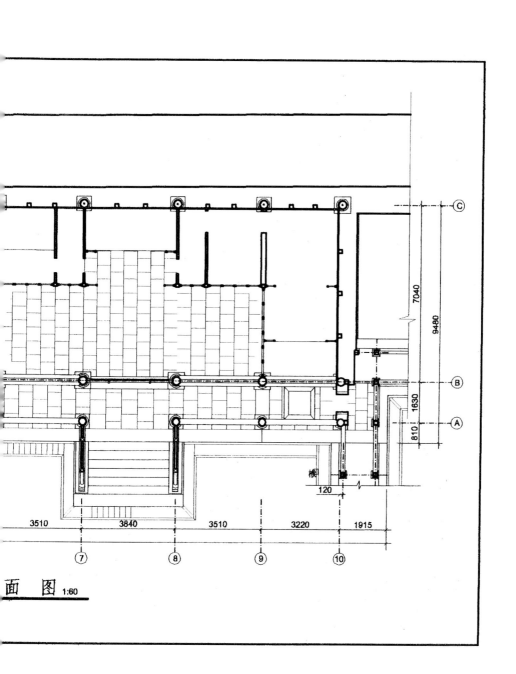

面　图 1:60

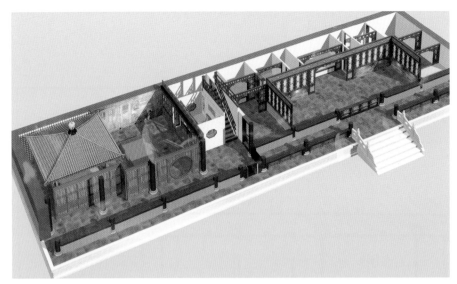

[图 3] 倦勤斋立体效果图

[图 4] 倦勤斋东五间

文竹，是竹刻工艺的一种。它是将毛竹锯成竹筒，去节去青，留下一层竹黄，经煮、晒、压平，胶合或镶嵌在木胎、竹片上，然后磨光，再在上面雕刻纹样。[1]纹饰内容包括人物、山水、花鸟、书法等。雕刻手法以阴文线刻为主，亦有施以薄雕的。它具有竹材的天然质感，色泽光润，类似象牙，具有典雅大方的艺术效果。竹黄工艺是江南手工艺中常用的一种方法，贴雕竹黄工艺经常用于小件制品，宫内藏有大量的竹黄笔筒、文玩等上乘的工艺品，但将竹黄用在建筑上实为一种创造。倦勤斋室内的装修上就使用了这种工艺，面积之大实为罕见。东五间仙楼上下的槛墙部分都用贴黄工艺，楼下为贴雕竹黄山林百鹿图，楼上是贴雕竹黄百鸟图，以朴实的竹黄表现山水花鸟，更具山林野趣。皇宫建筑内装修使用竹黄十分罕见，现仅见倦勤斋一处，极为宝贵。

分割倦勤斋室内空间的各种隔扇、罩的横披心、隔心部位，为了透光的需要，采用木条拼接成各种花纹，有步步锦、灯笼框、冰裂纹等。这种拼花做成两层，中间贴纸，或夹以纱绸，或夹装其他透明物质，而成为"夹纱"。一般的"夹纱"上或写诗，或绘画，或刺绣各种图案，既美观又透光。倦勤斋中的隔扇、罩的横披心、隔心夹纱中夹纱使用的均为刺绣品，采用双面绣的手法，没有线头外露，可供两面观看，技术要求高，为清代的新产品。倦勤斋的双面绣有彩绣也有金线绣。图案为吉祥缠枝花卉，花形优美，行针运线工整精巧，平齐熨帖，无针线痕迹可寻，配色雅致，浓淡相宜，作品精美绝伦。（图 5）

倦勤斋的内檐装修在材料的选择和制作的手法上都具有明显的江南风格，其实正是出自江南工匠之手。清代内务府修建工程有一部分是分派给各地政府。修建宁寿宫，其"所有各座内里装修除交两淮盐政办造"[2]即包括了倦勤斋，内务府发来样式、尺寸、纹饰样稿，两淮盐政"奉旨交办景福宫、符望阁、萃赏楼、延趣楼、倦勤斋等五处装修"，"将镶嵌式样雕镂花纹，悉筹酌分别预备集料，加工选定，晓事商人，遵照发来尺寸详慎监造"[3]。因而倦

1　王世襄：《竹科简史》，选自：《锦灰堆》，第 279 页。

2　《内务府奏销档》胶片 99，第 315 册。

3　《乾隆朝汉文录副奏折》，档号 0133-091，缩微号 009-1937-1938。

[图 5] 倦勤斋隔扇双面绣隔心

勤斋的室内装修体现了江南工匠制作水平。

倦勤斋西四间室内的西端面东有一个方形亭,攒尖顶,这是一个室内戏台。(图 6)亭的周围有夹层篱笆与亭相连,亭南的篱笆墙中还有一个月亮门。戏台的对面面西装修出一个两层的阁楼,上下均设坐榻,以便观戏,座榻上置坐垫、迎手、靠背,后墙上贴着两副对联。亭子、篱笆墙、对面阁楼及周围的装修都是木质的,用漆髹成竹纹装饰,效果逼真。围绕戏台的西墙和北墙及顶棚上是一幅通景大画。北面前面的画面是一庭院,院墙用斑竹纹篱笆

[图6] 倦勤斋西四间

搭建，墙上有一个月亮门，篱笆墙后一座丹柱黄瓦高阁隔篱相望，院内两只
白鹤，一只迎竹起舞，一只低头觅食，喜鹊或空中翱翔，或憩于篱上。西墙
上的图案比较简单，同样也画有一段斑竹搭架的院墙，墙后远山，山石高耸，
树木成林。棚顶一片高大的藤萝架，朵朵藤花下垂，绿叶覆盖，透过藤萝的
花叶可看见湛蓝的天空。（图7）

　　这幅通景画的特点是画中的景色与室内建筑融为一体，相映成趣。画中
篱笆正与南面仿竹纹木质夹层篱笆相连，画面中的月亮门与实景月亮门遥遥
相对，南北呼应。西一间北墙的绘画为了与建筑功能协调，用仙楼的抱柱作
为分割线，从室外进入到室内空间，室内摆放着几案，几案上陈设古玩和书

[图 7] 倦勤斋通景画

[图 8] 倦勤斋西一间通景画

籍，墙上贴着字画、挂着壁钟，房间的小门纱帘撩起，一曼妙女子手执宫扇，倚门而立，眉目低垂，眼光对着舞台的方向，似乎也在观看戏台上的演出。（图 8）倦勤斋西四间内包括方亭、篱笆、仙楼及其装修都是用楠木制作，却用"采雕竹节"[1] 的方式将楠木雕刻、用漆髹成竹纹装饰，几可乱真。亭前方台为紫檀木框架方座承托，台上的望柱和栏杆框也是紫檀木为之，栏杆内的棂条纹饰是用斑竹拼攒而成。画师们通过这种布满整座墙壁的通景画手法一扫建筑室内的森严肃穆的气氛，将大自然移入室内，在室内开辟了一个新天地，使宫殿内豁然开朗，春光明媚，一派生气勃勃的景象，正如乾隆御制诗中所写："金鸟度影迟花漏，彩燕迎韶拂锦笺。几闲因之勃吟兴，也如春意渐和宣。"[2]

据档案记载，这幅画画于乾隆三十九年，四十四年完工，是内务府如意馆画家王幼学、王儒学、伊兰泰、赵士恒、黄明询、陈玺等带领徒弟佰唐阿绘制而成。[3] 王幼学、王儒学曾师从著名的宫廷画家郎世宁。郎世宁是意大利传教士，在清宫任职，他将西洋画的画法与中国画相结合，创造了一种独特的绘画技法。乾隆七年（1742）修建建福宫花园时他曾主持绘制了敬胜斋内的通景画。王幼学、王儒学在绘制敬胜斋通景画时得到了很好的锻炼，乾隆三十九年他们主持并直接参与倦勤斋的通景画的绘制工作，因此倦勤斋通景画具有明显的郎世宁绘画风格。这幅画不仅装点了倦勤斋，而且反映了一个时代的绘画艺术手法。

清代建筑艺术的突出成就，不是表现在建筑结构和建筑技术的进步上，而是突出地表现在装饰艺术上，其装饰手法丰富，装饰图案多样，装饰工艺进步。乾隆时期建筑装饰极尽奢华，尤为注重室内的装修，不惜工本，精益求精，百工技巧汇聚一堂。倦勤斋的内檐装修正是这一艺术成就的具体体现。

1 《圆明园内工硬木装修现行则例》，见清华大学建筑学院藏《圆明园内工现行则例》第三卷《圆明园内工硬木装修则例后附斗科分法》中"静明园竹垆山房竹式装修采雕竹节""竹式装修例"（包括"杉木采做攒竹式雕竹节"等做法）的记录。

2 《题倦勤斋》，《清高宗御制诗四集》卷七十七。

3 《各作成做活计清档》，胶片 138，乾隆四十四年如意馆十一月初二日。

四、倦勤斋的使用情况

倦勤斋从建筑的形式上看，没有庞大的空间，没有礼制性的设施，也没有明确的寝宫，不是用来居住的。其东西两部分包括了开敞气派的门厅空间：有摆放供器的空间，似为佛堂；有摆放大量文具的小室，似为书屋；还有演戏、观戏的场所，是一种典型的休闲游乐建筑。

首先，倦勤斋的空间是以东五间为"明殿"，以西四间为"戏院"的。东五间中集中了一般的功能空间，并使用大量硬木和镶嵌工艺，多处以竹为主要材料，纹饰形式则以回纹、夔纹、万字纹、菱形纹为主，并未突出"竹式"的特征。而西四间中则大量地以木仿竹，用"采雕竹节"做法突出"非竹质"的"竹式"。最能够说明问题的是从东五间进入西四间的设置，其通道设于东五间西进间的门口，并将门口做成镜子插屏的形式，关闭时与另一扇不开门口的插屏形成对称布局。乾隆时期的奏销档记载，东五间明殿的西进间中炕上有"春绸袷帐""春绸袷幔""春绸大褥""石青缎头枕"等物，系寝宫特有，故此间当为皇帝小憩寝兴的地方。然而我们不禁要问：在寝宫里开门通往其他空间是否有悖常理？而通道的门采用真假插屏式镜子开关扇的做法是否必要？这种真假门的设计是否暗示着西四间的戏台属于皇帝的"秘室"？如此看来，乾隆皇帝把倦勤斋的空间趣味看得很重，这里的空间性格也更多地带有了帝王个人的色彩。

其次，室内的装修陈设均较为活泼。从陈设档中也可以看出，倦勤斋内设有宝座床多座，上设坐垫、靠背、迎手。房间内还有多宝格，上面摆设着文玩、书籍、诗词、文房四宝等陈设品，可以随时取用。再从倦勤斋匾"倦勤"二字中也可以领略出其中的含义，倦勤斋是乾隆皇帝为他归政后的游乐之处，取"耄期倦于勤"之意，点示此座建筑是乾隆皇帝为做太上皇的憩息之所。（图9）

乾隆皇帝执政六十年后退位，但他并没有归政，而是改为训政，也没有到宁寿宫居住，仍旧住在养心殿内。不过，乾隆皇帝对宁寿宫非常重视。修建宁寿宫时，他曾往观工程，赋有"步辇看工亦趁凉"之句。宁寿宫花园更深受乾隆皇帝的喜爱，建成之后他经常到此游览，并写下不少诗篇。虽然乾隆皇帝到此处的次数无从考察，但从御制诗的情况看，乾隆四十一年（1776）、四十三年（1778）、四十四年（1779）、四十六年（1781）、五

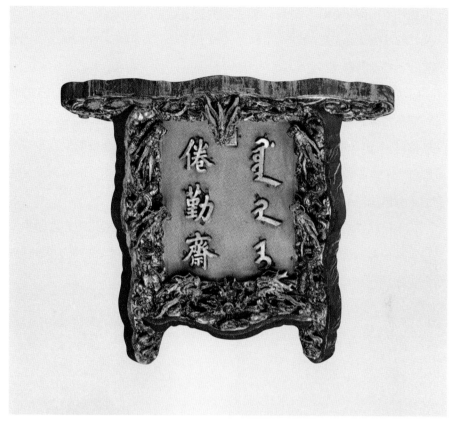

[图 9] 倦勤斋匾额

十二年（1787）、五十四年（1789）、五十九年（1794）都有有关倦勤斋的
诗句，共八篇，说明至少来过八次。《清宫述闻》中还记载他"尝命南府太
监演唱岔曲于此"。

五、倦勤斋的形制起源和演变

　　乾隆皇帝明确讲到，倦勤斋是仿照紫禁城内的另一座花园建福宫花园内
的敬胜斋而建的，有御制诗和注"敬胜依前式（此斋依建福宫中敬胜斋式为
之），倦勤卜后居（将以八旬有五归政后居之）"为证[1]。而建福宫花园于1923
年毁于大火中，敬胜斋已不存在，仅存遗址。（编注：建福宫花园于2004年
复建）此外，史料还把倦勤斋形制原型的线索引向了圆明园坦坦荡荡景区的

1 《题倦勤斋》，《清高宗御制诗四集》卷三十三。

半亩园和盘山静寄山庄引胜轩。前者室内也有通景绘画，又因营建年代最为久远，可以被认为是此类建筑组合形式和室内戏院的范本。后者现存资料不够充分，待他日稽考。

　　三者中半亩园建成最早，建筑形式与倦勤斋差距最大[1]。明殿素心堂五间带三间北抱厦，东侧半亩园五间，西侧澹怀堂五间，三座建筑均采用卷棚顶，室内空间贯通。（图10）半亩园与素心堂的相对位置虽和倦勤斋中戏院与明殿的位置关系相反，且多出一间，但半亩园的内部空间格局、内檐装修手法和通景画做法却与倦勤斋戏院极其相似：

　　1. 半亩园戏院虽系五间，但用于演出和观看演出的空间集中在四间中；

　　2. 半亩园与倦勤斋戏院都设有楼上楼下两个看戏宝座，一座亭式戏台，

[图 10] 半亩园

1　中国国家图书馆藏样式雷排架 24 包 6 号。

台前设表演用的小台，其位置关系也基本一致；

3. 半亩园中采用与倦勤斋戏院中相同的竹式药栏装修；

4. 半亩园中的天顶画、通景画是倦勤斋西四间的母本、敬胜斋德日新戏台中天顶画、通景画的母本，"（乾隆七年六月初二日）建福宫敬胜斋西四间内，照半亩园糊绢，着郎世宁画藤萝"[1]。

至于倦勤斋仿效敬胜斋，则相同大于相异。

从建筑形式看，二者间数相同，且东五间平面完全相同，西四间的面阔有所变化，敬胜斋西四间各间的柱间距略大，倦勤斋的略小。敬胜斋建在先，倦勤斋仿于后，受到条件的限制，倦勤斋西倚高大的宁寿宫宫墙，东紧靠园墙，没有扩展的空间，只能将倦勤斋的西四间的宽度略微缩小。

从室内的空间分割及内檐装修设计上看，据光绪二年（1876）的敬胜斋陈设档载，敬胜斋东五间隔为仙楼，上下两层，下面一层有明间面南、东次间面北、东进间面西、西次间等间，仙楼上分明殿面南、东次间面南、东南进间面北、西次间、西南进间面北等间。西四间德日新也分上下两层。这些与倦勤斋现存的房间布局丝毫不差。房间的朝向与铺设也完全一样，房间内安宝座床或放宝椅，床上有坐垫、靠背、迎手，墙上贴对联。倦勤斋的室内装饰与敬胜斋也相同，倦勤斋西三间内的"四面墙、柱子、棚顶、坎墙俱着王幼学等照德日新殿内画法一样画"[2]，德日新就是敬胜斋西四间的匾。倦勤斋西四间的通景画完全是按照敬胜斋室内的画而画的。敬胜斋虽已不存，但从其他几项的印证可以推测倦勤斋室内的木装修也应该是仿照敬胜斋的装修而做的。

除倦勤斋外，宁寿宫花园内的很多建筑都与建福宫花园内的建筑形式相同。符望阁仿延春阁，"层阁眼春肖（是各肖建福宫中延春阁式为之）"。景福宫仿静怡轩，"式拟静怡轩（是宫仿静怡轩之制，为之名则仍景福之旧），题仍景福楣"[3]。转角楼仿玉壶冰。其他诸如玉粹轩、竹香馆等建筑也均有所仿。

1 聂崇正：《故宫倦勤斋天顶画、全景画探究》，转引清内务府造办处各作成做活计清档，《区域与网络：近一千年来中国美术史研究国际学术研讨会论文集》，台湾大学艺术史研究所，2001年。

2 《各作成做活计清档》，乾隆三十九年二月如意馆，胶片127。

3 《题符望阁"》，《清高宗御制诗四集》卷三十三；《题景福宫》，《清高宗御制诗四集》卷三十四。

[图 11] 建福宫花园立样，故宫博物院藏

　　两斋虽然大体相同，但是仍然存在一个明显的差异，即其屋顶形式。历史照片约略反映出，敬胜斋采用有正脊的屋顶[1]，大木梁架也当为五架梁体系。参照故宫博物院藏清代样式房图样《建福宫花园立样》[2]（图 11），敬胜斋屋脊由卷棚、正脊混合组成，并非是做法一致的整体。此图虽然并未证实系建福宫花园始建的设计图样或者是竣工图样，但是这样的表现内容仍然暗示了倦勤斋所仿效的敬胜斋的建筑也由东西两部分组成，东西相对独立。

　　进一步研究，我们还可以发现这样细微的不同：清内务府造办处各作成做活计清档记载，郎世宁主持绘制工作时，"（乾隆七年六月初二日）建福宫敬胜斋西四间内，照半亩园糊绢，着郎世宁画藤萝"，系先糊绢，再绘

1　参见 *La chine a Terr et en ballon* 一书中所刊登的照片，Paris, 1902。

2　故宫博物院藏样房图文档案 2471 号。原图无明确标注，据所表现的楼阁、殿宇、游廊布局形式来看，酷似建福宫花园原状，仅有数处存疑待解：1. 图中敬胜斋屋脊由卷棚、正脊混合组成；2. 敬胜斋西四间部分前廊为明廊，未划为室内空间；3. 图中静怡轩为两卷殿；4. 图中净室位置与实际不符。

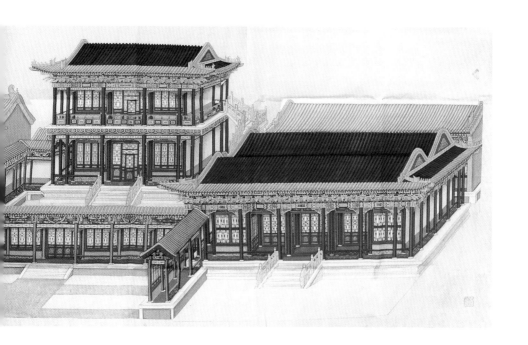

制，工作方法与西方绘制壁画相似；而根据现场情况和历史档案的记载来看，当郎世宁的学生王幼学主持绘制倦勤斋通景画的时候，则是将绘制好的通景画裱糊在室内壁屉、顶屉之上。"西法中化"的过程约略可辨。

　　我们可以这样推论，半亩园素心堂五间加半亩园五间的格局至敬胜斋中宥于地盘的限制[1]凝练成为明殿五间加戏院四间的形制，而且还曾经计划在瓦顶形式上保留两座建筑并联的痕迹。发展到后来，乾隆皇帝在紫禁城内设置花园和花园建筑的做法更具目的性。建福宫是乾隆皇帝的龙潜之地，宁寿宫是乾隆皇帝为期退位归政后而预建的居住、娱乐之地。"朕为皇子时，于雍正五年大婚，自毓庆宫迁居西二所。践阼之后，升为重华宫。其后，渐次将四五所构为建福宫、敬胜斋等处，以为几余游憩之地。"[2]既然潜邸花园的建筑式样深受皇帝的喜欢，那么宁寿宫花园建筑又何不仿效呢？

1　周苏琴：《建福宫及其花园始建年代考》，第 111-121 页。
2　"乾隆五十五年谕旨"，《清宫述闻》，第 769 页。

一个是登基前的住所，一个为退位后的住所，前后对应，并在禁城内东西呼应，达到了统一和均衡，这就留下了形制演变的蛛丝马迹。

总而言之，倦勤斋不是朝仪建筑，没有恢弘的气势，没有博大的体量。但从倦勤斋的建筑中可以了解乾隆时期宫殿逸乐建筑的风格，特别是乾隆时期建筑的内檐装修艺术。作为乾隆中后期的建筑，倦勤斋是历经参考半亩园早期形制、调整敬胜斋形制后的成熟作品。内务府匠作修建它的整体建筑，江南的手工艺匠人为它制作了精美的装修，而如意馆的画家为它绘制了美丽的图画，使它成为宫内建筑室内装饰的经典之作。

第四节　从三希堂通景画探讨清代乾隆时期皇宫通景画的演变

三希堂位于养心殿西暖阁西部狭小的空间内，三希堂外间西墙上张贴了一幅《梅报春信》图通景。通景画因其突出的装饰效果和扩展空间的视觉感受，受到皇家的喜爱，在乾隆时期非常盛行。据档案记载，乾隆时期在紫禁城和圆明园等处绘制了大量的通景画。由此可见用通景画装饰皇宫建筑顶棚和墙壁成为当时的时尚。

通景画是清宫用于建筑装饰的一种绘画形式，它源自于西方建筑装饰方式，运用西方绘画技法。关于通景画的起源、绘画技术以及"通景画""线法画""贴落"之间的区别和联系已有学者进行过探讨。[1] 虽然通景画是受西方建筑绘画影响而产生的清宫建筑装饰绘画，而且也是从西方画家那里开始绘制的，然而在现存的通景画中已"看不出有欧洲风格的画法"[2]。是什么原因导致了这样的结果？在通景画西风东渐的过程中产生了什么变化呢？本文通过三希堂通景画以及乾隆朝通景画的演变过程，试图探求其中微妙的变化。

1　聂崇正：《线法画小考》，《故宫博物院院刊》1982 年第 3 期；聂卉：《清宫通景线法画探析》，《故宫博物院院刊》2005 年第 1 期；聂卉：《贴落画及其在清代皇宫建筑中的使用》，《文物》2006 年第 11 期。

2　李启乐：《通景画与郎世宁遗产研究》，《故宫博物院院刊》2012 年第 3 期，第 92 页。

一、三希堂通景画的演变

（一）乾隆初年的养心殿西暖阁通景油画

养心殿是雍正以后清代历朝皇帝勤政燕寝之处。乾隆皇帝即位之初，即对其进行大范围地重新装修，并绘制了几幅通景画。

乾隆元年八月，木作，于十一月十五日，七品首领萨木哈来说，太监毛团传旨：养心殿西暖阁仙楼北楼梯上北墙画通景油画，西边楼下穿堂北间门里连顶隔俱画通景油画，西明间两旁画通景油画。再，东边楼下明间南边东墙亦画通景油画，将新开之门画书格。再，楼梯下西边之门添油画书格门。钦此。[1]

由于养心殿西暖阁经过几次改变，乾隆初期的格局已不十分明确，从档案记载中推断，"西明间两旁画通景油画"可能其中一幅就是在现在三希堂通景画的位置。通景画的具体内容和作者都没有交代，却明确记载当时画的是"通景油画"。乾隆初年能够掌握油画和通景油画技艺的只有郎世宁等西洋画家，他也绘制了大量的通景油画。由此分析，这幅画的作者很可能就是郎世宁。此时的养心殿使用的几乎都是通景油画。通景油画是用油画材料绘制在油纸上的通景画，制作方法是先在墙上糊油纸，再在油纸上绘制油画。"乾隆三年九月，裱作，初五日，七品首领萨木哈来说，太监胡世杰传旨：将重华宫西配殿落地罩拆出，西北二面俱衬平。其北面满糊油纸，令郎世宁画油画"，并"于本月初十日，催总曾领弟将西北二面俱衬平，带领匠役糊饰北面油纸，交西洋人郎世宁画"[2]，从绘画方式和材料上都是采用了西方式绘画传统。

（二）乾隆十四年的三希堂通景水画

乾隆十一年（1746），因在养心殿西暖阁收存三件稀世珍宝，岁次丙寅即乾隆十二年（1747），高宗钦命其名为"三希堂"，并御笔亲书"三希堂"，制成匾额，悬于御座上方，并对室内进行了重新装修，修改窗户、隔扇及室内陈设[3]，同时更换了西墙上的通景画。

---

1 《总汇》第 7 册，第 89-102 页。

2 《总汇》第 8 册，第 97-98 页。

3 《总汇》第 14 册，第 495 页；《总汇》第 14 册，第 499 页；《总汇》第 15 册，第 599 页。

乾隆十四年，如意馆，四月二十八日，副催总持来司库郎正培、瑞保押帖一件，内开为十四年二月初十日太监胡世杰传旨：养心殿西暖阁向东门内西墙上通景油画，着另画通景水画，两傍照三希堂真坎窗样各配画坎窗四扇，中间画对子一副，挂玻璃吊屏一件，下配画案一张，案上画古玩。画样呈览，准时再画。其油画有用处用。钦此。本日，王幼学画得水画纸样一张。太监王紫云持去交太监胡世杰呈览。奉旨：款式照样准画，对子画骚青地泥金字，墙上颜色、顶棚颜色一样。钦此。于本月十一日，郎正培等奉旨：通景画案下，着郎世宁添画鱼缸，缸内画金鱼。钦此。于本月十六日，太监胡世杰传旨：将中间玻璃吊屏内衬骚青地，着郎世宁画水画，骚青对子上亦照玻璃，其玻璃着造办处选好的用。钦此。[1]

还有一条补充材料："乾隆十四年，如意馆，三月二十九日，副催总佛保持来司库郎正培、瑞保押帖一件，内开为十四年二月二十七日太监胡世杰传旨：着将养心殿西暖阁通景画案上古玩内衬铜片。钦此。于三月初十日衬得铜片讫。"[2]

乾隆十四年（1749）的档案很明确地指出三希堂西墙上原贴的是"通景油画"并将其撤了下来，待"有用处用"，又在原处重新绘制了一幅通景画，描绘了一幅室内小景，两边墙上按"照三希堂真坎窗样各配画坎窗四扇"，中间"对子一副（画骚青地泥金字）（并用玻璃将对子罩上），挂玻璃吊屏一件（吊屏内衬骚青地），下配画案一张，案上画古玩（古玩内衬铜片）"，"案下着郎世宁添画鱼缸，缸内画金鱼"，"墙上颜色、顶棚颜色一样"。画上的坎窗、顶棚、地面均与实际建筑的相同，并在虚拟的空间中放置陈设品，利用西方绘画的透视手法在视觉上将狭小的室内空间进行了延伸。从档案记载上看，郎世宁的中国学生王幼学设计这幅通景画原稿并绘制了整体轮廓，郎世宁本人则绘制桌案下的鱼缸和金鱼，以及案上吊屏的骚青地衬底。可以说这幅通景画是郎世宁和他的学生王幼学合力绘制的。

这幅画采用了"极其写实"的手法。首先，通景画"两傍照三希堂真坎窗样各配画坎窗四扇"，画中的坎窗与三希堂隔扇的隔扇心式样相同，罩

---

1 《总汇》第 16 册，第 588-589 页。

2 《总汇》第 16 册，第 586 页。

上两侧的花牙子与三希堂东门的横披花牙相同。可以断定：通景画的建筑装饰是当年三希堂实际的建筑形制的真实写照，同时也可以证明现存三希堂槛窗保留了乾隆十四年的原状；其次，画面中间画对子、挂吊屏，下配画案，画案上画古玩，是当时皇宫室内装饰的通用的手法，也是乾隆皇帝喜爱的题材，在很多的宫廷生活绘画中都有表现；再次，案下画鱼缸和金鱼。这些画面都是当时宫廷室内装饰的真实反映，以写实绘画的形式表现出来。然而，这幅画还有一个值得注意的独到之处，就是"虚实相间"，二维空间的画面是虚景，而在画面上则纳入了实景。通景画的画面中央悬挂一件玻璃吊屏，玻璃吊屏并不是画在画面上的，而是用真的吊屏挂在画上；再者，在挂屏的两边的画面上画了一副对子，对子的绘制方式使用的是真实匾对的制作方式，骚青地、泥金字，并在对子上面罩上了玻璃。画片上罩玻璃的手法在雍正时期就已经出现并成为时尚，如雍正六年（1728）"二月初七日，郎中海望奉旨：着照先进的万国来朝吊屏样再做几件，吊屏上不必做堆纱的，着郎世宁画画片，上罩玻璃转盘"[1]。另外，在画面的古玩内衬铜片，这些铜片也不是画上去的，而是用真正的铜片衬托在画面上的。为何要衬这些铜片，这些铜片又是如何衬上去的呢？据分析它是采用了古玩片的制作方法。[2]

为了适用中国传统建筑室内的装饰风格，这幅通景画从绘画材料和方法上已经发生了变化，通景画逐渐地由纯粹的西洋风格转化成中西融合的绘制方法，不采用乾隆初年的油纸贴在墙上，而改用绢布，运用宫廷墙壁贴落画的装饰方式，绘画也放弃了油画颜料，而用中国传统的水墨画材料，因而称为"通景水画"。装饰手法仍继承了西方室内的装饰风格，绘画技术采纳西方的焦点透视法和西方写实主义的绘画方式，虚实结合，整个画面看起来更为真实。

（三）乾隆三十年的三希堂通景画

从乾隆十四（1749）年三希堂室内装饰完成后的十几年时间内，三希堂一直保持着原样，没有过多的修改，直至乾隆二十九年（1764）再次对

1 《总汇》第 3 册，第 344 页。

2 张淑娴：《养心殿长春书屋古玩墙的起源和演变》，《故宫博物院院刊》2018 年第 3 期，第 105-113 页。

三希堂室内的地面、墙壁等处重新修改[1]。

乾隆二十九年（1764）更换三希堂的地面，将原来铺设的地砖改墁为"瓷砖地面"[2]。地面装饰发生了变化，墙上通景画的室内地面已经不能与改变后的地面相匹配，为了适应通景的视觉效果，乾隆皇帝遂下旨，"养心殿西暖阁通景画上地面，着王幼学接画瓷砖"[3]。王幼学在通景画上绘制了瓷砖地面，与室内地面相适应。

乾隆三十年（1765），又下旨重新绘制通景画。[4]

三希堂的这幅画就是我们现在所说的《梅报春信》图，档案中只说绘制中间一幅画，没有提及墙面、地面、顶棚等处的绘制。根据《梅报春信》整幅画由五块绢拼接而成，即左右两边的窗户、顶棚、花砖地面和正中间的人物画，正中画面的绢与两边绢的色彩也有区别，可以推断这幅画是在乾隆十四年的通景画的基础上改制的：通景画中保留了乾隆十四年窗户墙面和顶棚部分；乾隆二十九年又接画了地砖；三十年将旧画的中间部分绘有对子、古董、桌案、金鱼缸的图案揭去，换画《梅报春信》图。

这幅《梅报春信》图的绘画题材和画面风格都很像中国传统的人物画。从图中人物的衣饰来看，绘制方法"是典型中国画的线条——透视感弱，色彩对比完全不同于西画，但却具有典型中国文人画的淡雅风格，这些部分应是出自其他中国宫廷画家之手"；画面周围的湖石梅花，"则透视感弱，明暗对比不强烈，但却有中国山水画的概括能力，明显是中国宫廷画家所为"。[5]画面中的"假山树木、人物的服饰和背景是中国传统画法"，而"人物头像用西法绘成，精细逼真"。[6]档案的记载和专家们对画面风格的细致分析都说明了这幅通景画是由中国宫廷画家和西洋画师郎世宁共同制作的。

1 《总汇》第 29、30 册。

2 《奏案》，乾隆二十九年十二月二十七日"养心殿拆改围房改砖墙工程奏销黄册"，05-0222-065 号，中国第一历史档案馆藏。

3 《总汇》第 28 册，第 792 页。

4 见《三希堂空间构思》。

5 梁琏：《"达·芬奇的影子"：三件郎世宁〈平安春信图〉的对比》，聂崇正主编：《平安春信图研究》，紫禁城出版社，2008 年，第 26-28 页。

6 聂崇正：《再谈郎世宁的〈平安春信图〉轴》，聂崇正主编：《平安春信图研究》，第 18 页。

绘制这幅画时郎世宁年事已高，没有精力绘制通景画，仅画人物面部。画面的主体部分是由金廷标起稿并绘制。实际上，整幅通景画经历了乾隆十四年（1749）、二十九年（1764）和三十年（1765）三个阶段。

三希堂的通景画从乾隆初年到现存的《梅报春信》通景画，三十年的历程所经历的变化耐人寻味。装饰材料从初年绘制在油纸上到后来绘制在中国画常用的绢布上，改变了所使用的装饰材料；绘画形式从西方的油画演变到中国的水墨画；绘制的题材也发生变化，初年的油画题材现已无法确定，十四年表现的是室内景观，具有西方静物画的特点，最后演变成中国传统的山水人物画题材；画法从西方的写实画发展到中国的写意画；绘制的方法也经历了由最初的先糊油纸直接在墙上绘制的西方绘画的制作方式，到先绘画、再贴落的清代室内墙面装饰方式；最后，画家从西洋画家郎世宁绘，到郎世宁和他的中国徒弟王幼学合绘，再到以金廷标为主、王幼学配合、郎世宁参与的以中国画家为主体的绘制团队。通景画历经了西方建筑装饰画逐渐中国化的过程。

乾隆三十年三希堂通景画的改变是一个重要的转折点：绘画内容由原来的室内静物画转化成山水人物，视觉范围从有限的室内空间延伸到了外面，通过圆洞门伸向了花园，再透过花园伸向了无限的远方。画中迎面而来的二位男子传达了深刻的寓意。这突破了视觉和心理的双重局限，加深了画面的意韵。绘画的装饰手法从立体转化成平面，从十四年的绘画与立体古董片相结合的立体表现形式到纯粹的平面的绘画表现形式。绘画风格也从西洋式的绘画艺术变成中国传统的人物画风格。至此，三希堂的通景画除了地面、隔扇等建筑构件有西洋绘画的透视效果之外，变成了一幅彻头彻尾的中国画，也标志着通景画由西方风变为中国风。

二、纵览乾隆时期皇宫通景画的演变

从上面所陈述的三希堂通景画的演变，看出了通景画从西洋绘画风格向中国画法的转变过程。如果仅从此一例就确定通景画在清宫中不断地中国化的结论是武断的，清宫通景画的中国化转变是否是一种普遍的倾向呢？

纵览清宫档案，清代宫廷画师为皇宫建筑绘制了大量的通景画。（表1）

表 1：乾隆时期皇宫室内通景画一览表

时间	殿座	位置
乾隆元年六月二十九日	重华宫	
乾隆元年十一月十五日	养心殿西暖阁	仙楼北楼梯上北墙
		西边楼下穿堂北间门里连顶隔
		西明间两旁
		东边楼下明间南边东墙
		楼梯下西边
乾隆元年二月初五日	养心殿后殿	
乾隆三年六月二十二日	养心殿后殿	正宝座西边
乾隆七年五月二十五日	咸（"建"？）福宫	
乾隆七年六月初二日	建福宫敬胜斋	西四间内
乾隆七年九月初九日	静怡轩	仙楼上
乾隆十一年正月二十五日	（养心殿）西暖阁	对楼梯阁西墙
		夔龙门内西墙
乾隆十一年六月二十日	养心殿后殿	
乾隆十二年三月十一日	养心殿东暖阁	仙楼上
乾隆十三年五月二十六日	养心殿后殿	

内容	作者	备注
西洋人郎世宁来说，太监毛团传旨：重华宫着画通景油画三张。于本年七月初十日，领催白世秀将油画三张持进交讫。	郎世宁	油画
画通景油画。		油画
俱画通景油画。		油画
画通景油画。		油画
画通景油画。		油画
将新开之门画书格，再楼梯下西边之门添油画书格门。		油画
着画通景油画三张，再油画背后着沈源画小绢画一张。		油画
于本月二十四日，领催白世秀将画得油画三张、绢画一张，交太监毛团呈进。		
贴的通景油画查来送进。		油画
于本日，司库刘山久、七品首领萨木哈、催总白世秀，将通景油画一张持进。首领开其里呈进讫。		
将画样人卢鉴、姚文翰画得画稿二张持进，交太监高玉呈览。奉旨：将此画稿着着造办处收贮。令卢鉴、姚文翰帮助郎世宁画咸福宫（"建福宫"？）藤萝架。	郎世宁　卢鉴　姚文翰	藤萝架
照半亩园糊绢，着郎世宁画藤萝。	郎世宁	藤萝绢画
壁子二扇，着郎世宁等画格扇四扇。	郎世宁	
通景油画起下，另糊白纸。		
油画亦起下，另糊白纸。		
通景大画四幅，着郎世宁起稿呈览。树石着周昆画，花卉着余省画。	郎世宁　周昆　余省	
着郎世宁等画通景大画一幅。	郎世宁	
三面墙棚顶，着郎世宁起通景画稿呈览。	郎世宁	

续表

时间	殿座	位置
乾隆十四年四月二十八日	养心殿西暖阁	向东门内西墙
乾隆十七年十一月二十二日	敬胜斋	
乾隆十八年五月二十五日	昭仁殿	后虎坐
乾隆十九年正月初四日	昭仁殿	南墙
乾隆十八年七月初十日	建福宫石洞内	
乾隆二十三年正月十一日	延春阁	西门殿内宝座两边
		北门内西墙
乾隆二十四年十一月初十日	凝晖堂	
乾隆二十九年三月十一日	玉壶冰	殿内西墙
乾隆二十九年三月十一日	养心殿西暖阁	
乾隆三十年十一月十二日	养心殿西暖阁	三希堂
乾隆三十一年三月二十三日	养心殿明窗	
乾隆三十二年正月二十七日	养心殿后殿信可乐也	殿内
乾隆三十三年二月二十八日	重华宫静憩轩	殿内东间北墙
乾隆三十三年三月十一日	重华宫金昭玉粹	戏台

内容	作者	备注
墙上通景油画,着另画通景水画。两傍照三希堂真坎窗样各配画坎窗四扇,中间画对子一副,挂玻璃吊屏一件,下配画案一张,案上画古玩。画样呈览,准时再画。其油画有用处用。	王幼学　郎世宁	水画
本日,王幼学画得水画纸样一张。太监王紫云持去交太监胡世杰呈览。奉旨:款式照样准画,对子画骚青地泥金字,墙上颜色顶棚颜色一样。钦此。		
于本月十一日,郎正培等奉旨:通景画案下,着郎世宁添画鱼缸,缸内画金鱼。钦此。		
于本月十六日,太监胡世杰传旨:将中间玻璃吊屏内衬骚青地,着郎世宁画水画,骚青对子上亦照玻璃,其玻璃着造办处选好的用。钦此。		
乾隆十四年,如意馆,三月二十九日,副催总佛保持来司库郎正培、瑞保押帖一件,内开为十四年二月二十七日太监胡世杰传旨:着将养心殿西暖阁通景画案上古玩内衬铜片。钦此。于三月初十日衬得铜片讫。		
藤萝架下东西两边画门口糊白绢,着丁观鹏改画斑竹。	丁观鹏	
郎世宁起通景画稿。(材料来自鞠德源、田建一、丁琼:《清宫廷画家郎世宁》,《故宫博物院院刊》1988 年第 2 期,第 61 页。)	郎世宁	
郎世宁配画通景画。(材料来自鞠德源、田建一、丁琼:《清宫廷画家郎世宁》,《故宫博物院院刊》1988 年第 2 期,第 61 页。)	郎世宁	
通景画三张,今画得。即差裱匠贴落。		
着王幼学画线法画两张。(材料来自:聂卉:《清宫通景线法画探析》,《故宫博物院院刊》2005 年第 1 期,第 41 页。)	王幼学	线法画
殿内□□□□□郎世宁用白绢画通景仿年节人物□□起稿。	郎世宁	绢画
着方琼、金廷标合画通景绢画一幅。	方琼　金廷标	绢画
通景画上地面着王幼学接画瓷砖。	王幼学	
向西画门,着金廷标起稿,郎世宁画脸,得时仍着金廷标画。	金廷标　郎世宁	
万国来朝大画,着丁观鹏、金廷标、姚文瀚、张廷彦减去两边配楼,另改线法合画万国来朝大画一张。	丁观鹏　金廷标　姚文瀚　张廷彦	线法画
线法画着王幼学揭下,如意馆收贮有用处用。着艾启蒙、王幼学另起稿呈览,准时用绢画。	艾启蒙　王幼学	绢画
于本月十七日,将艾启蒙起得线法画小稿一分,交太监胡世杰呈览。奉旨准画。		
通景画一张,着徐扬照御笔《生春诗》二十首诗意画。	徐扬	宣纸画
重华宫金昭玉粹殿内现贴油画戏台,着王幼学等另换绢画一份。	王幼学等	绢画

时间	殿座	位置
乾隆三十四年三月十九日	寿康宫	戏台
乾隆三十四年五月二十四日	中正殿	抱厦楼上层西次间
乾隆三十四年十月初一日	建福宫德日新	殿内新开游廊门上
乾隆三十四年十二月十九日	建福宫石洞内	
乾隆三十六年五月初九日	养心殿后殿	
乾隆三十六年五月十六日	养心殿后殿	殿内南墙
乾隆三十九年二月二十日	宁寿宫倦勤斋	西三间内
乾隆三十九年二月二十三日	宁寿宫遂初堂东配殿	五间内
乾隆三十九年十月二十二日	宁寿宫遂初堂	正殿西墙
乾隆四十年二月二十八日	宁寿宫养性殿	殿内
	宁寿宫景祺阁	
乾隆四十年三月初十日	宁寿宫玉粹轩	明间罩内西墙
	养性殿西暖阁	西南外间迎门西墙
乾隆四十年三月初十日	乐寿堂	楼上西南间外间西墙
	养性殿	西南间北墙
乾隆四十年三月十九日	倦勤斋	东北间北墙
乾隆四十年四月二十三日	遂初堂东配殿	北间
乾隆四十年四月二十三日	养性殿东暖门（"阁"）	仙楼上
乾隆四十年五月三十日	宁寿宫景福宫	仙楼上四面墙
		东墙
乾隆四十年闰十月十二日	宁寿宫玉粹轩	殿内明间罩内西墙
乾隆四十年闰十月十二日	宁寿宫遂初堂东配殿	
乾隆四十年闰十月十二日	宁寿宫遂初堂东配殿	

内容	作者	备注
寿康宫殿内戏台着照重华宫金昭玉粹通景画一样，着王幼学等画。	王幼学等	通景画
通景画一张，着王幼学等画。	王幼学	
着如意馆画藤萝花架。		藤萝花
通景画三张，着于世烈等画。	于世烈等	
现贴线法大画，明日驾幸圆明园后揭下送往圆明园。		
线法画一分，着艾启蒙等改正线法，另用白绢画一分。	艾启蒙	线法绢画
四面墙、柱子、棚顶、坎墙，俱着王幼学等照德日新殿内画法一样画。	王幼学等	
着艾启蒙照玉玲珑馆林光澹碧殿内西洋景改正，线法着王幼学等画。	艾启蒙　王幼学	
着王幼学等画线法通景绢画一幅。	王幼学	绢画
着王幼学等，照养心殿东暖阁仙楼上线法画一样画法，用白绢画一分。	王幼学等	线法画绢画
照重华宫金昭玉粹线法画，着王幼学等一样画法，用白绢画一分。	王幼学等	线法画绢画
着王幼学等画线法画一张。	王幼学等	线法画
着贺清泰画西洋年节人物线法画一张。	贺清泰	线法画
通景大画一张，着袁瑛画。	袁瑛	宣纸画
通景大画一张，着袁瑛画。	袁瑛	宣纸画
通景大画一张，着袁瑛画。	袁瑛	宣纸画
通景画一张，着方琮画。	方琮	宣纸画
线法画上御容一幅，画门二张，着艾启蒙画脸像，其衣纹陈设古铜器俱着姚文瀚画。	艾启蒙　姚文瀚	线法画
着潘廷章配油画挂屏四副。	潘廷章	油画
着王幼学等配画柱子线法假门美人二副。	王幼学等	线法画
通景画一张，着姚文瀚画。	姚文瀚	
通景画一张，着袁瑛画山水。	袁瑛	
现贴耕织图线法，东墙上接画线法五层，着王幼学画。	王幼学	线法画
现安耕织图线法画片五层，背后着王幼学等俟有空时照前面一样画。	王幼学等	

续表

时间	殿座	位置
乾隆四十年十一月初九日	宁寿宫转角楼	
	符望阁	
乾隆四十年十一月十八日	宁寿宫倦勤斋	东进间北墙
乾隆四十一年二月十八日	宁寿宫转角楼	明间西墙
乾隆四十一年二月十八日	遂初堂	明间后隔扇南墙
乾隆四十一年十月二十一日	宁寿宫养心殿香云殿	殿内三面青地墙
乾隆四十二年六月初七日	宁寿宫抑斋	殿内北隔扇
乾隆四十二年六月十六日	宁寿宫倦勤斋	仙楼上北墙
乾隆四十二年八月二十九日	宁寿宫景（"福"）宫	寝宫仙楼上东墙
乾隆四十三年八月初一日	宁寿宫景祺阁	西间西墙
乾隆四十四年二月初八日	宁寿宫竹香馆	山洞内三面墙
乾隆四十四年二月初八日	养心殿后殿	
乾隆四十四年十一月初二日	倦勤斋	
乾隆四十四年十二月二十一日	宁寿宫阅是楼	
乾隆四十五年十月初八日	养性殿	
乾隆四十五年十月二十七日	建福宫淡远楼	楼上
乾隆四十七年十二月二十二日	宁寿宫东配殿	

内容	作者	备注
用线法画四张，着王幼学等画。	王幼学等	线法画
着王幼学等画线法画。	王幼学	
着王幼学等画线法画一张，得时交造办处托贴。	王幼学等	
用通景画一幅，着方琮、姚文瀚照奉三无私一样画。	方琮 姚文瀚	
着杨大章画松竹梅。	杨大章	
首领董五经交宣纸三张。传旨：通景画一张，着方琮、袁瑛画。	方琮 袁瑛	宣纸画
线法画一张，着如意馆用绢画。		绢画
着伊兰泰等画线法画一张。	伊兰泰等	线法画
现贴线法画上匾二面，"澄观""静听"四字不要，将此匾二面匾涂抹随画木色一样。		线法画
着伊兰泰等画通景线法画。	伊兰泰等	
通景画上着伊兰泰、王儒学收拾。	伊兰泰 王儒学	
倦勤斋通景大画已得九成，未完者一成，本月可以完工，但贴落画片计需二十余日方能完毕。今拟请将已画得通景棚顶画片，今伊兰泰、赵士恒带学手佰唐阿等敬谨持往倦勤斋，先期如式贴落。其现画未完风窗、药栏、门座已画得均有五六成，未完者四五成，着王儒学、黄明询、陈玺带学手佰唐阿等如期赴画，庶可无误接续贴落。		
通景画一张，着姚文瀚、贾全，照邹一桂《岁朝图》起稿。	陆灿	
于二十八日，起得通景画稿一张，呈览。奉旨：照稿准画。御容着陆灿画，山树着董诰画，房间人物着姚文瀚、贾全画。	董诰 姚文瀚 贾全	
白绢姚文瀚、袁瑛合画通景大画一张，传旨将通景画托贴。	姚文瀚 袁瑛	绢画
通景画一张，着袁瑛画。	袁瑛	
现贴线法画，着伊兰泰添窗户先起稿。呈览。	伊兰泰	线法画

　　注：此表所反映的情况：第一，此表仅限于档案记载中的通景画，有些通景画档案没有记载，因此不一定能够反映全貌。第二，此表以记载的时间为顺序，有的是在同一位置先后绘制不同的通景画，表中并没有将这种同一位置的不同时期的通景画并在一起。第三，记载中有些情况是针对同一幅通景画，下达了两次以上的谕旨，例如玉粹轩明间西墙通景画。乾隆四十年三月初十日，下旨"着王幼学等画线法画一张"；乾隆四十年闰十月十二日，又下旨"通景画一张，着姚文瀚画"。此表并未将这种同一幅画的两次以上的记录归并在一起。第四，有些档案记载不详，如乾隆八年正月二十七日"昭仁殿后殿西边假门口，着郎世宁画油画一张"，以及乾隆十年三月十九日"景阳

［图1］　《桐荫仕女图》围屏正面

宫后殿西间板墙上，着郎世宁画油画一张"。这种情况不知是否是通景画，故均未列入表内。

从以上表格中可以看出，乾隆时期的通景画从绘画材料上可分为油画、绢画和宣纸画，从绘画方法上又有"通景画"和"线法画"两种不同的记录。绘画的内容虽然记载不详，大致可分为山水、花卉、建筑、人物等。通景画的概念在清代与我们现在的认识有所区别，现在一般将画面与室内的建筑相呼应的绘画定为通景画，而清代则将占据整面墙体的绘画都称为通景画。

（二）通景画画法之演变

故宫现存一幅康熙时期的通景油画《桐荫仕女图》围屏（图1），可以看

出早期通景油画的风格。这幅画的作者一直存在着争议[1]，不过被称为"中国最早的油画"似乎可得到认可。作者在图中完全采用西洋油画手法描绘了一座典型的中国传统木构建筑和几位女子，其中不仅运用了明显的焦点透视法以增强画面的纵深感，而且极力通过光线照射所产生的高光与投影的强烈明暗关系来表现建筑的立体感。

乾隆初年，紫禁城内的养心殿、养心殿后殿、重华宫等殿内都绘制了通景画。这些通景画几乎都是"通景油画"，均由郎世宁绘制。除此之外，在宫殿的墙壁上也绘制大量的油画[2]。这一时期的宫殿建筑装饰壁画以油画为主，先在墙面"糊油纸"，再令画师作画。油纸是特制的多层油画纸地，画油画的颜料多为西洋油画颜料，档案中曾记载郎世宁为画油画，索要颜料和西洋笔[3]，还将西洋人戴进贤、徐懋德、郎世宁、巴多明、沙如玉恭进的西洋画颜料，"奉旨着交郎世宁画油画用"[4]。挑选几名小苏拉与唐岱、郎世宁学制颜料[5]，由此也说明绘制油画所使用的颜料和画笔都有异于中国绘画材料。绘制的方法一如西方的壁画绘制方法，先糊纸，再作画。据专家考证，此时"这些装饰油画的明暗隐晦干湿效果及构图远近等处理都采用了西方油画和焦点透视的技巧"。[6]

乾隆十年（1745）以后，基本见不到建筑室内墙壁上绘制油画的记载，并且还不断地将原有的油画起下，换上白纸或绢，或另画一幅画。在原来贴有油画通景画的养心殿、重华宫等处重新绘制通景画，在新建的建福宫、中正殿等处也大面积采用通景画装饰墙面。此时的这些通景画大都标明是"通景绢画""用白绢画"或用"宣纸"画等，说明所绘的通景画基本都是中国传统的绢画和宣纸画。

特别是乾隆三十七年（1772）兴建的宁寿宫花园，使用了多幅通景画装饰墙面，其中部分保存完好。从倦勤斋通景画的原始摹本到倦勤斋通景画的

---

1 李启乐：《郎世宁遗产研究》；巫鸿：《中国绘画中的"女性空间"》，三联书店，2019 年，第 330-441 页。

2 《总汇》第 8 册，第 210 页。《总汇》第 8 册，第 199-200 页。

3 《总汇》第 7 册，第 192 页。

4 《总汇》第 7 册，第 783 页。

5 《总汇》第 7 册，第 207 页。

6 杨伯达：《郎世宁在清内廷的创作活动及其艺术成就》，《故宫博物院院刊》1988 年第 2 期，第 23 页。

绘制经历了西洋画法与中国传统绘画相结合的过程。乾隆六年（1741）"二月二十五日，传旨：着郎世宁改画坦坦荡荡半亩园亭后旧日所画药兰架"，档案上没有表明是油画还是绢画，不能确定使用的是什么材料。而修建宫内建福宫花园时，也画了一幅与坦坦荡荡同样的通景画，乾隆七年（1742）六月初二日，"遵旨在建福宫敬胜斋西四间内，照半亩园糊绢，着郎世宁画藤萝"。这时的通景画在绢上作画，使用中国传统的绘画材料，而非油画材料，不过绘制的方法仍属于西洋式，系先糊绢再绘制。到乾隆三十九年（1774）绘制倦勤斋通景画时，情况又发生了变化，乾隆三十九年二月"二十日，接得郎中德魁等押帖一件，内开本月十一日太监胡世杰传旨，宁寿宫倦勤斋西三间内，四面墙、柱子、棚顶、坎墙俱着王幼学等照德日新殿内画法一样画，钦此"。按照敬胜斋德日新的通景画照样装饰倦勤斋，而绘制的方法则与敬胜斋不同，它是先画好画片，再一片一片裱糊在室内壁屉、顶屉上，此时已脱离西方油画的模式，不仅改为使用中国传统的绢，而且还是采用中国传统的裱糊方式，可谓在中化的过程中又进了一步。"西法中化"的过程约略可辨。[1]

三、通景画变化的原因分析

从三希堂通景画的演变以及纵观皇宫内通景画的发展轨迹，可以大致得出这样一个结论：在乾隆时期通景画经历了一个"西法中化"的过程。那是什么原因导致了这样的结果呢？与乾隆皇帝的喜好又有什么关系呢？

随着西方传教士的到来，西方建筑的装饰风格传入皇宫，对于天顶画所造成的神奇的效果，乾隆皇帝表示惊讶与赞叹。然而，乾隆皇帝对于艺术品的鉴赏受到明季文人的影响[2]，具有浓郁的文人情趣，欣赏中国传统绘画所表现出的写意、飘逸的绘画风格，他认为"水彩画意趣深长，处处皆宜"，西洋油画虽然表现力很强，只宜"写真传影"，终究不符合乾隆皇帝的审美。乾隆十二（1747）年，乾隆皇帝令郎世宁绘制"九龙图"时："传旨：陈容九龙图不必用宣纸画。问郎世宁爱用绢，即照此画尺寸用绢画九龙图一张，用纸画

1　张淑娴：《倦勤斋建筑略考》。

2　谢明良：《乾隆的陶瓷鉴赏观》，《故宫学术季刊》第21卷第2期（2003年冬）。

即用本处纸照此画尺寸画九龙图一张，不要西洋气。钦此。"[1]

至于室内的通景画，首先，乾隆皇帝对于西洋建筑绘画所采用的壁画式的绘画方式不很喜欢；其次，他不喜欢西洋油画强烈的明暗对比，尤其对面孔的阴影十分反感，"帝不喜油画，盖恶涂饰，荫色过重，则视同污染"[2]，乾隆皇帝认为这些是在污损画面，人物的面部肮脏不堪。乾隆皇帝既欣赏西洋绘画逼真的效果，又热爱中国传统绘画具有深远意境的表现手法。如何将这两种截然不同的艺术风格相融合，是西洋画家面临的挑战。

（一）西洋画家的改变

通景画源于西洋传教士画家，具体而言就是郎世宁借鉴西方天顶画的形式所创造的一种皇宫室内装饰形式。绘制工作是围绕郎世宁、王致诚等传教士画家展开的，乾隆朝皇宫内参与绘制通景画的西洋传教士还有艾启蒙、贺清泰、潘廷章等人。

在清宫供职的传教士都是掌握技艺之人，在康熙时期就已经规定"尔天主教在中国行不得，务必禁止！教既不行，在中国传教之西洋人亦属无用。除会技艺之人留用，即年老有病不能回去之人仍准存留，其余在中国传教之人，尔俱带回西洋去"。在清宫内供职的传教士并不是为了传教，而是运用自己的技艺为皇宫服务。即便如此，他们也不能任意发挥，而受制于中国皇帝。乾隆八年（1743）阳历 11 月 1 日，王致诚致函欧洲，详述与郎世宁在如意馆之绘画生活，说明不得不改变画风的原因："若就以上所述，是余抛弃其生平所学，而另为新体，以曲阿皇上之意旨矣。然吾等所绘之画，皆出自皇帝之命。当其初吾辈亦尝依吾国画体，本正确之理法而绘之矣。乃呈阅时不如其意，辄命退还修改。至其修改之当否，非吾等所敢言，惟有屈从其意旨而已。"以致在信中委屈地说道："作画时频受掣肘，不能随意发挥"。[3] 他们在帝王的喜好面前不得不做出妥协。

郎世宁，意大利人，康熙五十四年（1715）进入宫廷供职。郎世宁在雍正时期就开始绘制室内的装饰画，为了适应中国皇帝的审美，做出了相应的

1　《总汇》第 15 册，第 343 页。

2　转引自江滢河：《乾隆御制诗中的西画观》，《故宫博物院院刊》2001 年第 6 期，第 58 页。

3　同上，第 58 页。

改变，学习中国绘画技法。档案记载中有："雍正四年正月十五日，画作，郎中保德、员外郎海望持出西洋夹纸深远画片六张，奉旨：四宜堂后穿堂内安隔断，隔断上面着郎世宁照样画人物画片，其马匹不必画。钦此。于六月初二日，照样画得人物画片一分，海望呈览。奉旨：此样画得好，但后边几层太高难走，层次亦太近。再着郎世宁按三间屋内的远近，照小样画一分，将此一分后一间收拾出来，以便做玩意用。钦此。"[1] "雍正七年二月十六日，将西洋人郎石宁画得圆明园含韵斋殿内对宝座前面东西板墙上画稿三张，郎中海望呈览。奉旨：准山水画稿一张，其画着添画日影。"[2] 此时他的绘画，虽然已经加入了中国绘画技巧和风格，但从画中的层次分明、明暗对比的绘画效果来看，郎世宁在改变原有西画风格，在吸收中法中亦保留了较多的西画技巧。

进入乾隆朝，为了迎合乾隆皇帝对室内墙面装饰画的喜好，郎世宁把西方建筑装饰壁画进行改良，改用了中国传统的贴落画形式，又将西方绘画技巧与中国绘画相结合，采用"取淡描而使荫色轻淡"的方法[3]，创造了中西结合的绘画技法"线法画"[4]，也就是使用中国的绘画技法、运用西方绘画的透视原理而创建的一种画法。这种具有透视效果的绘画技法被运用到通景画中，因此通景画也称为"线法通景画"。用光线突出最重要部分以代替光线与阴影的效果，创作出的场景和人物仿佛布满正午阳光，使得通景画具有了中国绘画的特点，符合中国人的审美品位，受到乾隆皇帝的喜爱，于是迅速在清廷中流行起来。

郎世宁去世之前，几乎参与了所有皇宫内通景画的绘制，但现存的通景画中，仅三希堂通景画中的人物面部是郎世宁画的，其他作品已不存。乾隆三十一年（1766）绘制三希堂通景画时，郎世宁已是七十八岁的高龄，不可能再胜任通景画的制作。不过，乾隆皇帝极为赞赏郎世宁的人物表现力，"写真世宁擅""写真无过其右者"，[5]（图 2）绘制三希堂通景画上的"御容"非郎世宁莫属。

1 《圆明园》，第 1174 页。

2 朱家溍选编：《养心殿造办处史料辑览》，第 183 页。

3 转引自江滢河：《乾隆御制诗中的西画观》，《故宫博物院院刊》2001 年第 6 期，第 58 页。

4 聂崇正：《线法画小考》，《故宫博物院院刊》1982 年第 3 期。

5 杨伯达：《郎世宁在清内廷的创作活动及其艺术成就》，《故宫博物院院刊》1988 年第 2 期，第 23 页。

[图 2] 郎世宁画乾隆

艾启蒙，波希米亚人，乾隆十年（1745）来华，供奉内廷，乾隆四十五年（1780）在北京去世。擅长画人物、动物，在皇宫内遵循郎世宁的新体画法为乾隆帝效力。乾隆三十二年（1767），他绘制了养心殿后殿信可乐也的通景画。乾隆三十六年（1771），他绘制养心殿后殿殿内南墙的线法画和遂初堂东配殿线法画中的西洋景。他还为养性殿东暖阁仙楼上的线法画画御容。

其他西洋画家如贺清泰、潘廷章等人都参与了通景画的绘制。他们的绘画虽已运用郎世宁的新体画手法，但仍以西洋画为主。贺清泰绘制养性殿西暖阁西南外间迎门西墙线法画，画的是西洋年节人物。潘廷章为景福宫仙楼四面墙配画油画挂屏。乾隆四十七年（1782），乾隆皇帝传旨："新建远瀛观殿内明间顶棚并周围棚顶，俱着伊兰泰起稿呈览，准时再画。西洋故事人物，着贺清泰潘廷璋画。钦此。"[1]

（二）郎世宁中国学生的技艺

郎世宁创造的通景画在乾隆年间达到创作高峰。郎世宁不仅亲自绘制通景画，还为清廷画院培养了一大批初步掌握了油画透视等西方绘画技巧的画家。据雍正元年《养心殿造办处各做成做活计清档》记载，至康熙晚年已有13名栢唐阿在郎世宁油画房里学过油画和线法，雍正元年（1723）留下其中的班达里沙、八十、孙威凤、王玠、葛曙、永泰等六人继续学习，后又补充王幼学、戴恒、汤振基、戴正、戴越、张为（维）邦、丁观鹏。乾隆九年（1744），张廷彦在郎世宁处学习油画与线法。[2]伊兰泰于乾隆十四年（1749）已经与郎世宁一起参与了宫廷绘画。乾隆十六年（1751）皇帝再下旨"着再将包衣下秀气些小孩挑六个，跟随郎世宁等学画油画栢唐阿行走……王幼学的兄弟王儒学亦赏给栢唐阿学画油画"。[3]

郎世宁的中国学生中有的从头学起，如王幼学、伊兰泰等；也有的半路出家，他们已掌握了中国画法且从艺多年，再向郎世宁学习油画、线法等西方画法，其代表人物是丁观鹏。

王幼学是这些学生中对于通景画的透视技法掌握的最为出色的画家，他

1 《总汇》第 45 册，第 647 页。

2 杨伯达：《十八世纪中西文化交流对清代美术的影响》，《故宫博物院刊》1988 年第 4 期，第 70 页。

3 《总汇》第 18 册，第 387 页。

的父亲画画栢唐阿王玠随郎世宁学画，于雍正五年（1727）病故，他替父效力当差，进入如意馆，[1] 跟随郎世宁学习，很快就能够独立绘画[2]。他既学画油画，[3] 又画水画，[4] 最主要的还是绘制线法画，[5] 逐渐掌握了绘制通景画的技巧，于乾隆十三年（1748）独立承担了坦坦荡荡通景画的绘制。[6] 在紫禁城内，自乾隆十四年（1749）与郎世宁一起绘制三希堂通景画以来，他参与了宫内大部分的通景画的绘制工作，特别是宁寿宫花园现存的倦勤斋通景画、玉粹轩通景画、景祺阁通景画以及养和精舍两幅通景画都是王幼学绘制或参与绘制的。玉粹轩通景画位于明间两重落地罩后的西墙上，画为一幅岁朝图，即为宫中节日生活的景象。（图3）画面上画着一间房间的厅堂，前为一

[图3] 玉粹轩通景画

山水画落地罩，罩后两扇屏风，隔出一厅堂，厅中孩儿嬉戏，母子欢笑，其乐融融。画中的装修正与实际房间的落地罩相对应，利用透视画法，将装

1　"雍正五年二月初十日，为画画栢唐阿王玠病故，今王玠之子王幼学欲替父效力当差。等因。郎中海望启知怡亲王。奉王谕：将王玠差事并所住官房俱着伊子王幼学顶替。遵此。"《总汇》第2册，第645-646页。

2　《总汇》第4册，第126页。

3　《总汇》第8册，第213页。《总汇》第8册，第219页。《总汇》第8册，第783页。《总汇》第9册，第166页。《总汇》第9册，第176页等。

4　《总汇》第9册，第168页。

5　《总汇》第10册，第729页。

6　《总汇》第16册，第258页。

修、地面、顶棚向墙面延伸，组成数重落地罩，给人重重帷幕的进深感，解决了空间狭小的问题。画面逼真，隔扇上绘制花牙、隔心、卡子花，墙面对子、贴落及墙纸均如真实的室内装饰一般。为了符合装修的实际情况，还命其他画家在隔扇的横披心、隔心上绘制山水、花鸟图案，营造出隔扇心上夹纱臣工书画的效果。这幅通景画的主体结构包括建筑构架和人物，是王幼学绘制的[1]，画中墙上的贴落和对联以及隔罩上的夹纱则是其他宫廷画家的作品。隔扇心上落款的有袁瑛、杨大章、方琮、贾全、谢遂、黄念等多人。墙面贴落的对联由董诰书写，画幅则由姚文瀚恭绘[2]。他们均为乾隆时期知名的宫廷画家，合力绘制了这幅通景画。养和精舍的一幅通景画与景祺阁通景画（现已不在原处）极为相似，画中描绘了在花园的游廊中母子欢乐嬉戏的景象，远处为山林建筑；（图4）养和精舍的另一幅通景画描绘的是室内母子游乐的场面，（图5）室内布置与乾隆十四年的三希堂通景画相似，前景为落地罩，厅堂正中后墙贴落画一张，两边条幅各一，画前桌案一张，上置古董、书籍；倦勤斋的通景大画也是由王幼学主持绘制的。乾隆四十一年（1776）之后，活计档中就没有再见到他绘画活动的记载。

王幼学是"极少数能够使用郎世宁的欧洲技巧而无须郎世宁指导的中国

1 《总汇》第38册，第13页。

2 此条信息由故宫博物院研究馆员王子林先生提供。

[图 4] 养和精舍通景画

艺术家", "甚至可以与其他欧洲的画家相比肩"。[1] 即便如此, 他绘制的三希堂通景画地面瓷砖 "与西洋画家相比, 技法显得稚拙, 用色与明暗关系的表现较为呆板, 透视效果也不够自然"。玉粹轩通景画虽然 "透视法应用相对较准确, 只是画中人物完全采用中国画技法, 线描敷色都是平面化的"。画中的人物 "看上去不能与有深度感的背景很好地结合, 影响了整个画面的真实感"。[2] 倦勤斋楼上的侍女执扇通景画, 建筑框架绘制呈焦点透视效果, 近大远小, 灭点位于远处, 而门、钟表、侍女、桌案以及桌案上陈设则是中国绘

1 李启乐:《通景画与郎世宁遗产研究》, 第 96 页。
2 聂卉:《清宫通景线法画探析》, 第 50 页。

[图 5] 养和精舍通景画

画的散点透视，各自有一个焦点，与整体的画面不在同一透视点上，衔接不上。（图 6）他的立体表现能力也不强，玉粹轩通景画的凳子框架没有呈圆弧形，而是突出于凳面。（图 7）这些室内通景画，除了建筑框架以及整体构图具有透视的效果外，画面中的人物和器物都具有中国画的平面效果，而且人物的形象极具中国传统绘画的仕女和婴戏图特征，基本上看不出西洋绘画的痕迹。

　　伊兰泰是郎世宁的学生中另一位掌握西方绘画技巧比较好的画家，乾隆早期提到他参与宫廷绘画活动，但并不常见他的名字。乾隆四十年以后，宫廷的西洋画家相继去世，郎世宁的其他中国学生或已去世，或年岁已大，伊兰泰的绘画活动逐渐频繁，最为著名的就是乾隆四十六年（1781）至乾隆五十二年

[图 6] 倦勤斋仕女通景画

[图 7] 玉粹轩通景画局部

（1787）他绘制了一套《西洋楼水法图》铜版画稿。在紫禁城内的通景画制作中，首次见到他的名字是乾隆四十二年（1777）他和其他人一起为宁寿宫景宫（应为"景福宫"）寝宫仙楼上东墙绘制线法画，之后又参与养心殿后殿、竹香馆山洞内、倦勤斋棚顶和宁寿宫东配殿线法画的绘制工作。乾隆四十一年（1776）之后，王幼学已不再从事通景画的绘制工作（不知是否已去世），在他之后的宫廷画家中能够掌握西洋画法的人已经不多，"其余画画栢唐阿俱未能深明线法染画、西洋颜色，仅有王儒学一名尚可帮同伊兰泰绘画"[1]。在乾隆皇帝眼中，伊兰泰应该是在王幼学之后掌握透视方法和欧洲绘画技巧最好的中国画家，他不仅在紫禁城内绘制通景画，还为圆明园绘制了大量的通景画。尽管如此，伊兰泰也不能完全掌握西洋技法，在绘制"新建远瀛观殿内明间顶棚并周围棚顶，俱着伊兰泰起稿呈览，准时再画。西洋故事人物，着贺清泰、潘廷璋画"。他也只能绘制"周围大边"，"棚顶中心"仍"系西洋人绘画"。[2]在他之后，清宫内的画家就很少能够掌握西方的透视技法了。乾隆五十九年（1794），修改喀拉河屯蕴岑碧秀殿内西板墙通景线法画，乾隆皇帝"着内务府大臣伊，问如意馆官员伊兰泰之子清住会画线法不会？如会画，再派画线法人一名同来；如清住不会画线法，即派画线法人二名前来"。看来，伊兰泰之子也不会线法画，后来只好由"催长苏楞额代领油画栢唐阿何住、赵士恒，前赴喀拉河屯"。[3]这些画家的技法平平，如意馆的线法画技巧逐渐衰落下去。

丁观鹏于雍正四年（1726）入宫，擅长画白描人物、佛像，还兼擅传神写照，后跟郎世宁学习。他在跟随郎世宁之前就已经是一位出色的中国画画家，跟随郎世宁后又学习西方绘画技法和油画。他是乾隆时期著名的宫廷画家，存世作品很多，以佛像、人物和建筑画为主，参与绘制的通景画仅见乾隆十七年（1752）为敬胜斋改画斑竹和与其他画家一起为养心殿明窗画万国来朝线法画的记载。他的建筑绘画掺入西洋绘画的技法，都可据图中透视线斜度的变化推求出其灭点的准确位置，可证这些画确是利用透视灭点画成的。（图8）他的作品反映了以中国画法为本，以郎世宁传授的西化方法为辅的另

1 《总汇》第 45 册，第 648 页。

2 《总汇》第 45 册，第 647-648 页。

3 《总汇》第 55 册，第 160-161 页。

一种新画法，其画风与郎世宁不尽一致。

郎世宁的中国学生在不断的实践过程中逐渐成长起来，逐步掌握了西方绘画的技法并参与通景画的制作，为宫廷通景画的绘制储备了源源不断的技术力量。然而，"线法透视的绘画技巧以及明暗凹凸的表现方法始终依赖西洋画家"，"虽然有一些中国学生跟随他们学习多年，也参与绘制，但并没有真正掌握这种技法。"[1] 郎世宁的中国学生更容易掌握中国式的绘画技法，西洋绘画理论与中国绘画技法的结合在他们的手中得到进一步的推动，他们在郎世宁去世之后担当起重任，在清宫通景画的绘制中表现出非凡的才能，他们所绘制的通景画也就更加具有"中国味"。

（三）绘制通景画的宫廷中国画家

乾隆时期的通景画大多数都是多位画家合力绘制，前面提到的三希堂、玉粹轩、倦勤斋通景画都是如此，从所列的"乾隆时期皇宫室内通景画一览表"中也能看到这种现象。乾隆皇帝针对每位画家的特长，指定绘制的内容。乾隆年间参与绘制通景画的传统中国画家有金廷标、周坤、余省、杨大章、姚文瀚、袁瑛、徐扬、于世烈、方琮、陆灿、董诰、贾全等人。

三希堂通景画的作者金廷标，是乾隆二十二年（1757）由中国南方官员送进宫内的画家，进宫时就已经是技艺高超的画师，以至于朝廷将"新来南匠金廷标照方琮一样，每月给钱粮银三两、公费银三两"[2]。不到四年的时间，金廷标又因"本事好又勤慎"，乾隆皇帝下旨"着照丁观鹏所食钱粮十一两赏给"[3]。他善画人物、花卉及肖像。《清史稿》中写道："画院盛于康乾隆两朝，以唐岱、郎世宁、张宗苍、金廷标、丁观鹏为最。"他是乾隆朝出色的画家，乾隆皇帝称其画"七情毕写皆得神，顾陆以后今几人"。除三希堂之外，他还与方琮为玉壶冰殿内西墙合画通景画，与其他宫廷画家为养心殿绘制万国来朝线法画。

安徽民间画家杨大章，由安徽巡抚托庸送到清宫在如意馆当差，俸禄"着照金廷标之例赏给"，[4] 也参与通景画的绘制（图9）。

1　聂卉：《清宫通景线法画探析》，第50页。

2　《总汇》第22册，第784页。

3　《总汇》第26册，第659页。

4　《总汇》第29册，第449-450页。

[图 8] 清丁观鹏《太簇始和图》，台北故宫博物院藏

[图 9] 清杨大章画玉粹轩通景画隔扇心

另一位通景画作者姚文瀚，乾隆七年（1742）入如意馆，是画家冷枚的徒弟[1]。冷枚"工丹青，妙设色，画人物尤为一时冠"，是一个全能的画家，尤其擅长人物界画。冷枚师从焦秉贞，焦秉贞"工人物，能以仇十洲笔意，参用泰西画法，流辈皆不及"。冷枚的绘画与他的师傅一样，也受到西洋绘画的

1 《总汇》第 11 册，第 71 页。

影响。姚文瀚绘画技艺师承焦秉贞、冷枚的传统，源自于中国传统界画，又受到西洋绘画的影响。他在进宫之前就已经掌握了很好的绘画技能，以至于一进宫就担当了帮助郎世宁画藤萝架[1]的工作。他还参与了养心殿万国来朝、养性殿东暖阁线法画的绘制以及宁寿宫玉粹轩、遂初堂、阅是楼、养性殿通景画的绘制。现存玉粹轩通景画中后墙的贴落画是他的作品。（图10）

其他参与绘制通景画的画家还有：方琮，师从张宗苍，由其师引荐入宫作画，善画山水，参与了建福宫玉壶冰、养心殿、宁寿宫遂初堂、遂初堂东配殿、玉粹轩等处通景画的绘制。玉粹轩通景画隔扇心中留有他的画作。袁瑛，元和（今江苏苏州）人，擅长山水和花卉，乾隆三十年（1765）被推荐进入宫廷供职，同年养心殿的室内装饰绘画中就有"袁英画山水通景横披"的记载，后来承担了乐寿堂楼上、养性殿西南间、遂初堂东配殿、倦勤斋东北间、建福宫淡远楼的通景画绘制，还与其他画家一起合绘了玉粹轩、养性殿、宁寿宫抑斋的通景画。倦勤斋现存山水通景画为他的作品，玉粹轩通景画隔扇心、横披心中也有他的画作。谢遂、顾全、黄念等画家都参与了通景画的绘制。（图11）

这些中国画家在宫廷如意馆供职和绘制通景画期间也多少受到西方画师的影响，但与他们并没有技术上的师承关系，由于他们在进宫前就具有深厚的中国画功底，所以他们的绘画作品有着天生的中国风格。

乾隆皇帝指定这些中国传统画派的画家与线法画画家合作的目的何在呢？因为乾隆皇帝很欣赏郎世宁作品的写实逼真，其御制诗中多次表达了这种赏识，如"凹凸丹青法，流传自海西"，"我知其理不能写，爰命世宁神笔传"，"着色精细如毫末"等等，尤其是他的人物表现力极强，"写真无过其右者"，但也指出了郎世宁画体因形似而造成的不足，"似则似矣逊古格"。深受明季文人审美影响的乾隆皇帝，标榜南宗画派的神韵，认为金廷标等人"南人善南笔"，"奇形即命世宁传，神韵更教廷标写"，道破了郎体在神韵风采上尚逊中国画一筹。他希望通过中西画家共同创作，兼具奇形与神韵，展现西方绘画逼真的艺术效果，同时消除西画"逊古格"的缺点，希图以中国文人绘画在郎世宁写实技法的基础上创造出具有中国画神韵的绘画作品。这也就是乾隆皇帝指定线法画画家和传统的中国画家联合作画的原因。

---

1 《总汇》第11册，第68页。

[图 10] 清姚文瀚画玉粹轩通景画贴落

郎世宁于乾隆三十一年（1766）去世，之后西洋画家相继离世，清宫西洋绘画的力量自然衰

[图 11] 清谢遂画玉粹轩通景画隔扇心

落。西洋画家故去的同时中国画家逐渐成长起来且在通景画的绘制中渐渐占据主要地位。现存的这些通景画几乎都是郎世宁培养的中国画家绘制的。即使局部有西洋画家的参与，整体也都是中国画家创意并绘制的，再加上中国传统宫廷画家的参与，这就不难理解为何"看不出欧洲风格的画法"了。

四、乾隆皇帝对西方文化艺术的态度

从表面上看，通景画风格的改变与乾隆皇帝的中国文人画审美品位有关。中国传统绘画中一直存在着"写实"与"写意"的讨论，在文人们掌握话语权的古代中国，文人画最终占据了文人审美的统治地位，形成"写意""气韵生动""神逸"等文人审美评判标准。具有浓郁文人审美意识的乾隆皇帝，接受的是中国文人的艺术评判。尽管他对于西方绘画的写实功力非常欣赏，但总觉得缺少了神韵，在他统治期间逐渐完成了西方技法的中国化过程。

建筑艺术的变化不能完全与政治思想相等同，首先，建筑艺术的形式并不能简单地视为某种政治观点的反映；第二，意识形态的产生和建筑艺术的出现之间会有一定的时间间隔；第三，技术的产生而不是政治思想影响着建筑艺术的形式。[1] 尽管如此，建筑艺术在一定程度上反映了社会的意识形态。因而，通景画风格的改变不仅仅是乾隆皇帝绘画审美意识的反映，同时反映了中国皇帝的统治意识。

明清之际西方传教士来华，引起了中国社会意识形态的动荡和争论，同时也带来了西方科学、文化、艺术，并逐渐渗入皇宫。康熙、雍正时期，皇宫内已经出现了西洋器物和为宫廷服务的传教士。到乾隆时期，西洋器物和艺术对于皇宫来说已经不是什么新鲜的事了。乾隆皇帝在登基之前就与郎世宁等西洋画家有过交往，他对西洋的器物也表现出浓郁的兴趣，以至于"乾隆皇帝休闲时常去的几个宫殿中不但有挂毯，还有镜子、绘画、座钟、分枝吊灯及欧洲的其他各种最珍贵的饰物"。[2] 皇家的建筑受到西方异质文化因素的影响在乾隆时期达到高峰，皇家建筑中出现西方建筑的装饰手法，室内通景画的使用就是显著的例子。珐琅、玻璃等装饰品出现，玻璃代替高丽纸糊饰窗户；乾隆年间的皇家园林圆明园中的西洋楼建筑群更是对西洋园林全面的模仿。

乾隆皇帝认为"天朝物产丰盈，无所不有，原不借外夷货物以通有无"，外来的艺术品不过是"奇技淫巧"。

乾隆皇帝是有着强烈的皇权意识的，"我朝纲纪肃清，皇祖皇考至朕躬百余年来，皆亲揽庶务，大权在握，威福之柄"。[3] 中国传统的世界秩序观给予中国皇帝统治天下（天下一词常常用来指包括中国外部任何地方的整个世界）的至尊地位 [4]。

乾隆皇帝这种对于西洋文化艺术的吸收，除了由于视觉上的吸引和欣赏，也表现出一种"天朝上国"的对外文化心态。"天下"的观念牢固地根深于中国皇帝的心中，有着"万物皆备我用"的强烈占有心态。清朝的皇帝

1　Peter G. Rowe, Seng Kuan：*Architecture Encounters With Essence and Form in Modern China*, pp.55-56.

2　董建中：《传教士进贡与乾隆皇帝的西洋品位》，《清史研究》2009 年第 3 期。

3　《清实录》乾隆四十三年二月己酉。

4　［美］费正清、刘广京编：《剑桥中国晚清史》（下卷），第 142 页。

把西洋人进呈的器物都作为"贡品"看待[1],而不是将西方的器物作为两国之间平等交换的礼物对待。另外,作为天下之主,应该对所有的人宽厚,以示"王者无外"之意,这样一来便应该采取一视同仁的政策。对于西洋的东西和所有外国人,不分远近,应一律平等对待。通景画作为西方的建筑装饰艺术在乾隆时期被大量应用在皇宫内,应该也带有这样的心理表现,也就是清朝末年的改革者们所说的"洋为中用"的"用"在建筑艺术中的反映。

乾隆做皇帝的时间越长,"中国"皇帝的意识也就越强烈,对于西洋器物的这种"用"是有一定底线的。从表面看来,乾隆时期有大量西洋艺术出现,似乎是对外来文化的进入有所松动。实际上,乾隆时期的对外政策更加封闭。清初,中外贸易并没有限制在一地,外国商人可以到广东、福建、浙江沿海的口岸贸易。乾隆二十二年(1757),乾隆皇帝以"民俗易嚣,洋商错处,必致滋事"为理由,将通商口岸限制在广州一地,对外政策进一步收缩。西方异质因子的使用一般都体现在建筑的细微之处,出现在建筑的局部装饰和园林的小品中,主体建筑及整体风格则是保持中国式的,即使是最完整、全面地模仿西洋园林的典范——圆明园中的西洋楼,也仅占圆明园总面积的百分之二,且被置于全园最偏远的西北角,作为聚景园林中的一个景观。通景画也逐渐地被进行改造,符合中国的装饰和视觉习惯。

更进一步,中国传承几千年的文化本体性虽然对于外来文化并不排斥,但一定是要将外来文化服务于中国的本体文化,外来文化的"用"纳入在中国文化中心的体系中,也就是以"中学为体,西学为用"来实现自我的再生和创新。乾隆时期皇宫内通景画的不断演变就是实现了这一文化现象的演化过程。通景画的变化过程作为中国文化进程的一个点,反映了文化进程中中西文化的交流与冲突。

结　语

将西方的建筑艺术、美学观念巧妙地融入中国建筑中是乾隆时期建筑文化的特点之一。乾隆时期对西方文化艺术的吸收展现出强烈的自主意识与独特品位。

1　董建中:《传教士进贡与乾隆皇帝的西洋品位》,《清史研究》2009 年第 3 期。

乾隆时期对于外来艺术的吸收，大异于康、雍两朝之处在于儒化之进一步深化。将西方的艺术融汇于中国艺术之中，逐渐模糊东西方的概念，这种变化体现在乾隆时期的中西艺术的交融中，亦体现在皇宫通景画的绘制上。乾隆早期的通景油画糊油纸画油画，绘画材料到画法都是西方式的；逐渐将油画纸改为中国画的绢布，在绢上画油画或画水画；最后彻底改为用中国传统绘画材料和方式绘制通景画。养心殿三希堂和倦勤斋等处的通景画的绘制过程都验证了这一变化过程。

第五节　清代皇宫室内戏台场景布局探微

演戏是清宫娱乐活动的重要组成部分，有日常的演戏和节庆日的演戏。内廷演戏的兴盛导致了演戏的承载物——戏台的兴建，清代在宫廷内建造了漱芳斋大戏台、寿安宫大戏台、宁寿宫畅音阁大戏台、长春宫戏台等，承应大型的演出活动。为了满足各种演出需要，宫内还常搭建临时戏台。清宫还建有一些小戏台以及室内戏台，它们是清宫演剧不可分割的一部分。室内戏台形式多样，有亭式戏台、凹形戏台、平台式戏台、方台式戏台以及一些临时的室内戏台，戏台的形制、装饰、布景与建筑的内檐装修相协调，形成统一的整体。

清宫现存的室内戏台始见于乾隆时期，乾隆时期演戏活动频繁，为此建造了多座室内外戏台。

乾隆皇帝做皇子时曾居住在紫禁城内乾西二所，登基后即将西二所升级为宫曰重华宫，头所改名漱芳斋，前殿改建成漱芳斋大戏台，后殿及后照房改为工字殿形式，前为漱芳斋，后是金昭玉粹。金昭玉粹西梢间安曲尺壁子二槽[1]，搭建一个凹字形室内戏台。东次间设宝座床，是乾隆看戏的御座。现在的漱芳斋室内亭式戏台则是清晚期改建的，光绪十二年（1886）漱芳斋改造[2]，档案记载与"样式雷绘漱芳斋前殿地盘画样"[3]基本相符，图样中后殿戏台仍为凹

1　"乾隆元年，木作，于本年六月二十五日，员外郎常保来说，宫殿监正侍李英谢成传旨：头所后照房明间东边罩口下添插屏二架，西梢间内添挡门曲尺壁子二槽，壁子上画画。钦此。于七月初十日，员外郎常保将画画壁子二槽持进头所西梢间挡门安装。讫。"《总汇》第 7 册，第 64 页。

2　"光绪十二年四月初一日，四月初二日"，中国第一历史档案馆藏：《活计档》胶片 46。

3　赵雯雯、刘畅、蒋张：《漱芳斋》，第 30 页。

形。现存于漱芳斋内的戏亭，与文献中记载的建福宫花园敬胜斋德日新风雅存戏亭[1]相符，应该是清晚期移植过来，由于室内的高度不够，还在屋顶开口以便安放宝顶，又因室内空间较敬胜斋狭小，移植过来时仅将戏亭搬进来，并没有在戏亭两边建竹篱夹道，仅于戏亭南北开两个竹门。（图1）至于移植过来的具体时间，尚需进一步的材料证实。

乾隆五年（1740），乾隆皇帝下旨将原乾西四所、五所改建为建福宫花园，敬胜斋是位于花园最西北的一座建筑。面阔九间，西四间"匾曰：'德日新'，楼上联曰：'恭己奉三无，澄心待万机。'又联曰：'牙签披古鉴，香篆引澄怀。'斋内有亭，匾曰：'风雅存'，联曰：'金掌露浮盘影动，莲台风送漏声迟'"[2]。亭周围有竹篱，亭对面筑仙楼，上下层均面西设宝座床。敬胜斋的西四间德日新是一个室内戏场[3]，室内的小亭是演戏用的戏台，而对面的仙楼则是看戏空间。建福宫花园毁于1923年的一场大火，敬胜斋被焚毁，风雅存亭式戏台已于之前移至漱芳斋内。

延春阁是建福宫花园的主体建筑，面阔、进深各五间，一层室内分为面南、面东、面北、面西和中间楼梯间五个空间。面东的房间即东门内据档案记载延春阁东门建有一个戏台[4]。延春阁亦毁于1923年的建福宫大火。

寿康宫是乾隆皇帝为其母崇庆皇太后所建的太后宫，建于雍正十三年（1735），乾隆元年（1736）告竣。[5]初建时，建筑分前、后两座大殿以及后照房三进院，并无室内戏院记载。乾隆三十三年（1768）孝圣宪皇后（崇庆皇太后）年近八十岁时，乾隆皇帝决定为老母亲八旬万寿改建并移居慈宁宫，同时修缮寿康宫。后殿长乐敷华殿和北照殿用工字廊连接。[6]乾隆三十四年

1　[清]庆桂等编纂：《国朝宫史续编》，第460页。

2　同上，第460页。

3　《总汇》第11册，第674页。

4　《总汇》第14册，第498页。

5　"秦销修建寿康宫所用银两数目折"，中国第一历史档案馆藏：《奏销档》197-122-1。乾隆二年六月初十日，"臣（海望）遵旨恭建寿康宫，择吉于雍正十三年十二月初四日兴修，至乾隆元年十月二十四日告成"。

6　寿康宫后殿工字廊，原为"敞廊"，后改为封闭式的"穿堂"结构，但修改的时间不能确定。见常欣：《寿康宫沿革略考》，《中国紫禁城学会论文集》第5辑，第385页。根据推测，将后殿与后照殿相连的敞廊改为封闭式的穿堂，应该是在乾隆三十四年的大修时，它模仿漱芳斋的格局，在后照殿搭建室内戏台，戏台后墙绘制通景画，并在穿堂搭建圆光门，都是模仿了漱芳斋的式样。

[图 1] 漱芳斋风雅存戏台

（1769），"（寿康宫）后照殿添安杉木板墙并后照殿内西二间改作戏台，正面添安夔龙牙子等"[1]。在寿康宫后照殿的西二间建室内戏台，东次间正对戏台摆放御座。清末时戏台拆除，改建床炕。（图 2）

乾隆三十七年（1772）开始，乾隆皇帝为他归政退隐在紫禁城的东北部建宁寿宫，宁寿宫花园位于宁寿宫后部西路，倦勤斋是宁寿宫花园的最后一座建筑，面阔九间，西四间室内的西端建一个面东的方形攒尖顶亭室内戏台，对面阁楼正间上下设宝座床，为看戏的地方。

符望阁是宁寿宫花园的主体建筑，符望阁为面阔、进深均为五间的建筑，符望阁一层东部空间，根据现状分析仿延春阁为一小戏台。

景祺阁位于宁寿宫后中路最北端，为二层楼阁式建筑，面阔七间。乾隆四十年（1775），"景祺阁续添紫檀木配添万字方窗二扇，紫檀木镶门口二座，楠木镶门桶三座，楠柏木楼口飞罩二座，方窗一座，随戏台曲尺壁子二槽，楠木刽凳四张，香几一张"[2]。戏台位于一层西次间，平面呈凹字形。东次间安

1　乾隆三十四年五月十一日："宫殿油画工程总理处为寿康宫后照殿添安板墙西二间改做戏台需用木植纸张事"，中国第一历史档案馆藏：《内务府来文》2007。

2　乾隆四十年五月二十四日："福隆安等奏修建宁寿宫续添工程估需银两数目事"，《内务府奏销档》，胶片105。

放宝座床，正对着戏台，是看戏的御座。

同治、光绪时期，慈禧太后对戏曲的痴迷又引发宫内建造戏台的另一高峰，建造和改建了一些室内小戏台。

体元殿位于西六宫中太极殿和长春宫之间，原为西六宫之一的启祥宫后殿，咸丰九年（1859）修改启祥宫长春宫，连接两个院落[1]，将原启祥宫后殿改为穿堂殿，命名为"体元殿"。同治六年（1867），在体元殿后接盖抱厦平台游廊[2]。同治十二年（1873）再次进行改造[3]，国家图书馆珍藏的同治十二年九月十二日"长春宫戏台地盘样"中描绘出了戏台的地盘样并明确地标注了内外檐装修的尺寸[4]。根据档案和图纸可以明确地看出，体元殿后抱厦内为一个室内戏场。这座室内戏台于光绪六年（1880）拆除[5]，后改建成室外戏台。（图3）

[图 2] 寿康宫后罩房西间现状

1　刘畅、王时伟：《从现存图样资料看清代晚期长春宫改造工程》，第 441-443 页。周苏琴《体元殿、长春宫、启祥宫改建及其影响》，清代宫史研究会编：《清代宫史求实》，紫禁城出版社，1992 年。

2　国家图书馆藏：《同治六年二月十八日奏准长春宫添盖平台游廊图样》（国家图书馆 2007 年《大匠天工：清代"样式雷"建筑图档荣登〈世界记忆名录〉特展》）。

3　同治十二年，中国第一历史档案馆藏：《活计档》胶片 40。

4　刘畅、王时伟：《从现存图样资料看清代晚期长春宫改造工程》，第 433-434 页。

5　"光绪六年，六月十三日，主事纲增、太监扬双福来说，长春宫总管刘得印传旨：着造办处进匠，将体元殿后抱厦朱油玻璃隔扇十二扇、风门二屏、方窗十二扇、抱框上下坎框二十八根、随门拴六根，俱撤出存收中正殿。钦此。金玉作、油木作呈稿。"《活计档》胶片 43。

　　丽景轩原为储秀宫后殿，光绪九年（1883）为庆祝慈禧太后五十岁寿辰，修缮储秀宫，连通翊坤宫和储秀宫两座院落，原储秀宫后殿命名为"丽景轩"。储秀宫是慈禧太后的自我空间，从档案记载[1]可以推论出，光绪九年为了满足慈禧太后看戏的嗜好，在丽景轩内搭建了一座室内戏台，将其改造成室内戏院。现在的丽景轩的是溥仪时再次修改后的样式，还部分保留了光绪九年的装修。

1　光绪九年五月二十日，《活计档》胶片44。

[图 3] 体元殿后抱厦现状

其他见于记载或回忆的室内戏台还有怡情书史室内戏台[1]和阅是楼室内戏台[2]，这两个室内戏台由于缺乏档案资料和实物遗存，具体情况不甚清楚。继德堂、养心殿寝宫以及储秀宫等处都有演戏的记载。

纵观清代宫廷搭建的室内戏台，有十余座，其中有几处戏台存在着相互模仿的关系。因此，皇宫内的室内戏台的形式虽各有不同，归纳起来大致有以下几种类型。

一、亭式戏台：敬胜斋风雅存戏台、倦勤斋戏台

乾隆五年（1740）建敬胜斋，内有戏亭。乾隆三十七年（1772）模仿敬胜斋而建倦勤斋："敬胜依前式（此斋依建福宫中敬胜斋式为之），倦勤卜后居

1　廖奔：《清宫剧场考》，《故宫博物院院刊》1996 年第 4 期，第 31 页。
2　"宁寿宫养性殿右侧的阅是楼小戏台，是慈禧经常与福晋、命妇们看戏的地方。沈宗畸《便佳簃杂抄》说：'阅是楼在养性殿右，居慈禧寝宫约数十步。正厅为楹三，慈禧自书额。中殿宝座，暖阁复之。阁横小匾，长五六尺，字细不可卒读，仅辨下款为陆润庠书。厅前有廊，不甚广，凡福晋、命妇蒙特召者，均坐于是间。厅廊四壁被以金色缎，录《万寿赋》，字如胡桃大，皆南书房翰林手笔。戏台方式，不甚大，而极华丽，是为宫内之小戏台。'"廖奔：《清宫剧场考》，第 33 页。

（将以八旬有五归政后居之）。"¹两斋建筑形制、室内格局与使用功能皆相同²。西四间戏院的格局、装修、装饰几乎一致。以现存倦勤斋室内戏台为例，分析亭式戏台的室内场景。

倦勤斋面阔九间，东五间前檐装修安在金步，西四间则将前檐装修推至檐步，室内金步搭建一排夹层篱笆，篱笆顶覆瓦陇、瓦脊，外廊与金步间形成一条室内过道，西边开一小门可通向方亭，东二间开圆洞门，东一间廊部开门通往室外。西四间的西部有一个攒尖顶方亭，亭台基高 370 毫米，下以须弥座承托，面宽 3000 毫米，进深 3000 毫米，亭高 4150 毫米。东、南、北三面用低矮灯笼锦夔龙卡子花栏杆围合，西面板墙，墙两边开门，中间安步步锦方窗，方亭四角方柱，前檐两边柱上安挂楹联："寿添南极应无算，喜在嘉生兆有年。"檐下万寿如意纹倒挂楣子。亭外东北西三面用篱笆围合成凹字形，与墙体间形成一个凹字形夹道。亭前放置一个长方形小暖台，下承以方座，暖台高 260 毫米，方台长 2860 毫米，深 2400 毫米，台四周栏杆围合，东、西各开一口。（图 4）

现存于漱芳斋后殿原位于敬胜斋内的风雅存戏台，戏台形制、尺寸、装修均与倦勤斋相同。亭正中挂"风雅存"匾，前柱联曰："金掌露浮盘影动，莲台风送漏声迟。"

方亭对面的西四间中的东一间面西正对方亭，用槛窗、隔扇、挂檐板、栏杆等装修搭建二层仙楼，楼下中一间安宝座床，南北开门与南北间相通。楼上中一间亦安宝座床，南北两间摆放家具、陈设。宝座床墙后为楼梯，可供上下。

这是一个室内的戏院，方亭是演员们演出的舞台。

亭式戏台是中国最早的戏台建筑，产生于宋代，平面呈方形，四角立柱，上覆瓦顶，四壁洞开。后逐渐发展，到"元代戏台的观看角度已经从四周向前方三面转移。其标志为纷纷在舞亭的后部加砌后墙""前台呈三面展开，就使演出由四面观看变为前、左、右三面观看，完成了中国古代戏台建筑的一次大的变革。""这种改革奠定了中国戏台的基本式样，此后虽然还有

1 《题倦勤斋》，《清高宗御制诗》四集卷三十三，《清高宗御制诗文全集》（第 6 册），第 803 页。

2 张淑娴：《倦勤斋建筑略考》。

[图4] 倦勤斋戏台

变化,但三面观看的舞台基本格局已经被历史地形成和固定下来了。"[1]亭式戏
台在清代普遍的存在,置于庭院、花园内,《康熙万寿图》卷、《崇庆皇太后
万寿图》卷和《乾隆八十万寿图》卷中,街道两边迎驾的戏台中有多种亭式
戏台。亭式戏台一般为方形,后来发展成多种形式,位于高台或矮台上,四
根柱子支撑,周围三面栏杆围绕,前台两根柱子上安挂楹联,前面为演出的
前台。亭子3/4的位置处安墙,两边设上下场门,门上安帘幕,演员上下场
时有专人掀帘,中间方窗或圆窗,窗上糊透明薄纱。后台位于亭的后部,后
台窗下放方桌一张,两边放凳子,乐队的人员坐在后台弹拉乐器。上下场门
中间的方窗,既有装饰效果,同时它也具有前后呼应的作用。前台是演员们
表演的场地,后台则是乐队人员弹拉的场地,中间的窗户夹纱,演员表演的
内容和声音可以通过窗户传到后台,以便互相配合。(图5)后台弹拉人员
有时要根据前台表演的进程而演奏,因此可以通过窗户的夹纱窥视前台的表

1 廖奔:《中国古代剧场史》,人民文学出版社,2012年,第37页。

[图5] 清人画《崇庆皇太后万寿图》卷局部，故宫博物院藏

演，而进行相应的演奏。发展到后来，在前台放置座椅，弹拉人员坐在桌子两边椅子上弹拉，演唱人员则在台前表演，演唱、弹拉相互配合，《乾隆八旬万寿图》中多为这种演出形式。在中国的南方流行着一种可拆卸、移动的亭式戏台，戏班走到哪儿，就把亭子抬到哪里，充当演出的台子。

雍正年间的清宫档案中就出现了制作亭式戏台的记载："方亭子式样软行台一分，鱼白地彩画竹架串枝莲药蓝花布顶一件，彩画药蓝绫隔断一件，彩画绫刷子一件，彩画药蓝花布围幕八架，随斑竹杆二十四根，画斑竹式布横眉一件，画斑竹式布踢脚一件，黄腿光漆杆子十四根，画假斑竹杆子四根……陈设在何处？奏闻。奉旨：着陈设在九洲清晏抱厦下。"[1]从这条档案来看，它是一个临时的戏台，它的装饰与乾隆时期所建的敬胜斋、倦勤斋亭式戏台一样，棚顶采用了竹架药栏（即篱笆）纹饰。不同的是，雍正时期的是串枝莲，乾隆时期的改成了藤萝花，柱子、横眉等处都是画斑竹。

倦勤斋方亭对面的仙楼楼下中一间搭宝座床，床上铺坐褥、迎手、靠背，东墙中间贴御笔字幅，两边画对。楼上中一间宝座床，床上铺坐褥、迎手、

1 《总汇》，第3册，第187-188页。

靠背，东墙中间开莲花纹圆窗，两边贴字对"九华辉晓日，五色焕彤云"。南北两间摆放家具、陈设。仙楼上下的宝座床是皇帝看戏的地方。（图6）

倦勤斋西四间内的墙面和顶棚的绘画装饰也是模仿了敬胜斋，倦勤斋西四间围绕戏台的西墙和北墙及顶棚上是一幅上下相连的线法通景大画，绘制园林景色，地面铺绿毡[1]，像绿茵茵的草坪一样。

亭式戏台因有屋顶，一般置于室外，可遮风避雨。敬胜斋和倦勤斋戏台则是将室外亭式戏台移植到室内，为了营造逼真的效果，在室内的墙面运用西方绘画的透视法绘制园林景象的通景画，顶棚绘藤萝花，室内的亭子、篱笆和仙楼则用彩绘的方式将木质的装修绘制成竹子的式样，造成假景真境的

[图6] 倦勤斋仙楼

---

1 "乾隆四十年二月，行文，十五日，员外郎四德、库掌五德、笔帖式福庆来说，太监胡世杰传旨：宁寿宫倦勤斋竹式花台药兰地面并德日新，俱量准尺寸，向基厚要绿色毡铺设，颜色要好。再传与基厚，每年贡内绿色毡不必呈进，俟传时再进。钦此。于本月二十二日，员外郎四德、库掌五德、笔帖式福庆，将德日新药兰地面并倦勤斋药兰地面，各铺设绿毡七百九十尺，共约用长二丈五尺、宽一丈五尺绿毡六块，并缮写述奏折片持进，交太监胡世杰具奏。奉旨：准交基厚，按尺寸办绿毡六块送来。钦此。于九月二十七日，员外郎四德，将江宁送到绿毡六块持进，交太监胡世杰呈进。讫。"《总汇》第38册，第626页。

效果，形成了逼真的园林幻景。进入室内如临花园，一派春意盎然的景象，营造了一个可以不受季节、气候限制的室内花园戏台。

倦勤斋演戏，演员们进入戏台则是通过倦勤斋的过道门进入西四间内的夹道，再进入戏台。为了不影响看戏人，篱笆墙内安挂纱幔，墙外安挂布幔，布幔上绘制与内檐装修相同的药栏（即竹篱）[1]。

亭式戏台规模很小，只能演唱折子戏。倦勤斋、敬胜斋的方亭长宽都不足一丈，前台为表演空间，方亭上的两个门是演员们上下场门，亭后的夹道狭小，很难满足演员的过场和弹奏同时利用的要求。据档案记载："咸丰四年二十五日，敬胜斋伺候。巳正三刻开戏，申正戏毕。鼓彩（四刻）、十不闲（四刻）、把式流星叉（四刻）、鼓彩（三刻）、十不闲（三刻）、把式流星叉（三刻）。"[2] 演出的都是说唱和杂耍类的戏。倦勤斋和敬胜斋的功能基本相同，据专家分析："大致只命太监唱御制腔、太平词（又名鼓板词）、岔曲等小戏，亦时传外边八角鼓、杂耍、戏法等玩意。"[3] 这些曲目自弹自唱，也就无需弹奏空间。倦勤斋和敬胜斋戏台均无化妆之处，"即命太监演戏，亦必不能完全正式化妆，则所演者，不过杂耍、戏法、小唱等等耳"[4]。至于方亭前的方形台是做什么用的，据齐如山先生推断："台前之小台，乃专备戏法等所设，正因台距宝座稍远，看不真也。"[5] 是否正确，尚需进一步材料印证。

二、凹形戏台：漱芳斋金昭玉粹戏台、寿康宫戏台、景祺阁戏台

乾隆元年（1736）修建金昭玉粹，档案记载无法清楚地了解金昭玉粹室内格局，参见样式雷图档勾勒出金昭玉粹的室内格局。室内用曲尺壁子二槽建凹形戏台，并在壁子上画画。[6] 乾隆三十四年（1769），改造寿康宫后照房西

1　"乾隆八年，皮作，十月二十九日，员外郎常保、司库白世秀、七品首领萨木哈来说，太监胡世杰传旨：得（德）日新戏台南面假药栏里面墙上着做白石地纱幔一架，墙外挨窗户着做布幔一架，照西墙上画的药兰竹帘样式一样画做。钦此。于十一月十七日司库白世秀将做得纱幔一架、画药兰布幔一架持进，交太监胡世杰呈进讫。"《总汇》第11册，第674页。

2　朱家溍、丁汝芹：《清代内廷演剧始末考》，中国书店，2007年，第263页。

3　齐如山：《倦勤斋小戏台志》，转引自廖奔：《清宫剧场考》，第33页。

4　同上。

5　同上。

6　《总汇》第7册，第64页。

二间时"殿内戏台着照重华宫金昭玉粹通景画一样,着王幼学等画"[1],由此可见这个寿康宫室内戏台是模仿金昭玉粹戏台修建的。乾隆三十九年(1774),修建宁寿宫景祺阁时,太监胡世杰传旨:"景祺阁照金昭玉粹一样成做,拆卸壁子。"[2]乾隆四十年二月二十八日又传旨:"宁寿宫景祺阁照重华宫金昭玉粹线法画,着王幼学等一样画法,用白绢画一分。"[3]景祺阁还按照金昭玉粹的格子宝座制作宝座床一座[4],造办处即遵旨按照金昭玉粹地盘绘制了景祺阁戏台地盘纸样一张,虽然最后没有模仿金昭玉粹宝座,[5]还是可以从中看出景祺阁和金昭玉粹的地盘和格局基本是一致的。可见,景祺阁的室内戏台也是仿照金昭玉粹戏台建造的。以上几条档案记载显示出金昭玉粹、寿康宫以及景祺阁室内戏台的继承、模仿的关系。金昭玉粹戏台开创了宫廷室内戏台的另一种建筑形式。

三座建筑的建筑格局基本相同,建筑由前后殿组成,前后殿中间用工字廊相连,连接处开圆光门,虽相互模仿,形式也有一些变化。金昭玉粹是漱芳斋工字殿的后殿,没有改造前的工字廊在漱芳斋正谊明道后檐开设圆光门[6],金昭玉粹前檐安落地罩。(图7)寿康宫后殿与后照房之间的叠落工字廊,将两座建筑相连,工字廊分别安设几腿罩、碧纱橱和八方形圆光门。(图8)景祺阁前过道安装修形成工字廊与颐和轩相连,景祺阁前檐过道处和颐和轩后檐过道处各开设圆光门一座。(图9)戏台都位于后殿的西间,均用曲尺壁子围成凹形戏台,东间安放宝座观看表演。三座建筑体量不尽相同,金昭玉粹面阔五间,西边连耳房,明间面宽4600毫米,东西次间、梢间面宽各4000毫米,进深5810毫米。寿康宫后照房面阔五间,东西与东西连房相接,明

---

1 《总汇》第32册,第495页。

2 《总汇》第37册,第689页。

3 《总汇》第38册,第7页。

4 "乾隆三十八年九月,行文,二十,库掌四德、五德、笔帖式福庆来说,太监胡世杰呈重华宫金昭玉粹、宁寿宫景祺阁地盘纸样一张。传旨:着按景祺阁宝座床尺寸,照金昭玉翠现设宝座格子做法一样成做宝座格子一座,先呈样。钦此。"《总汇》第36册,第712页。

5 《总汇》第36册,第713页。

6 "乾隆元年,木作,于本年六月十四日,员外郎常保持进交太监毛团原呈览过头所装修样一张,因穿堂无隔断画得夔龙门样圆光门样一张,交太监毛团呈览。奉旨:照圆光门隔断做。钦此。"《总汇》第7册,第63页。

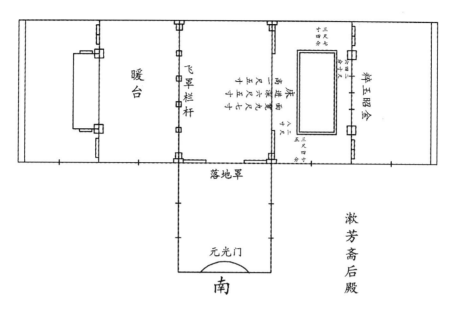

[图 7] 金昭玉粹改造前线描图

[图 8] 寿康宫工字廊

[图 9] 景祺阁工字廊

间面宽 4210 毫米，东西次间、东西梢间面宽各 4150 毫米，进深 4546 毫米。
景祺阁面阔七间，明间、东西次间面宽各 4170 毫米，东西二次间及东西梢间
面宽各 3530 毫米，进深 6130 毫米。面宽进深的变化，凹形戏台的体量也会
有相应的变化。金昭玉粹戏台清晚期进行修改，已不是原始的式样。寿康宫
戏台已拆除。现仅存景祺阁的戏台遗存，虽然不完整，仍能从这些图档中相
互借鉴，还原出历史的痕迹。

景祺阁为面阔七间的二层楼阁。（图10）一层明间前檐安飞罩，与过道相连通，东西缝各安几腿罩一槽。西次二间安凹字形板墙，室内进深6130毫米，凹字形进深1562毫米，面宽3090毫米，两边各宽1617毫米，后台宽2418毫米，南曲尺墙上的东墙和北墙各开一门，北曲尺墙东墙和南墙各开一门，凹字形板墙前地面搭凸形暖台，暖台至西次间东缝，暖台前安设栏杆，现暖台、栏杆已拆除。凹字形板墙与西次二间的南、北、西三面均有过道。凸字形暖台是演员表演的空间，凹形板墙上的四个门，是演员们上下场门。（图11）三面夹道则是演员和音乐演奏者进场和退场之处。西梢间是演员的化妆空间。西二次间西缝北边开小门通往西梢间，西梢间西山墙中部开一山门通往景祺阁外，演员只能走后门，再从西山墙门进入化妆间，不能走明间的圆光门。明间东西缝几腿罩上存挂帘环，明间与东西次间之间原应有卷帘，看戏时才把帘子卷起来，这相当于现代舞台上的帷幕。东次间现还存放着一张巨大的坐东朝西正对着戏台的格子宝座床，是当年乾隆帝看戏的御座。（图12）宝座床后为隔扇，隔扇两侧开门，北侧门里有过道直通里面的净房，南侧门里亦是一过道，可通往东次二间和东梢间，东次二间里设地炕，东梢间设床，最东头则是上楼的楼梯。再东的两间则是皇帝的活动区和休息区，亦可步行上楼，眺望禁城美景。整个一层就是一座戏院，集化妆、演奏、表演与观戏、休息为一体，设计巧妙，互不相扰。

　　根据国家图书馆现存的样式雷图档可知，漱芳斋金昭玉粹当年的室内格局与景祺阁相同，明间前檐为落地罩，西缝飞罩栏杆，东缝落地罩，西梢间凹字形曲尺墙，南北曲尺的东、北和东、南各开一门，凹字形墙前为凸形暖台。西梢间外添盖两间房，西梢间南北各开一门通向西耳房，耳房是演员们的后台和化妆间。光绪十二年（1886）在东次间加安宝座床，床高一尺五寸，

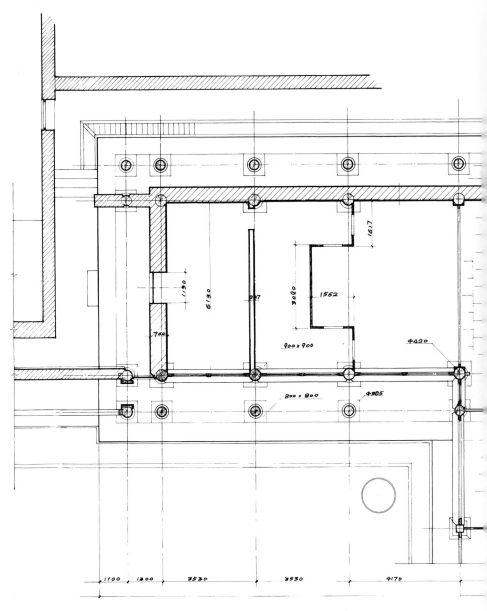

[图 10] 景祺阁实测图

进深六尺五寸，面宽九尺七寸，床后东次间东缝为隔扇壁子，南北各开一门，通往东梢间随安室。

寿康宫后照殿的西二间室内建凹字形戏台，曲尺壁子围成的凹形墙位于西梢间，前为暖台，暖台前安几腿罩，曲尺壁子后为后台，后台后面有小门通西连房，西连房作为演员们扮装间。明间开敞，东次间正对戏台是看戏的御座："乾隆三十四年十月十二日，库掌四德、五德来说太监胡世杰传旨：寿康宫后殿对戏台宝座上着做黄毡氆褥一件，石青缎靠背一件，枕头二个。钦

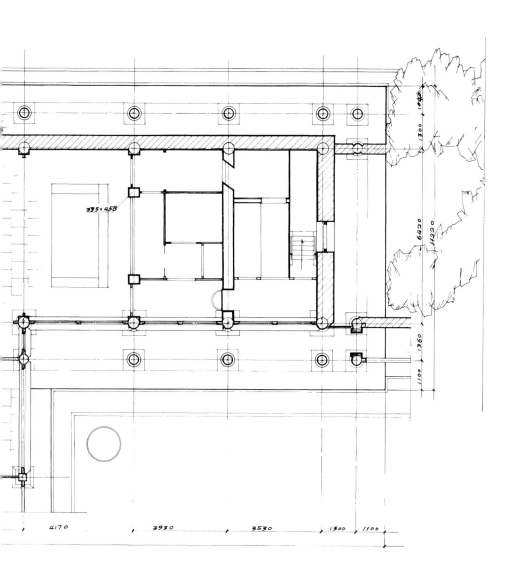

[图11] 景祺阁戏台现状

[图12] 景祺阁宝座床

此。于十一月初二日催长萨灵阿将做得黄毡氆褥一件，石青缎靠背一件，枕头二个持赴寿康宫安讫"。[1]

景祺阁、金昭玉粹室内戏台的"出""入"门不是两个，而是每边都有两个，即南曲尺墙上面北、面东各一门，北曲尺墙上面南、面东各一门。据廖奔先生研究："清宫戏台，其建筑结构和设备设置也不同于民间戏台，而有着自己的特殊发展。一个最突出的地方是增加上下场门的数量。普通的上场门、升天门（升仙门、陟仙门）、旁门和佛门。""乾隆年间清宫内府抄本《劝善金科·凡例》：从来演剧唯有上下二场门，大概从上场门上，下场门下。然有应从上场门上者，亦有应从下场门上者，且有应从上场门上，而仍从上场门下者，有从下场门上，仍应从下场门下者。今悉为分别注明。若夫上帝神祇、释迦仙子，不便与尘凡同门出入，且有天堂必有地狱，有正路必有旁门，人鬼之辨亦应分析。"[1]景祺阁戏台的四个门应该是为了区别角色从不同的门出入而设的吧。

据档案记载，三座戏台的凹形板墙上都贴有一幅模仿金昭玉粹戏台通景画的相同内容的通景画。乾隆元年（1736），金昭玉粹室内曲尺壁子上画画[2]，壁子上的画由谁画、画的内容、画法均未记载，只是记载壁子上的画于七月初十日完成，根据后来的记载这幅画是油画，也正是这一天郎世宁为重华宫绘制完了三幅通景油画[3]，其中的一幅应该就是为金昭玉粹的戏台画的。乾隆三十五年（1770），宫廷画家郎世宁的徒弟王幼学将金昭玉粹戏台油画换成了绢画。[4]之后的寿康宫和景祺阁的戏台背景都是按照这幅画绘制的。金昭玉粹和寿康宫通景画已不见，光绪四年（1878）修补过金昭玉粹戏台后的线法画[5]，这两座建筑内的通景画何时拆卸的尚不清楚。景祺阁戏台维修前拍摄的黑白照片展现了通景画的内容（图13），但模糊不清，这幅通景画现已拆下存放在库房内，破损严重。通景画与墙壁等同，画面描绘的是园林建筑中的游廊，纵深排列的廊柱使画面极具透视感，远处是湖光山色，山后隐约可见

1　廖奔：《中国古代剧场史》，第 242、249-250 页。

2　《总汇》第 7 册，第 64 页。

3　"乾隆元年，六月，如意馆，二十九日，西洋人郎世宁来说，太监毛团传旨：重华宫着画通景油画三张。钦此。于本年七月初十日，领催白世秀将油画三张持进交讫。"《总汇》第 7 册，第 177 页。

4　"乾隆三十五年，如意馆，三月十一日，接得郎中李文照押贴一件，内开三月初四日太监胡世杰传旨：重华宫金昭玉粹殿内现贴油画戏台，着王幼学等另换绢画一分。钦此。"《总汇》第 33 册，第 580 页。

5　光绪四年"四月初四日，太监王文禄传旨：着造办处急速进匠至漱芳斋起揭活计，莫误。钦此。于四月初四日，进匠至漱芳斋殿内，揭下线法画四分，俱从新托裱，内颜色破坏俱找补给画。钦此。匣裱作呈稿"。《活计档》胶片 42。

[图 13] 景祺阁通景画黑白照片

亭台楼阁。游廊中二婴戏二犬，一婴右手拿食物逗犬，犬回头张望；左手持挂有磬的如意，寓意吉庆如意。另一婴右手持红棍，棍上系红绳，下坠一只红色蝙蝠玩具，寓意洪福；左手握线，以右手持棍作上下提升动作以逗犬，犬作跳跃状。一仕女双手端着一盘寿桃从廊外正步入廊内。犬与"全"音同，二犬即"双全"，盘中的寿桃与婴孩手中的红色蝙蝠象征福寿，故通景画寓意"福寿双全"。（图 14）通景画上方的横楣"满糊白纸"[1]，再裱糊了乾隆御笔诗"葺治拟菟裘，有亭亦有楼。景祺祝苞茂，荒耄待优游。此日犹勤政，他年谢先忧。希之未敢必，静以俟天庥"，以言日后归政之志。景祺阁凹形墙壁两侧的门上各挂乾隆御题匾额"澄观""静听"，原本是想将这二面匾绘制在通景画上，后来改为安挂实匾。[2] 北壁所挂"阳管调春弦"挂屏为双面字画，背面还画有画，随时都可翻过来挂，明间和东次间北壁亦挂有这种形式的大挂

1　"乾隆四十四年正月，匣裱作，初一日，员外郎四德、五德来说，太监鄂勒里传旨：景祺阁戏台正面横楣线法画堂子上俱满糊白纸。"《总汇》第 43 册，第 61 页。

2　"乾隆四十三年八月，如意馆，初一日，接得郎中保成押帖内开七月十九日厄勒里传旨：宁寿宫景祺阁西间西墙现贴线法画上匾二面'澄观''静听'四字不要，将此匾二面匾涂抹，随画木色一样。钦此。"《总汇》第 41 册，第 820 页。

[**图 14-1**] 景祺阁通景画现状

[**图 14-2**] 景祺阁通景画现状

屏，现均已撤下。

景祺阁戏台没有像倦勤斋那样用通景画装饰整个墙面、顶棚，而只在戏台背景用通景画装饰，利用通景的效果将狭窄的舞台背景延伸到建筑的游廊中，婴戏的吉祥场面更具有生活气息，再通过游廊栏杆由近向远眺望远山。

景祺阁室内装修十分华丽，明间前檐飞罩、东西缝几腿罩以及西次间东缝隔扇，用紫檀木制作，隔心、横披心紫檀雕夔龙纹框夹纱，花牙和飞罩亦雕夔龙纹，上均嵌螺钿。东次二间隔断墙上的隔扇窗用紫檀木雕刻夔龙纹框夹纱，槛墙绦环板雕穿花龙纹嵌螺钿，群板则是百宝嵌花木，根茎用紫檀雕刻而成，花用白玉装饰，叶用碧玉装饰。隔断墙前的宝座床十分精美，扶手和靠背为里外博古格式，格板烫金漆山水画，博古格花牙雕松竹梅，松针和竹叶用碧玉装饰，梅花用白玉装饰，宝座背板烫金漆松竹梅图（图15），与床结合处的边线嵌夔龙纹，与内檐装修装饰风格一致。档案记载："（乾隆三十八年）于十一月初五日，库掌四德、五德、笔帖式

[图 15]　景祺阁宝座烫金梅花

福庆来说，太监胡世杰传旨：宁寿宫景祺阁不必照金昭玉粹宝座格子样式成做，着照博古格多宝格现安格子样款成做抄手格子一座，先做样呈览。钦此。于十二月初八日，库掌四德、五德、笔帖式福庆将按景祺阁宝座床尺寸照金昭玉粹现设格子样款做的杉木格子样一座持进，交太监胡世杰呈览。奉旨：着发往两淮交李质颖照样成做格子一座，格洞圈口牙子不必用象牙做，其床随工成做，四明暖板亦交李质颖成做送来。钦此。"[1]格子宝座床的格子和暖板是在扬州定制的，至于装修在档案中没有记载由扬州制作，景祺阁装修和宝座与宁寿宫区域其他建筑的装修风格一致，[2]采用的是乾隆中后期典型的装修工艺，大量采用嵌螺钿装饰和百宝嵌装饰，具有扬州工艺特点，装修富丽华贵。

凹形戏台规模较亭式戏台大的多，金昭玉粹戏台宽一丈八尺左右，深一丈二尺再加上凹进部分；寿康宫戏台宽约一丈四尺，深约一丈三尺再加凹进部分；景祺阁规模最大，台宽将近二丈，深一丈三尺再加凹进部分。这三个

1　《总汇》第36册，第713页。

2　张淑娴：《乾隆时期地方制作宫廷建筑内檐装修的特点》，《故宫博物院院刊》2013年第6期。

戏台虽然形式相同，但演出的功能则不一样。

金昭玉粹是节庆日皇上早膳时承应戏："道光二年十一月二十九日，奴才禄喜谨奏，奴才遵旨查得乾隆十九年：正月初一日，皇太后受贺，中和乐侍候中和韶乐。受贺毕还宫，内学承应戏。初二日，万岁爷请皇太后金昭玉粹早膳。内头学承应节戏一分毕，前台内外学接唱节戏。"[1] 节庆日早膳在金昭玉粹承应戏是清宫传统，一般卯时开戏，唱二刻钟左右，演出的剧目有《太仆陈仪》《金吾勘箭》《迎年献岁》《升平除岁》《喜朝五位》《和合呈祥》等。咸丰时期有帽儿排，也有花唱，表演《温凉展》（四出）、《撇子》（马士成）、《惠明》（杨得福）、《说亲回话》《过滑油山》（张福、杨进升）、《佛会》（王永寿）、《亭会》（平喜、孔得福）、《看状》（白兴泰）、《拐磨子》（张春和、王三多、姚长泰、王永寿）、《庆成》（杨进升）、《徐庶见母》（杨清玉）、《魏虎发配》（张春和、王成、王三多）、《踏勘》（勒夫）等剧目。[2]

寿康宫是皇太后居住的地方，据记载："嘉庆七年十二月十一日，长寿传旨，三十日内二学寿康宫承应戏一日，初一日戏一日。十七日，长寿传旨，寿康宫三十日初一日之戏唱到午正就戏毕。"[3] "道光八年，十一月初七日，恭慈康豫皇太后加徽号曰恭慈康豫安成皇太后。万岁爷卯正一刻诣太和殿阅奏书，辰初至寿康宫恭送奏书，中和乐伺候中和韶乐。寿康宫承应，辰正三刻开戏，未初三刻毕。初八日，寿康宫承应，辰正二刻开戏，未初三刻毕。"[4] "道光十一年正月初一日寿康宫承应，辰初五分开戏，未初五分戏毕。"[5] 皇太后生日、皇太后加徽号及除夕、新年等节庆日，在寿康宫为皇太后演戏，演戏时间较长，一般是辰时开戏，午时或未时戏毕。演出的剧目也很多，有《万寿同春》《南渡》（张玉）、《瞎子拜年》（雨儿、小刘得）、《痴诉点香》（吕远亭、翠仗）、《边城产子》（刘升、王成）、《宫花报喜》（沈进喜）、《罗卜行路》（安福）、《探亲相骂》（马庆麟、陈进朝、大刘得）、《拷打高童》（田庆）、《三代》《福寿双喜》、十出《宫花报喜》（沈进喜）、团场《万载恒春》等。

1 朱家溍、丁汝芹：《清代内廷演剧始末考》，第 136-137 页。

2 同上，第 255-260 页。

3 同上，第 90 页。

4 同上，第 192 页。

5 同上，第 194-195 页。

景祺阁则是皇上赏大臣们看戏的地方："道光三年十二月二十一日，景祺阁赏王公大臣饭吃。内学承应《太和报最》。道光四年十二月二十一日，景祺阁赏王公大臣饭吃，内学承应《太和报最》一分，卯正开戏，卯正一刻十分戏毕。道光七年十一月二十一日，景祺阁赏饭吃，伺候戏。王大臣退出，戏毕。"[1] 演出的剧目较为单一。

三个戏台虽然形式相同，墙面装饰也一样，使用功能却不一样，金昭玉粹为皇帝早膳承应戏之处，寿康宫是皇太后看戏的场所，景祺阁则是皇帝赏大臣们看戏的地方。功能不同，演出的时间、剧目也有差别。

三、平台式戏台：体元殿戏台、丽景轩戏台

体元殿后抱厦在同治十二年（1873）加安外檐装修，改造成室内戏台，光绪九年（1883）丽景轩也由原来的后妃寝宫改成了室内戏台，这两个室内戏台的格局和形式基本相同，呈现的是一个与乾隆时期不同的模式。

图文档案记载，[2] 体元殿后抱厦共三间，外檐安装隔扇，将整个抱厦平台封护成内部空间。明间面宽一丈六尺（约合 5080 毫米），两次间面宽一丈五尺（约合 4680 毫米），进深一丈八尺（约合 5760 毫米）。室内明间东缝安楠木打紫檀色隔断墙，下部为木板槛墙，上面安三扇玻璃，两旁各安楠木打紫檀色镶洋玻璃隔扇一扇，可开合以便进出，隔断上横披窗五堂。西间内安硬木雕竹式夹膛屉安广片玻璃隔扇四扇，隔扇两旁各设门，隔扇和门上安设五堂横披。隔扇内安地平一座。隔扇前须弥座戏台一座，戏台高一尺（约合 320 毫米），面宽一丈八尺（戏台的面宽与房间的进深相同），进深二丈，戏台前沿离明间东缝五尺（约合 1600 毫米），戏台三面安朱油金线栏杆。东间内安设楠木打紫檀色二面雕万福万寿纹带迎手靠背宝座一座，靠背分三台，宝座前安置足踏一座。（图 16）

体元殿抱厦内的室内戏院戏台位于明间和西间，戏台西边两旁的小门是上下场门，西间隔扇后是演员的后台，西墙通往游廊安设一可开闭的隔扇，以供演员们进出戏场。看戏空间在东间，宝座坐落于东暖阁内。由于体元殿后抱厦仅三间，戏台与看戏的宝座间距离太近，因此在舞台与看戏空间之间

1 朱家溍、丁汝芹：《清代内廷演剧始末考》，第 153、157、179 页。

2 同治十二年十月初十日，《活计档》胶片 40。

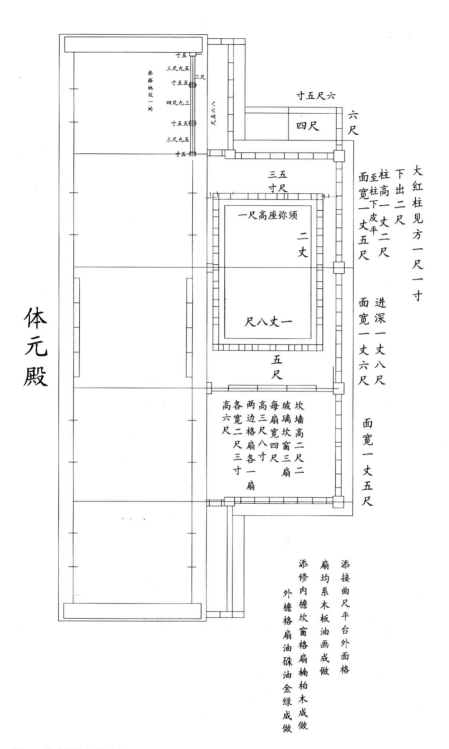

体元殿

[图 16] 样式雷体元殿戏台图

与常规的室内戏台的开放式装修不同，这里设置了一堵玻璃隔断墙。

丽景轩是光绪九年改造的，根据档案记载丽景轩[1]戏台与体元殿形式基本一致。丽景轩明间东缝安花梨木玻璃碧纱橱，西缝为花梨木雕梅花天然罩。西间设一地平，"面宽一丈八尺八寸（约合 6016 毫米），进深二丈八尺六寸（约合 9152 毫米）"，丽景轩进深 6350 毫米，西次间和西梢间面阔各 4700 毫米，西次间和西梢间两间相连的面阔和进深与地平的进深和面阔基本相同，地平占据两间房间的面积，地平前面有栏杆围挡，西梢间安一堵隔断板墙，南北各开一门，中间镶嵌玻璃。东次间东缝安花梨木雕竹式花天然罩一槽。东梢间东山墙南北对称安设插屏，北边为插屏镜式门一座，南边则是插屏镜一座，中间安宝座床[2]。（图 17）后又在东间安宝座床，"面宽一丈一尺五寸，进深五尺二寸，高一尺四寸六分，花梨木边腿、紫榆木挂檐板、杉木床上安花梨木瓶耳栏杆迎手靠背"[3]。这张宝座床没有明确安设的位置，根据尺寸分析应安放在东次间。

丽景轩室内戏院，西二间安设一块通间的大地平，玻璃隔断墙将其分为

[图 17] 丽景轩插屏镜门、插屏镜

---

1 光绪九年五月二十四日，《活计档》胶片 44。

2 光绪九年五月二十五日，《活计档》胶片 44。

3 《活计档》胶片 44。

前后两部，墙前是表演的舞台，墙后则是后台，南北两个门是演员的上下场门，西梢间西墙后部有一小门可通向西耳房，西耳房是演员们的扮戏房。（图18）东间是看戏空间，东次间安设宝座床，是慈禧太后看戏的御座。东梢间面西亦安设宝座床，是一个休息间。东山墙北侧的插屏门可通往东耳房。这个室内的戏台与体元殿后抱厦的室内戏台基本相同，只有一些细微的变化，在看戏空间和演戏空间之间，体元殿后抱厦戏台设置了固定的装修玻璃隔断墙，而丽景轩则是安设可移动的装修玻璃碧纱橱。

体元殿和丽景轩的戏台都是简单的平台式，面宽与房间进深基本相同，进深相当于一个半房间的宽度，隔扇后是演出的后台，西耳房是演员的扮戏房。东边是看戏的空间，放置宝座床。

丽景轩戏台的墙壁、顶棚糊制藤萝花作为戏台布景的装饰[1]，室内戏台顶棚糊制藤萝花似乎是清中期以来的传统，长春宫的平台（即体元殿后抱厦）内顶棚上也裱糊着藤萝花。清代晚期的室内戏台室内不绘制通景画，顶棚、

[图 18] 丽景轩西间现状

1　"（光绪九年）十月初二日，值班库掌庆桂、催长永惠、接收委署库掌明禄，持来报单一件，内开画作为具报题头事。今为八月十二日长春宫总管刘增禄传旨：储秀宫后殿西次间、西里间所有顶隔、墙壁，着造办处画藤萝花线法画。先画小样呈览。钦此。于九月二十五日将画得藤萝花线法样持进呈览。随长春宫总管刘增禄传旨：着照样绘画。钦此。为此具报。等因。呈明。匣裱作呈稿。"《活计档》胶片44。

墙壁继承了清中期的藤萝花装饰。

丽景轩明间东缝安花梨木玻璃碧纱橱，碧纱橱平时安上作为隔断，演出时可以卸下方便看戏。碧纱橱现已不在原处，存放在古建部库房。碧纱橱通体使用花梨木，隔心、横披心为长方形四边镶花梨木雕蝙蝠岔角，中夹双面裱糊寿石兰花绢画，迎面罩玻璃，绦环板浮雕兰花，群板浮雕兰花玉兰寿石图案。丽景轩明间西缝和东次间东缝安设了两槽花梨木天然罩，通体双面透雕梅花和竹纹。

丽景轩和体元殿的戏台形式和空间布局及装修，是清晚期清宫较为流行的形式，戏台形式较为简单，装修和装饰也是清晚期流行的风格。

四、方台式戏台：延春阁戏台、符望阁戏台

乾隆五年（1740）修建的建福宫花园内延春阁东门内有一小戏台，乾隆三十七年（1772）仿延春阁于宁寿宫花园中建符望阁："层阁延春肖（是阁肖建福宫中延春阁式为之），题楣意有存。耄期致勤倦，颐养谢尘喧。豫葺优游地，略惭恭俭门。其诚符我望，惟静候天恩。"[1] 两座建筑的建筑形制、室内布局相同。符望阁今存，东门内是仿延春阁的一小戏台。

据符望阁东门内分为四间，自南向北排列，南为东一间，东一间与东二间之间设几腿罩，东门位于东二间，为明间，开敞，西设落地罩，里有通道连接两翼空间。东二间与东三间之间设几腿罩，东三间与东四间之间为板墙，墙两侧各开一门，墙外是东四间。（图19）

符望阁东门内的戏台比较简单，戏台位于东三间和东四间，戏台前安几腿罩、下用栏杆围挡栏，将戏台与其他空间分隔开。东三间、东四间墙壁两边的门为"上场""下场"门，较为特殊的是上下场门中间没有像一般的戏台那样开窗，而是装饰西洋表盘作为戏台背景，外面是小表盘，里面是大表盘。这种装饰与延春阁一样，据档案记载："乾隆十一年二月，木作，十八日，司库白世秀来说，太监胡世杰传旨：延春阁东门戏台外面小表盘里面大表盘俱依门口矮，两边白子亦不匀，着添宝盖吊挂，比门口高一寸，两边白子与门口白子分匀，花纹要合一式，先画样呈览，准时再做。钦此。于本月二十一日，

1　乾隆《题符望阁》，《清高宗御制诗》四集卷三十四，《清高宗御制诗文全集》第 6 册，第 825 页。

[图 19] 符望阁东间戏台

司库白世秀、七品首领萨木哈，将画得外面小表盘添宝盖两边香袋吊挂纸样一张，里面大表盘添宝盖两边花纹纸样一张持进，交太监高玉、张玉呈览。奉旨：俱照样准做，将两边花纹连上，要合一样款式。钦此。于本月二十四日，司库白世秀来说，太监高玉传旨：延春阁东门戏台外面小表盘两边香袋吊挂不必装香。钦此。于三月初七日，太监张玉来说，表盘上宝盖吊挂锭上览看。奉旨：照门上花纹颜色一样添做。钦此。"[1] 墙前设高出地面的平台即暖台，平

1 《总汇》第 14 册，第 498 页。

台为表演台，台上还放置一张简单的条案："乾隆十三年七月，木作，初一日，司库白世秀、七品首领萨木哈来说，太监胡世杰传旨：延春阁东门小戏台假桌拆去，另查桌子。钦此。于本月初六日，七品首领萨木哈将刘沧州交花梨木小条桌一张，系收贮改做得持进安讫。"[1]墙北面的东四间则是后台，演员从宁寿宫后门贞顺门进，再从符望阁北门入，然后到后台换上戏衣上台表演。

"乾隆五十年十一月，如意馆，二十三日，接得郎中保成押贴一件内开十月十一日常宁传旨：宁寿宫符望阁东门内面北宝座后南墙一面，着杨大章画松竹梅大画一张，天然木根屏风后着伊兰泰照木根形式画线法，画片二层托贴画片，并做木片，俱着造办处做。钦此。于十一月初九日常宁传旨：宁寿宫符望阁东门内面北宝座后南墙，着董诰用绢画松竹梅一张，天然木根屏风后照木根形式画线法，山子木片不必要"[2]。可知东一间靠南墙设宝座，面北正对戏台是乾隆看戏的御座，宝座后安设天然木根雕制的屏风，南墙装饰董诰松竹梅大画。（图20）

符望阁东门小戏台空间内檐装修的栏杆罩、几腿罩，用紫檀木制作，横披心、隔心紫檀雕回文灯笼框，镶嵌珐琅如意纹卡子花，绦环板、群板紫檀雕回文，横披上扇则采用雕漆工艺装修，以点螺为地，并排三幅雕漆图案，黑红雕漆工艺，木质胎体上髹两道漆，地漆为黑漆，面漆为朱漆，图案为略变形的菱形。外圈红雕漆四个相扣的双边如意纹环绕，内雕锦纹，图案中间黑雕漆云龙纹，上方为一正面龙，下方两龙相对。符望阁东门戏台的室内装修华丽庄重。

档案未见符望阁演出记载，延春阁与符望阁戏台相同，据载："咸丰二年，四月十六日，万岁爷请皇贵太妃逛百子门，中和乐伺候迎请《喜春光》。皇贵太妃至延春阁，午初进果桌，吹打《海青》，午初二刻五分毕。午正三刻十分进膳，吹打《普安咒》，未初一刻毕。咸丰五年，三月二十四日，杨如意传旨，今日着中和乐众人都上去伺候吹打：延春阁伺候《庆升平》《鸳鸯序》《普庵咒》。四月二十七日，传旨，今日延春阁花唱，小家伙安在后台伺候小戏。演出花唱以及吹打乐。"

1 《总汇》第15册，第701页。

2 《总汇》第48册，第528页。

[图 20] 符望阁东间宝座

五、临时戏台：养心殿、继德堂、储秀宫等处

清宫档案中还记载了一些演戏的场所。

养心殿是清代雍正之后的皇帝勤政和燕寝之处，演戏活动非常频繁："（嘉庆二十四年）正月初二日，养心殿承应《南渡》（勒夫）、《报喜》（刘双喜）、《琴挑》《喜庆、刘五儿配》《遣仙布福》。四月二十四日，养心殿承应《琴挑》（刘得山、马庆寿）、《送京》（李升）。十月初一日，养心殿承应《天官祝福》（郭进禄）；初三日，养心殿承应《遣仙布福》；初五日，养心殿承应《三元百福》。""（道光二年）道光二年，十一月十七日养心殿晚间酒宴内学承应戏，两三出戏。十二月十七日，晚间，养心殿酒宴承应戏，内学，《遣仙》《大小骗》《三代》（陈进朝、李进禄）。（道光四年），二月初一日，祥庆传旨，二月初四日晚膳后，着内学在养心殿伺候上排帽儿戏三出。钦此。""（咸丰八年）正月初一日，养心殿早膳承应。辰初二刻开戏，辰正十分戏毕。《喜朝五位》（一分，二刻八分）。"[1]演出的地点有在后殿[2]，有在明窗[3]等。演出的时间有早晨、午后和晚膳，大多为晚间承应戏，剧目很多，以帽儿排为主。

养心殿唱戏的具体位置目前尚不很明了，是在室内地上铺红氍毹演出，还是搭建戏台？故宫博物院的烫样中有一件养心殿戏台烫样，戏台位于养心殿院落东南角，戏台与东配殿之间仅留一条狭道，是一座临时戏台。戏台坐南朝北，天棚北面开敞，正对养心殿明窗，皇帝坐在养心殿东暖阁室内即可看戏。戏台烫样明瓦木棚，戏台位于天棚内，方形，上方五彩天花，台面铺红毡，下承须弥座，装饰华丽。（图21）按黄签所注"见方三丈"这个数据存在疑问，养心殿院落并不宽广，"见方三丈"的戏台再加上外棚，养心殿院落的东南角是不可能放置下。据学者分析，尺寸有错误，烫样上的养心殿地旁尺寸也不正错，究其原因，存在多种可能，因此这个尺寸可能是错误的。这个位置应该放置一个小型戏台，承应小戏。

"（嘉庆元年）正月初一日，元旦，上步行出后隔扇，还继德堂看戏。引常在、公主等行礼，还后殿。贵妃、诚妃、莹嫔、荣常在、春常在、三公主、四公主诣后殿皇后前行礼毕，巳正二刻戏毕。东暖阁少坐。初二日，继德堂

1 朱家溍、丁汝芹：《清代内廷演剧始末考》，第99、103、108、134、136、155、286页。

2 道光四年，正月初六日，西初二分 后殿传酒膳，承应《瞎子拜年》。《清代内廷演剧始末考》，第157页。

3 道光七年，十二月二十八日，祥庆传旨，正月初一日未正在养心殿院内明窗排几出帽儿戏。排至申正。《清代内廷演剧始末考》，第184页。

[图 21] 养心殿戏台烫样

午初一刻开戏。未初传膳。未正戏毕。初三日，继德堂午正一刻开戏。午正二刻传膳。申初二刻戏毕……"[1] 继德堂是毓庆宫后殿，毓庆宫原是清康熙年为皇太子特建，之后皇子们居住，乾隆六十年（1795）嘉庆皇帝被公开立储即位之后，乾隆帝训政的三年里嘉庆皇帝仍住毓庆宫。这时的元旦期间嘉庆皇帝在他居住的继德堂看戏，正式继位之后就不再在继德堂唱戏了，而是像其他皇帝一样在养心殿等处看戏。

"（嘉庆七年），十月十二日，大差处传旨，十月十七日四公主初行定礼，内头学、内二学储秀宫承应《皇女许字》一分，《星君遥贺》《月老良缘》。二十六日，复旨奏明初三日储秀宫内头学承应《仙姬嫔从》一分。""（嘉庆二十四年），四月二十四日，储秀宫辰初开戏，不迎请不送，皇子成婚节次，主子升座进奶茶，赏主位奶茶毕，头出戏毕，等主子进酒，赏主位酒毕开二戏。""（道光三年）四月，初十日，皇子成婚，储秀宫内学承应戏。"[2] 储秀宫是西六宫之一。

1　朱家溍、丁汝芹：《清代内廷演剧始末考》，第 69 页。

2　同上，第 87、103、143 页。

其他承应戏的地方还有鉴古斋[1]、绥履殿、[2]钟粹宫、咸福宫[3]、长春宫[4]、永和宫[5]等，这些地方是在房间内演戏，还是在院落中搭棚唱戏，不是很清楚。这些宫殿也未见有戏台的建筑，承应的大多为清唱或帽儿排。"戏曲史家王芷章先生曾访问宫内旧人等，据说演出帽儿排时'仅于头上束网，所有官帽、纱帽、罗帽等一概不戴，足下登靴，不用戏衣，穿一种特备衣服，亦能做扬袖甩袖姿势，其登台出演，唱做念白，悉与花唱相同'。其实帽儿排、上排、花唱都是只需简单化妆的演出形式，一般在寝宫里的红氍毹上即可表演。"[6]在这些地方的演戏活动可能是在室内，简单地铺上一块毡毯，在上面表演。

总　结

清代宫廷演戏活动的兴盛，导致戏台兴建的兴盛。清宫室内戏台形式多样，有亭式戏台、凹形戏台、平台式戏台、方台式戏台以及一些临时的室内戏台。戏台的形制、装饰、布景与建筑的内檐装修相协调，形成统一的整体。乾隆时期，演剧活动兴盛，室内戏台的形式多样，内檐装修形式复杂，工艺多样，材料丰富，室内墙面用通景线法画加以渲染，营造出不同气氛的室内剧场艺术效果。清代晚期的室内戏台，舞台造型简单，装修工艺单一，墙面、顶棚藤萝花装饰，室内剧场布景简单。

室内戏台在演剧活动中并不像室外的大戏台那样承担着重要的角色，早

1　"嘉庆二十三年，十月初三日，鉴古斋外二学、外三学。初九日，鉴古斋外二学、外三学承应戏。"朱家溍、丁汝芹：《清代内廷演剧始末考》，第 97 页。

2　"咸丰三年，三月二十六日，申正一刻五分，绥履殿伺候清唱。《秦挑》（安福、孔得福）、《傅廷观山》（祁进禄、王成）、《孙诈》（陆得喜、王成业）、《月下追信》（袁庆喜）、《投渊》（白兴泰、马士成）、《玉面怀春》（张福、杨青玉）、《水斗》（边得奎、张庆贵、张长保）。酉正毕。"《清代内廷演剧始末考》，第 256-257 页。

3　"咸丰四年，六月初九日，杨如意传旨，六月初九日咸福宫伺候变戏法、十不闲。如外在添些玩意，共要四个时辰，伺候时刻前传。咸福宫伺候玩意办事后候。""咸丰五年，正月二十四日，金环传旨，今日着中和乐上去伺候吹打，咸福宫伺候《四海清宴》《海上蟠桃》毕，西厂子伺候《德胜令》。"《清代内廷演剧始末考》，第 262、263 页。

4　"咸丰八年，十二月二十九日，长春宫伺候帽儿排。《狱神宽限》《肃苑》《回猎》《大盗施恩》《勘问吉平》《打番》《显魂杀嫂》《倒打杠子》《扯本》《借茶》《乌盆记》。"《清代内廷演剧始末考》，第 286 页。

5　"咸丰五年三月二十四日，永和宫伺候《新鹔鹴》《喜春光》《鸟鸣春》。"《清代内廷演剧始末考》，第 264 页。

6　同上，第 153 页。

膳承应戏，晚间酒宴承应戏，以及雨天室外不便观戏的时候[1]，都在室内演出。室内演戏所表演的剧目一般为小折子戏以及帽儿排、花唱、团场、十不闲、杂耍等，均由内学承应。室内戏台在清代宫廷的演戏活动中起到了不可替代的作用。

---

1 "道光二十年，六月二十三日，今日慎德堂后院帽儿排，如若下雨，半亩园帽儿排。钦此。"朱家溍、丁汝芹：《清代内廷演剧始末考》，第219页。

参考书目

古典文献

《大清会典》

《大清会典事例》

《清高宗御制诗文全集》，中国人民大学出版社，1993年。

中国第一历史档案馆藏：《内务府奏销档》。

中国第一历史档案馆藏：《内务府奏案》。

中国第一历史档案馆藏：《乾隆朝汉文录副奏折》。

中国第一历史档案馆藏：《内务府新整杂件》。

中国第一历史档案馆藏：《内务府来文》。

中国第一历史档案馆、香港中文大学文物馆合编：《清宫内务府造办处档案总汇》，北京：人民出版社，2006年。

中国第一历史档案馆藏：《活计档》胶片。

故宫博物院藏：《陈设档》。

《宫中档乾隆朝奏折》，台北故宫博物院印行。

[清]于敏中等编纂：《日下旧闻考》，北京古籍出版社，2001年。

[清]鄂尔泰、张廷玉等编：《国朝宫史》，北京古籍出版社，1987年。

[清]庆桂等编纂：《国朝宫史续编》，北京古籍出版社，1994年。

[清]李斗：《扬州画舫录》，中华书局，2001年。

[清]钱泳：《履园丛话》，中华书局，1997年。

[清]曹雪芹等著：《红楼梦》，人民文学出版社，2015年。

[清]沈复著，俞平伯校点：《浮生六记》，人民文学出版社，1994年。

[清]李渔：《闲情偶寄》，延边人民出版社，2003年。

[清]翁同龢著，陈义杰整理：《翁同龢日记》，中华书局，1992年。

[民国]章乃炜：《清宫述闻》（初续编合编本），紫禁城出版社，1990年。

现代著作及文章

常欣：《寿康宫沿革略考》，《中国紫禁城学会论文集》第5辑。

陈从周：《梓翁说园》，北京出版社，2004年。

Christine Moll-Murata, Song Jianze: "Chinese Handicraft Regulations of the Qing Dynasty: theory and application", *Munchen: Iudicium Verlag*, 2005.

陈慧霞：《雍正朝的洋漆与仿洋漆》，《故宫学术季刊》第28卷第1期。

陈慧霞：《清宫旧藏日本莳绘的若干问题》，《故宫学术季刊》第20卷第4期。

戴吾三、高宣：《〈考工记〉的文化内涵》，《清华大学学报》（哲学社会科学版）1997年第2期。

德龄著，顾秋心译：《慈禧御前女官德龄回忆录》，黑龙江人民出版社，1988年。

董建中：《传教士进贡与乾隆皇帝的西洋品味》，《清史研究》2009年第3期。

杜石然等：《中国科学技术史稿》，科学出版社，1982年。

[法]丹纳著，傅雷译：《艺术哲学》，人民文学出版社，1997年。

方裕瑾：《光绪十八年至二十年宁寿宫改建工程述略》，《中国紫禁城学会论文集》第2辑。

方咸孚：《乾隆时期的建筑活动与成就》，《古建园林技术》1984年第4期。

[美]费正清、刘广京编：《剑桥中国晚清史》，中国社会科学出版社，1985年。

冯明珠主编：《乾隆皇帝的文化大业》，台北故宫博物院，2002年。

冯幼衡：《皇太后、政治、艺术：慈禧太后肖像画解读》，《故宫学术季刊》第 30 卷第 2 期。

傅崇兰：《中国运河城市发展史》，四川人民出版社，1985 年。

傅连仲：《清代养心殿室内装修及使用情况》，《故宫博物院院刊》1986 年第 4 期。

傅熹年：《傅熹年建筑史论文集》，文物出版社，1998 年。

高焕婷、秦国经：《清代皇宫建筑的管理制度及有关档案文献研究》，《故宫博物院院刊》2005 年第 5 期。

高晓然：《乾隆御制诗瓷器考论》，《故宫学刊》第 7 辑。

故宫博物院古建部编：《紫禁城宫殿建筑装饰：内檐装修图典》，紫禁城出版社，1995 年。

故宫博物院、柏林马普学会科学史所编：《宫廷与地方：十七至十八世纪的技术交流》，紫禁城出版社，2010 年。

郭福祥：《时间的历史映像》，故宫出版社，2013 年。

郭黛姮：《华堂溢采》，上海科学技术出版社，2001 年。

郭黛姮、贺艳：《圆明园的 "记忆遗产"：样式房图档》，浙江古籍出版社，2010 年。

郭黛姮：《内檐装修与宫殿建筑室内空间》，《中国紫禁城学会会刊》第 2 辑。

郭黛姮：《紫禁城宫殿建筑装修的特点及审美属性》，故宫博物院编：《禁城营缮记》，北京：紫禁城出版社，1992 年。

禾云：《兰梦依稀储秀宫：储秀宫内檐装修赏析》，《紫禁城》1993 年第 6 期。

侯仁之主编：《北京历史地图集》，北京出版社，1988 年。

黄希明、田贵生：《谈谈样式雷烫样》，《故宫博物院院刊》1984 年第 4 期。

嵇若昕：《乾隆朝内务府造办出南匠薪资及其相关问题研究》，《清史论集》（上），人民出版社，2006 年。

嵇若昕《试论清前期宫廷与民间工艺的关系》，《故宫学术季刊》第 14 卷第 1 期。

嵇若昕：《明清竹刻艺术》，台北故宫博物院，1999 年。

江滢河：《乾隆御制诗中的西画观》，《故宫博物院院刊》2001 年第 6 期。

金易、沈义羚：《宫女谈往录》，紫禁城出版社，1992 年。

李湜：《晚清宫廷绘画》，《故宫博物院八十华诞暨国际清史学术研讨会论文集》，紫禁城出版社，2006 年。

李启乐：《通景画与郎世宁遗产研究》，《故宫博物院院刊》2012 年第 3 期。

梁思成：《清式营造则例》，清华大学出版社，2006 年。

廖奔：《中国古代剧场史》，人民文学出版社，2012 年。

廖奔：《清宫剧场考》，《故宫博物院院刊》1996 年第 4 期。

刘畅：《北京紫禁城》，清华大学出版社，2009 年。

刘畅：《慎修思永：从圆明园内檐装修研究到北京公馆室内设计》，清华大学出版社，2004 年。

刘畅：《清代宫廷内檐装修设计问题研究》（博士论文）。

刘畅：《故宫博物院藏清代样房图样述略》，《故宫博物院院刊》2001 年第 2 期。

刘畅：《清代内务府样式房机构初探》，《故宫博物院院刊》2001 年第 3 期。

刘畅、王时伟：《从现存图样资料看清代晚期长春宫改造工程》，《中国紫禁城学会论文集》第 5 辑。

刘畅：《从长春宫说到钟粹宫》，《紫禁城》2009 年第 8 期。

卢辅圣主编：《中国书画全书》，上海书画出版社，1997 年。

陆燕贞：《储秀宫》，《紫禁城》1982 年第 5 期。

[美] 梅尔清著，朱修春译：《清初扬州文化》，复旦大学出版社，2005 年。

[美] 卡尔女士著，陈霆锐译：《慈禧写照记》，中华书局，1915 年 8 月印刷，1915 年 9 月发行。

[美] 康无为：《读史偶得：学术演讲三篇》，台北"中研院"近代史研究所，1993 年。

聂崇正主编：《平安春信图研究》，紫禁城出版社，2008 年。

聂崇正：《线法画小考》，《故宫博物院院刊》1982 年第 3 期。

聂卉：《清宫通景线法画探析》，《故宫博物院院刊》2005 年第 1 期。

聂卉：《贴落画及其在清代皇宫建筑中的使用》，《文物》2006 年第 11 期。

潘谷溪、何建中：《〈营造法式〉解读》，东南大学出版社，2005 年。

彭泽益编：《中国近代手工业史资料》，中华书局，1984 年。

Peter G. Rowe, Seng Kuan：*Architecture Encounters With Essence and Form in Modern China*. The Mit Press, London. 2002.

茹竞华等：《清乾隆时期的宫殿建筑风格》，《中国紫禁城学会论文集》第5辑。

上海博物馆编：《竹镂文心：竹刻珍品特集》，上海书画出版社，2012年。

沈建东：《古代工艺的"法"与"式"：以宋代工艺诸造作的法式为例》，《故宫学术季刊》第22卷第4期。

石红超：《苏南浙南传统建筑小木作匠艺研究》，东南大学硕士学位论文，2005年。

王璞子：《工程做法注释》，中国建筑工业出版社，1995年。

王世襄主编：《清代匠作则例》，大象出版社，2000年。

王世襄：《谈清代的匠作则例》，《文物》1963年第7期。

王世襄：《锦灰堆》，三联书店，1999年。

王仲奋：《东阳木雕与宫殿装饰》，《中国紫禁城学会论文集》第5辑。

王仲杰：《太和殿内的蟠龙金柱》，《紫禁城》第19期。

王俊臣、刘勇进：《太和殿上龙多少》，《紫禁城》第54期。

王子林：《紫禁城原状与原创》，紫禁城出版社，2007年。

吴兆清：《清代造办处的机构和匠役》，中国第一历史档案馆编：《明清档案与历史研究论文选》，国际文化出版公司，1995年。

吴兆清：《清内务府活计档》，中国第一历史档案馆编：《明清档案与历史研究论文选》，国际文化出版公司，1994年。

吴美凤：《假作真时真亦假：从养心殿造办处活计档看盛清时期清宫用物之"造假"》，《史学与史实：王尔敏教授八秩嵩寿荣庆学术论文集》，广文书局，2009年。

谢明良：《乾隆的陶瓷鉴赏观》，《故宫学术季刊》第21卷第2期。

杨伯达：《中国古代艺术文物论丛》，紫禁城出版社，2002年。

杨伯达：《郎世宁在清内廷的创作活动及其艺术成就》，《故宫博物院院刊》1988年第2期。

杨伯达：《十八世纪中西文化交流对清代美术的影响》，《故宫博物院院刊》1988年第4期。

杨新：《〈胤禛围屏美人图〉探秘》，《故宫博物院院刊》2011年第2期。

杨永生编：《哲匠录》，中国建筑工业出版社，2005年。

杨文溆：《奕䜣并长春宫启祥宫为一宫的前因后果》，《中国紫禁城学会论文集》第6辑。

于倬云、傅连兴：《乾隆花园的造园艺术》，《故宫博物院院刊》1980年第4期。

余佩瑾：《得佳趣：乾隆皇帝的陶瓷品位》，台北故宫博物院，2011年。

Ying-chen Peng: "A Palace of Her Own: Empress Dowager CiXi(1835-1908) and the Reconstruction of the Wanchun Yuan." *Nan Nü 14 (2012).*

张宝章等编：《建筑世家样式雷》，北京出版社，2003年。

张燕：《扬州漆器史》，江苏科学技术出版社，1995年。

张燕：《奇技百端：试析清代扬州漆器工艺》，《故宫博物院院刊》1994年第4期。

张家骥：《园冶全释》，山西古籍出版社，2002年。

张丽端：《从"玉厄"论清乾隆中晚期盛行的玉器类型与帝王品位》，《故宫学术季刊》第18卷第2期。

赵雯雯、刘畅、蒋张：《漱芳斋》，《紫禁城》2009年第5期。

中国营造学社编：《中国营造学社汇刊》第3卷第3册，知识产权出版社，2006年。

中国第一历史档案馆编：《圆明园》，上海古籍出版社，1991年。

周骏富辑：《清代传记丛刊》，台北明文书局印行。

周苏琴：《体元殿、长春宫、启祥宫改建及其影响》，清代宫史研究会编：《清代宫史求实》，紫禁城出版社，1992年。

周苏琴：《建福宫及其花园始建年代考》，《禁城营缮记》，紫禁城出版社，1992年。

朱铸禹：《中国历代画家人名词典》，人民美术出版社，2003年。

朱家溍：《明清室内陈设》，紫禁城出版社，2004年。

朱家溍：《明清宫殿内部陈设概说》，《禁城营缮记》，紫禁城出版社，1992年。

朱家溍选编：《养心殿造办处史料辑览》，紫禁城出版社，2003年。

朱家溍 :《咸福宫的使用》,《故宫博物院院刊》1982 年第 1 期。

朱家溍 :《清雍正年的漆器制造考》,《故宫博物院院刊》1988 年第 1 期。

朱家溍、丁汝芹 :《清代内廷演剧始末考》,中国书店,2007 年。

左步青 :《乾隆南巡》,《故宫博物院院刊》1981 年第 2 期。

后 记

　　著作即将付梓，十分兴奋，很少有想写点什么的欲望，这次则不同，我很想把这些年的工作和想法写出来。

　　这本著作是我在故宫博物院工作二十余年的工作总结，是将多年研究成果集结略加以修改而成，每篇文章分别撰写，集为书稿，时间跨度大，水平深浅不一，体例繁简有别，敬请读者谅解。

　　1995 年我研究生毕业来到故宫博物院古建部工作，建筑理论知之甚少，建筑结构更无从谈起，承蒙古建部前辈郑连章先生、黄希明先生的指导而致力于建筑室内装饰的研究，撰写了几篇不成熟的文章，也逐渐地对建筑内檐装修产生了兴趣。

　　2000 年，故宫博物院与美国世界文物基金会（WMF）合作实施倦勤斋、宁寿宫花园内檐装修保护利用计划，我承担了这项工作中的档案文献查询整理工作。第一次接触到如此精美的皇宫装修，大量档案的发现促进了我对内檐装修的研究热情。

　　2007 年，故宫博物院与德国马普学会科学技术史研究所的合作，展开"中国宫廷技术史"课题的研究，研究的主题定为"宫廷与地方：十七至十八世纪的技术交流"，我非常有幸地参加了这次合作，利用宁寿宫花园建筑档案研究宁寿宫花园内檐装修问题，在与德国同仁的积极研讨和故宫同仁的帮助下，扩大了内檐装修研究深度和广度，将内檐装修研究置于技术交流的范畴中进行讨论，跨到了一个研究的新高度。

　　基于这些工作研究经验，利用故宫博物院科研处的科研基金，我先后申请了"乾隆时期皇宫建筑内檐装修研究"和"同光时期皇宫建筑内檐装研究"两个课题，从宫廷室内装饰的历史、设计、制作到工艺和艺术特点等，对清代皇宫室内装饰进行较为系统、细致的研究，并将皇宫室内装饰置于艺术史的范畴下进行探讨，撰写了一系列的文章，逐渐建立自己的研究框架。

研究工作由浅入深，由点及面，一步步地展开，也一步步地深化。

没有宏伟的目标，也没有刻意的追求，在平凡的岗位、平淡的工作中，一点点地积累和思考。把枯燥无味的研究工作幻化成趣味的探索，在一个个古老的装修构件、一张张发黄的档案面前，一个问题提出、解决，另一个问题应运而生，在不断地提问和解答中，就好像一扇扇的窗户在我的面前打开，与古人对话，与古代艺术沟通，创造出无穷的乐趣。

曾经有过许多的爱好，"诗和远方"也曾是心中的梦想，这一切都在日积月累的研究工作中渐渐地淡化，变成了一个"无趣"的人，值得宽慰的是我在皇宫建筑内檐装修领域所做的绵薄之力，得到同行们的肯定。

研究成果得益于故宫博物院的工作平台。故宫博物院是一个古代文化艺术的宝库，有取之不尽用之不竭的研究资料，有涵盖各领域的研究者。内檐装修领域不仅限于建筑范畴，包括丰富的装饰材料和工艺，使我结交了故宫博物院内其他领域如家具、漆器、珐琅、玉器、瓷器、书画、织绣、陈设等的研究者，得到各行研究者的帮助，也与他们建立了良好的研究关系。

研究中得到古建部黄希明先生的帮助，古建部其他同仁的大力支持，赵鹏、赵丛山、范暄等无偿为我绘制图纸。还得到清华大学刘畅教授的大力帮助，遇到不懂的问题经常请教刘教授，受益匪浅，他还提供样式房图样。研究期间还得到多方人士的帮助，德国马普的薛凤教授及其他人员，哥伦比亚大学商伟教授、高彦颐教授，台北故宫博物院的陈慧霞老师，美国华盛顿大学李启乐博士，斯坦佛大学的魏瑞明先生，麦迪逊学院的李雨航女士……都给予我很大的帮助和启发，在此一并感谢。特别感谢古建部刘洪武先生为故宫博物院澳门艺术馆"太乙嵯峨——紫禁城建筑艺术"展中为内檐装修单元所起的题目——"金窗绣户"，并同意我将之作为本书的书名。

感谢院领导，感谢古建部领导及同事，感谢科研处同仁，感谢图书馆同仁，感谢资料信息中心的同仁。感谢故宫博物院的紫禁书系为中青年学者提供出版的平台。感谢故宫出版社。

2020 年正值紫禁城建成 600 周年，在此为广大读者呈现明清宫殿宫室之美。

谨以此书纪念我在故宫博物院工作二十五年的人生阅历。

张淑娴

2019 年 10 月

明清室内陈设

明清室内陈设·朱家溍　定价：七○元

全书七万字，一九一幅图。

作者在数十年故宫博物院工作经历中，为使宫廷原状陈设的恢复合于情理，合于历史，查阅并摘录了大量官私档案、笔记小说，从中寻找可信可行的依据。选辑了与明清两朝室内陈设有关的内容。既有陈设品的名目，也有陈设的具体方位，还有关于审美意趣的品评。

古诗文名物新证

古诗文名物新证·扬之水

定价：一九八元（全二册）

收入书中的二十六题，均由名物研究入手，试图在文献、实物、图像三者的碰合处复原历史场景中的若干细节。用来表现"物"的数百幅图，是贴近历史而于书中文字默契的另一种形式的叙述，旨在使复原的古典以可靠的历史遗存为依据，文字与图像的契合处或许可以使人捕捉到一点细节的真实和清晰。

中国古代官窑制度

中国古代官窑制度·王光尧　定价：七五元

在从事故宫博物院文物保管陈列工作的同时，密切关注考古发掘中的最新信息，阐述对于中国古代官窑制度的看法。本书以史料实物相互印证的方法，立足官窑瓷器实物，追溯唐至清数百年间官窑制度的变化和由此而来不同时代的官窑瓷器特点。

清代宫廷服饰

清代宫廷服饰·宗凤英　定价：七五元

全书十万字，一百幅图。

介绍清代宫廷服饰制度的起源、形成和演变。详细描述了清代皇帝、皇后以及皇室成员和文武大臣在各种场合穿着的服饰，主要有礼服、吉服、常服、行服、雨服、便服等等。内容翔实可靠，图片精美。读者面广，适合服装饰研究设计、宫廷史研究及爱好服饰的广大一般读者阅读欣赏。

火坛与祭司鸟神

火坛与祭司鸟神·施安昌　定价：七五元

本书集结了作者十年来探索古代祆教遗迹和祆教美术的成果。内容涵盖地下墓葬和地上碑刻，涉及许多博物馆中保存已久的藏品和近期发掘的虞弘、安伽、史君三个萨宝墓的出土文物，对一千四百多年前的中国祆教遗存及其宗教图像系统作了别开生面的揭示与论证。同时，也对人们所陌生的琐罗亚斯德教的教义、礼仪及其在中亚、中国的传播历史作了介绍。

紫禁书系　第二辑

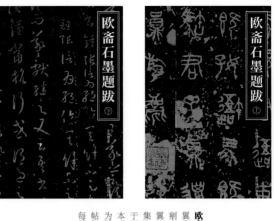

中国宫廷御览图书

中国宫廷御览图书·向斯　定价：八八元

故宫博物院所藏的善本书籍，是历代宫廷流传下来的皇帝和皇室成员所撰写、阅读的藏书精品，从未昭示于海内外，许多系宫廷秘藏孤本。这些善本图书，版本精良，装帧考究，具有鲜明的皇宫特色，在中国文化史、书史、版本史上占有重要的地位。本书权威、系统、准确地展示了故宫善本图书的全貌和精华，历史与现状及其重要学术文化价值，是一部关于中国宫廷古书鉴定、鉴赏方面的重要著作。

欧斋石墨题跋

欧斋石墨题跋·朱翼盦　定价：一五〇元（上、下）

翼盦先生曾以重金购获《九成宫醴泉铭》北宋初拓未剜本，遂自号「欧斋」。

翼盦先生鉴别精审，取舍谨严。以三十年之精力，搜集汉唐碑版七百余种，多罕见之品，于研考订之余，辄作跋尾，以志心得。历考传世善本，详征前人著述，参订比较。《欧斋石墨题跋》即为翼盦先生鉴定石墨文字所撰跋语题识，并附所藏碑帖目录，以见收藏全貌。其有前人题跋者，亦并缀于每目之后，用供征考。

曲阳白石造像研究

曲阳白石造像研究·冯贺军　定价：九〇元

本书从绪论、发愿文内容、信仰与造像、思惟菩萨、基座的类型与题材等方面，论述了河北曲阳白石造像寺院归属、造像者身份、造像渊源与演变、题材与信仰等。书后所附《从七帝寺看定州佛教》，借助七帝寺相关史实，在大的历史背景下探究曲阳乃至定州佛教造像的整体风貌。发愿文总录则为研究者提供了翔实的资料。

龙袍与袈裟

龙袍与袈裟·罗文华　定价：一九八元（上、下）

本书从清宫藏传佛教神系发展的基本脉络、皇家佛堂内部神秘的众神世界及其象征主义结构，以乾隆时期为代表的藏传佛教绘画和造像的真实状况、艺术风格及其重要作品等方面，全面揭示了清宫藏传佛教的基本面貌和主要特点，是近年来清代藏传佛教研究的一部力作。

紫禁书系　第三辑

明代玉器

明代玉器·张广文　定价::六八元

明代玉器在现存古代玉器中占有重要地位，但其作品多为传世品，与唐至元代作品，清代作品混行于世，不易区别。本文据明代玉器的考古发掘、传世玉器的排比及明代工艺品的相互影响进行分析，对明代玉器的分期、用材及制造工艺、品种、类别、纹、仿古玉情况及特点得出明确认识，总结出规律，对了解明代玉器的源起、制造和使用，识别传世作品是非常有益的。

中华梳篦六千年

中华梳篦六千年·杨晶　定价::六八元

这是一本关于梳篦文化史的专著。书中运用考古学的层位学与类型学的研究方法，从不易被人们关注的小梳篦入手，由梳篦的种类、造型、装饰、风格的演变及其与人、时、空的关系中，爬梳出长达六千年中国文化的谱系与社会结构的变迁，见微思著，从而成为一部以梳篦论史、透梳篦见人、代梳篦说活，将梳篦说活的专著。

中国古代雕塑述要

中国古代雕塑述要·冯贺军　定价::六八元

本书分石窟寺与佛教造像，历代陶俑、陵墓雕刻三大部分十四章，基本涵盖了中国古代雕塑的主要门类。既有本民族传统纸，也有受外来文化影响创造的佛教造像，其题材庞杂，风格多样，作者用简洁的语言，勾勒出它的发展历程，希冀对热爱中国古代艺术的读者有所裨益。

紫禁城原状与原创（上、下）

紫禁城原状与原创·王子林　定价::一三六元（上、下）

本书以明清紫禁城最具有代表性的原状宫殿为研究对象，不仅阐释了原状宫殿的建筑形式、历史沿革、室内外陈设等方面，而且还紧扣历史脉搏，站在大历史的角度对紫禁城宫殿进行审视，并从帝王的个人喜好等方面加以深度的考察，使原状宫殿所反映出的信息更加广泛而具有深度。透过本书，可以窥见最真实状态下的明清时代帝王在紫禁城宫殿内外的生活场景及其所反映的传统文化思想。

王石谷绘画风格与真伪鉴定

王石谷绘画风格与真伪鉴定·谭述乐　定价::六八元

作者选择了中国绘画史与书画鉴定学上争议较大，最有代表性的摹古画家王石谷进行个案研究。立足于风格把握与真伪辨析相结合的原则，将王石谷绘画按早、中、晚不同年代分期，根据丘壑笔墨特点分类，对王石谷作品进行了系统的清理鉴定，其新的观察视角与研究方法对中国美术史与古代书画鉴定研究不无启示。

紫禁书系　第四辑

明清闺阁绘画研究 · 李湜　定价：六八元

明清闺阁画家在中国古代女性绘画史上书写着最为重要的一页，但他们的历史却始终未被系统梳理。本书作为全国艺术科学「十五」规划课题研究成果，以地方志、文人笔记、官方史书、画史、画论等为基本文献资料，以国内外各大博物馆、美术馆现存明清女性绘画作品为基本图像资料，借助文献来解读图像意义，借助图像来丰富文献记载，通过文献与图像的相互参照，尽可能清晰地勾画出明清女画家的艺术风貌。

清宫绘画与「西画东渐」 · 聂崇正　定价：六八元

本书为作者关于清代宫廷绘画的论文集，分为上下两编，上编为「清宫绘画述论」，下编为「清宫绘画中的『欧风』」。文章长短不一，角度各异，但都围绕清代宫廷绘画和宫廷中欧洲画风影响的诸多问题而写。长短文章，点面组合，图文并茂，有清一代宫廷绘画的状貌跃然纸上。

清代宫廷医学与医学文物 · 关雪玲　定价：六八元

清代宫廷医学在中国医学史的重要组成部分。在一定程度上代表着中国医学发展的最高水平。本书在全面占有第一手材料的基础上，利用清宫档案，各种官书，方志、私人笔记等文献资料，同时结合清宫医学文物，系统地论述清代宫廷医学诸问题，同时结合当前研究的缺陷和不足，使清代宫廷医学的表征得以淋漓尽致地体现。

乾隆「四美」与「三友」 · 段勇　定价：六八元

乾隆皇帝收藏的「四美」与「三友」七幅画作，时代跨度从晋代直至明代，可以说反映了中国传统绘画的基本特征，同时，其传承、流失和收藏现状也堪称清宫散佚文物的缩影。本书对此七幅画作的创作过程、历代题跋、流传经过以及当年乾隆皇帝用来收藏画作的「四美具」和「三友轩」进行研究，在文物、历史和宫廷文化领域都有重要的意义。

元代晋南寺观壁画群研究

元代晋南寺观壁画群研究·孟嗣徽　定价：六八元

本书是对二十世纪初流出海外的一批元明两代晋南寺观壁画，和现存于晋南寺观中的壁画遗存所作的综合研究。通过对前辈学者的考察笔记和研究成果进行梳理和分析，结合相关的文献典籍，考释出壁画中人物的身份、壁画画家和成画年代。重构出兴化寺寺院的结构、壁画的配置和礼佛的图像程序，揭示出广胜寺壁画与元代平阳大地震后国家祭祀活动有关的史实。此外，通过对壁画中现存画工题记的分析，将晋南有关寺观壁画与永乐宫三清殿壁画进行比对，认为它们参照使用了同一套粉本，推断壁画作者应为元代晋南著名画师朱好古的画工班子，为中国美术史提供了修正的依据。

明清文人园林艺术

明清文人园林艺术·张淑娴　定价：六八元

明清文人园林艺术秉承"天人合一"的理念，遵循"宛自天开"的艺术宗旨，呈现山明水秀的风景，诗情画意的境界。文人园林是古代文人思想的产物，文人于此间寄托其理想，表现其智慧，体现了文人阶层的文化、艺术特质。通过中国传统文化的渗透与时代精神的影响，分析明清文人园林的哲学根源、文化内涵和艺术特征。本书以明清文人园林理论和相关文献为主要研究对象，考察现存的园林实物，借鉴学术界现有成果，采用动态的研究方法，从明清文人的视角诠释文人园林的美学构成。

中国古代琥珀艺术

中国古代琥珀艺术·许晓东　定价：六八元

本书是目前国内所知唯一一本关于中国古代琥珀的专著，作者通过对文献的梳理，利用近一个世纪的考古材料，在前人研究的基础上，对中国古代琥珀艺术，特别是契丹琥珀艺术作全面而系统地回顾和探讨，以揭示中西琥珀艺术的特征和异同，契丹琥珀艺术的成就及其内涵，以及中国古代琥珀原料来源本身所包含的古代中西文化交流。

中国古代治玉工艺

中国古代治玉工艺·徐琳　定价：六八元

中国古代治玉工艺一直因文献记载极少，玉器制作工艺技术保守而令人感到神秘，少有人真正进行通盘研究。本书从古代治玉工具入手，将八千年的中国玉器制作分为五大阶段，系统的总结了古代玉器不同时期的工艺特点。本书以考古出土品及博物馆藏品为标准器，结合作者几年来从事古代治玉工艺研究课题的心得加以归纳总结。相信在赝品泛滥的当今社会，该书对古代玉器的鉴定亦起到一定的参考作用。

明清画谭

《大梅山馆诗意图》研究

《大梅山馆诗意图》研究·林姝　定价：六八元

故宫收藏的《大梅山馆诗意图》是任熊的重要代表作，本书旨在以画为引子，以诗为线索，考据诗文的出处，采用绘画、诗歌与文献三者综合研究的方法，探讨诗句与绘画的关系，力求透过《大梅山馆诗意图》的画面揭示其背后所蕴藏的诸多历史信息。

明清画谭·聂崇正　定价：六八元

这册《明清画谭》是作者若干年中撰写的有关明、清两朝绘画史文章的结集。涉及明朝绘画史的文章，偏重于介绍明朝的宫廷绘画及明朝的人物肖像画，涉及清朝绘画史的文章，偏重于摸索清初的主流绘画「清初六家」和晚清的「海上画派」。所收入文章写作的时间跨度颇长，文章的长短也不一，但均言之有物，可供有兴趣者翻阅。

北朝装饰纹样

时间的历史映像

时间的历史映像·郭福祥　定价：八六元

故宫博物院的钟表收藏是世界钟表收藏中极为特殊和重要的一部分，越来越受到世界学术界和钟表收藏界的关注。十九年来，对中国钟表史和中国宫廷钟表收藏史的研究成为作者兴趣点之一，其间在各种刊物上发表了十数篇相关论文和文章，本书就是在这些论文的基础上汇编而成。力图通过实物、档案、文献的整理、考证、辨析，以实实在在的历史事实勾勒出中国钟表历史和中国宫廷钟表收藏的真实图景，囊括了中国钟表史和钟表收藏史基本的和主要的方面。

北朝装饰纹样——五、六世纪石窟装饰纹样的考古研究·李娅恩　定价：八六元

本书主要论述了对北魏鲜卑皇室贵族开凿的石窟寺装饰纹样的考古学研究，系统论述了北朝石窟造像装饰纹样的发展演变，从汉代以来的传统装饰纹样，到吸纳佛教外来因素而一改面貌，形成以植物纹样为主的装饰面貌。同时，北魏拓跋鲜卑皇室贵族开凿的大石窟，反映出当时石刻艺术的最高技术水平，从石窟的分期和石窟装饰花纹的演变中，可以看出宗教文化艺术上古的变化。由此，本书确立了一种纹样断代的方法，颇具参考价值。

秀骨清像

秀骨清像·余　辉　定价∶六八元

研究中国古代绘画应当从魏晋南北朝开始，此时开启了古代绘画进入自觉的大门，尤其是人物画科，是在这个时期从教化工具演化成一门独立的、可供欣赏的绘画艺术，此后才孕育出了山水画科和花鸟画科。本书从风格类型的角度试图厘清魏晋南北朝时期各个阶段、各个地域的人物画。文中就影响魏晋南北朝人物的哲学、文学等人文学科的演进行分析，然后按三个时空范围逐一分析和研究包括三国在内的魏晋、南朝、北朝时期，其中特别强调的是顾恺之的艺术成就。墓室壁画部分将分为南方、北方和西北三地、新疆、甘肃等地的佛教壁画则另成龟兹风、汉风及融和系列，以求较为完整地揭示出魏晋南北朝时期人物画在各个领域里获得的开创性成就。

清代贡茶研究

清代贡茶研究·万秀锋　刘宝建　王慧　付超　定价∶六八元

在"一国不可一日无君，君不可一日无茶"的观念下，清代帝王都非常重视贡茶，形成了一系列制度化的体系，一种文化的累积。贡茶不仅关乎宫廷生活，还对社会经济有重要的影响。历代地方官员为了迎合宫廷、费尽心思培育新的品种，改进制作工艺，逐步形成了国内一体化又各具地方特色的贡茶体系，推动着地中国茶叶不断的向前进步，也在很大程度上推动着地方经济的发展，形成了延续至今的几大产茶区。在茶叶的管理与分配上，茶库和茶房及相应的管理制度都有一种层次化的体系。清代宫廷茶文化作为中国茶文化的一个重要组成部分，在各个方面都有着推陈出新之处，对现代中国茶文化有着深远的影响。

清代内府刻书研究（上）

清代内府刻书研究·翁连溪　定价∶六八元

有清一代内府刻书，不仅所刻之本及原刻书版大多流传于今世，且内府有关图书活动的档案俱在，事无巨细，一一可征，但前人或囿于史料多庋藏于大内深宫，索阅不易，故论及清内府刻书，虽不乏褒美之词，论及其源流递嬗却多草草，且迄今为止，尚未见一部论述清内府刻书的专著面世，不能不说是中国书史研究的一个缺失。本书依据大量原始资料，对清内府刻书条分缕析，务求详明有据，以再现清内府刻书的辉煌。清内府刻书，实为自印本书时代开始，中国古代内府刻书的大总结，是中国古代内府刻书的缩影，从这个角度讲，把清内府刻书搞清楚，其意义又不仅在有清一代了。

清初『四王』摹古研究

徽墨胡开文研究

『因画名室』与乾隆内府鉴藏

清初『四王』摹古研究·田艺珉　定价：九六元

16世纪，中国文化史中崇尚的就是摹古的风尚，普遍将师古当作追求个人新变的惟一途径。清初『四王』同样以摹仿的途径成就了『集大成开生面』的绘画艺术，并创建了『惟求宗旨』『何论宋元』的画学新思想。本书通过整饬梳理清初『四王』大量的存世作品，将研究延伸至绘画的直观形象，以图像分析为主，进行全面与微观的类比，着重致力于构建连贯的结构体系，在厘辨清初『四王』的『摹古』本质的同时获取对其绘画艺术的整体认知与把握。

徽墨胡开文研究（1765—1965年）·林欢　定价：八六元

胡开文是近代以来中国制墨业的杰出代表之一。一直以来却因其家支庞杂，分布地域广泛而令人倍感困惑。本书结合相关文献资料，从故宫博物院所藏墨品文物的配方、造型、题材、款识等特征入手，将胡开文制墨家族的发展历程进行了全面总结，并对其在不同历史时期的发展状况进行了探究。

『因画名室』与乾隆内府鉴藏·张震　定价：七六元

从六朝开始到清代，皇家书画收藏，汇聚文萃，代代相传、绵延不绝，体现了中国文化传承的独特性。清乾隆时期，内府书画收藏至为鼎盛。本书以乾隆内府『因画名室』的鉴藏活动为中心，利用书画、著录、诗文集、档案、笔记等资料，力图把绘画鉴藏活动放在当时的历史情境中进行分析，论述了乾隆内府绘画鉴藏活动中皇帝与臣工的互动、内府鉴定、品第、考证、储藏、装潢书画的制度、内府绘画鉴藏的取向和品评观心、绘画品赏的功用、鉴赏与收藏的理想等五部分内容，比较深入地揭示了乾隆内府的书画鉴藏机制和观念。

欧洲渊源与本土语境

避暑山庄与辛酉政变

欧洲渊源与本土语境·刘辉　定价：八六元

错视觉绘画（trompe l'oeil）是建立在透视法、明暗法等写实绘画技法基础上，但以制造极度逼真的三维空间和真实物体的视觉为目的的一种绘画形式。它产生于欧洲·巴洛克时期的幻觉装饰（Quadratura）代表了意大利错视觉绘画的高峰。这种艺术形式由耶稣会带到中国用于装饰教堂天主教堂，贴落等绘画装饰形式又结合中国传统通景屏、贴落等绘画装饰形式而成的结合点，形成乾隆朝宫廷的西洋风装饰热潮，但其创作由于中西交流逐步隔绝等原因，在乾隆末年集大成而完结。故宫博物院至今藏有清宫早期油画以及乾隆年间线法通景画，这些作品是中西艺术交流的见证，亦保留了珍贵的历史信息。

避暑山庄与辛酉政变·刘玮　刘玉文　定价：九六元

明清两代虽设有『起居注官』，对皇帝言行和国家大事随时做出记录，但封建时代向来有为尊者讳的传统，对那些有碍圣德、不便公开的事情，自然要有所避讳或有冒鲸犹真之言。也有个别『与国休戚之大臣』『秉笔直书』，皇帝也往往拒不纳谏，并责令近臣审阅、删除不便记录的内容；任何人也无可奈何。因此，宫闱秘史，向来难以考辨。本书更多地参考了清宫档案和时人笔记、旁及诸多野史、剥丝抽茧，对比考证、试图呈现一百五十年前后历史的本来面目，揭示历史人物的境况和心理、性格特征。同时，梳理出他们各自的思维方式和价值取向，追索当年各自的行为本源，力求比较真实、全面地展现那场惊心动魄的权力之争——辛酉政变。